彩图 2.1 国际标准测试图像 Lena

(a) 256 色的原图

(b) 图 3.19(a)的测试条

(c) 256 色的原图

(d) 图 3.19(a)的测试条

彩图 3.1 基于灰度调色板的伪彩色方法

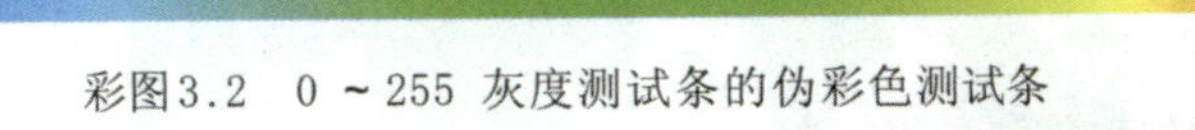

彩图3.2 0 ~ 255 灰度测试条的伪彩色测试条

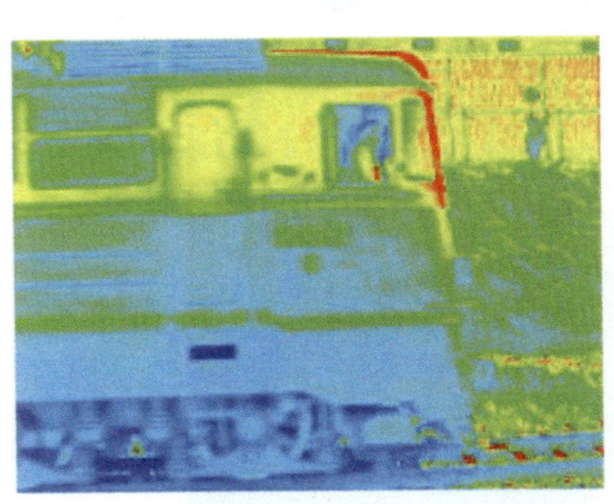

彩图3.3 灰度变换伪彩色处理

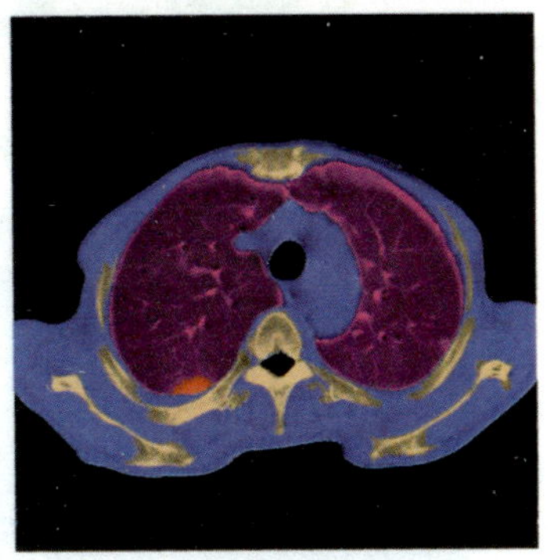

彩图 3.4 区域分割伪彩色处理

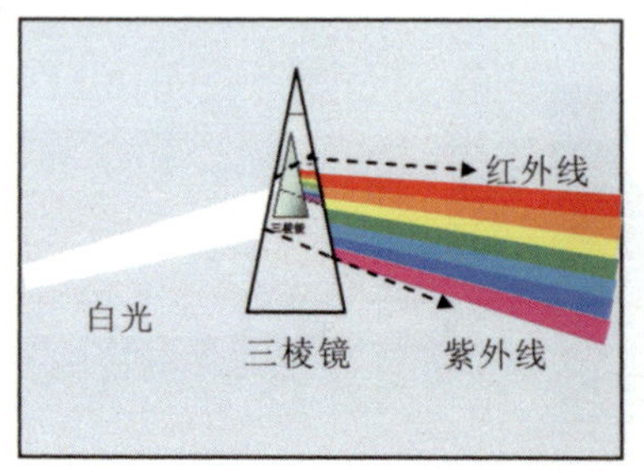

彩图 9.1 光学原理下的色彩形成

彩图 9.3 三原色的成像原理

彩图9.2 可见光区的色光分布示意图

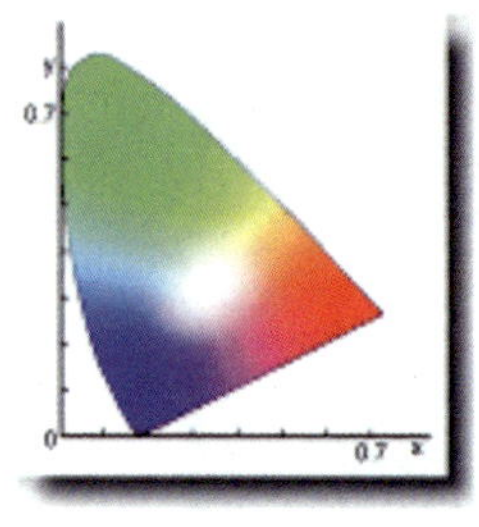

彩图9.4 色度图

(a) 有色偏的原图

(b) 色偏校正效果

彩图 9.5 白平衡方法的处理效果

(a) 有色偏的原图

(b) 色偏校正效果

彩图 9.6 最大颜色值分布平衡法的效果

(a) 原图

(b) CbCr 是小分辨率下的效果

彩图 11.1 将 CbCr 间隔采样后的效果

数字图像处理基础

朱 虹等 编著

科学出版社
北 京

内 容 简 介

本书是依据作者近几年的教学与研究过程中重要的基础部分编写的，书中主要介绍数字图像处理的基础方法，其中不仅包括经典的方法，而且包括近几年在研究中所提出的方法。

全书共分为11章，重点介绍图像的基本概念、图像增强、图像几何变换、图像去噪、图像锐化、图像分割、二值图像处理、彩色图像处理、图像变换以及图像压缩编码等。

编写时作者特别注意了读者对本书的理解、掌握。本书可以作为高等学校信息与通信工程，信号与信息处理，应用数学，电子，自动化类各专业本科生或研究生的教材或参考书，也可作为工程技术人员和从事相关研究与应用研究人员的参考用书。

图书在版编目(CIP)数据

数字图像处理基础/朱虹等编著. —北京：科学出版社，2005(2022.1重印)
ISBN 978-7-03-014835-3

Ⅰ.数… Ⅱ.朱… Ⅲ.数字图像处理-高等学校-教材 Ⅳ.TN919.8

中国版本图书馆CIP数据核字(2005)第008374号

责任编辑：崔炳哲 / 责任制作：魏 谨
责任印制：张 伟 / 封面设计：天梯艺术
北京东方科龙图文有限公司 制作
http://www.okbook.com.cn

科学出版社 出版
北京东黄城根北街16号
邮政编码：100717
http://www.sciencep.com
北京凌奇印刷有限责任公司 印刷
科学出版社发行 各地新华书店经销

*

2005年4月第 一 版 开本：720×1000 1/16
2022年1月第二十五次印刷 印张：17 1/4 插页：1
字数：333 900

定 价：36.00元

(如有印装质量问题，我社负责调换)

前　言

由于计算机处理能力的不断增强，数字图像处理学科在飞速发展的同时，也越来越广泛地向许多其他学科快速交叉渗透，使得图像作为信息获取以及信息的利用等方面的作用也变得越来越重要。

作者在从事数字图像处理的研究与教学过程中发现，不少刚刚开始涉足图像处理领域的读者，需要一本讲解基础知识的、可以引导他们进入到该领域的参考书。特别是在大学本科教育中，一本深入浅出地分析相关理论的书可以给读者非常大的帮助。同时，因为近几年数字图像处理向各个应用领域的渗透，使得越来越多的研究人员希望了解数字图像处理的相关方法与理论，一种对容易理解、便于自学的相关参考书的需求由此形成。

自2000年以来，作者在个人网站上就提供了可免费下载的“数字图像处理”讲座，该讲座的讲稿所涉及的内容属最基本的基础理论。从此有许多读者希望提供与之配套的参考书。

正是在这样的背景之下，又得到科学出版社的大力支持，作者协同研究室的研究成员，对相关的方法与内容进行了分析、总结与实验，最终使这本《数字图像处理基础》一书出现在大家面前。

本书的内容共分11章，内容包括数字图像处理的基本概念，图像增强，图像几何变换，图像噪声抑制，图像锐化处理，二值图像处理，彩色图像处理，图像变换以及图像压缩编码几个方面，其中也包括了一些我们在研究过程中所提出的新方法。

与本书配套的演示文稿，读者可从科学出版社的网站 http://www.sciencep.com 以及作者所在研究室的网站上(http://xautdiph.51.net)免费下载。

本书是在研究室的研究成员共同努力下完成的。本书的顺利出版得到了学校以及科学出版社的大力支持，在此表示感谢。在编写过程中引用及参考了大量的文献,在此,向原作者也表示感谢。由于本人水平所限,书中难免出现不当之处,敬请各位读者批评指正。

本书执笔者分工如下:

朱　虹　第1章 ～ 第11章内容的撰写与实验

潘英杰　2.1节及2.4节部分内容的撰写

冯春来　2.2节及2.3节部分内容的撰写

梁　刚　3.1节及3.2节部分内容,9.4节部分内容,9.5节部分内容的撰写

邓杰航　3.3节及3.7节部分内容,10.1节内容的撰写与部分实验

辛　威　3.4～3.6节,8.2～8.4节的撰写与部分实验

李　钦　4.1节内容的撰写

贾明桥　4.2节内容的撰写

孔　琛　4.4节内容的撰写

祝　培　5.1节部分内容的撰写

李　晗　5.2～5.4节,8.5节内容的撰写与部分实验

陈飞雄　6.2节,6.3节部分内容的撰写

张　军　6.5节,6.6节,9.1节,10.3 ～ 10.6节内容的撰写与实验

钱学明　7.1节部分内容的撰写与部分实验

邓颖娜　7.4节部分内容的撰写

许朝晖　9.2节内容的撰写

季瑞瑞　11.1节,11.4节部分内容,11.5节部分内容,11.6节内容的撰写与实验

张锲石　11.2节,11.4节部分内容的撰写

杨　坤　11.5.3节的实验

作　者

于西安理工大学

2004年11月

目　录

第1章 引 言

我们知道,人类所获得信息的70%以上来自于视觉,换句话说,人类将用自己双眼所观察到的世界进行缜密的分析与思考之后,推动了科技的进步,也推动了整个世界的发展。正是因为图像所带给人们的直观信息的特点,使得图像处理技术随着计算机技术、多媒体技术的飞速发展取得了长足的进步。因为图像具有可反映人类第一感觉下的思维的魅力,这些年来,图像技术快速地向各个研究领域渗透。

在这种快速增长的社会需求之下,由于计算机处理能力的不断增强,使得图像处理的广泛应用有了可实现的硬件基础。

本章,就数字图像处理的基本内容进行简单的阐述。

1.1 图像的基本概念

图像 是对客观存在物体的一种相似性的生动模仿与描述,是物体的一种不完全的、不精确的描述,但是在某种意义下是适当的表示。

图1.1所示是一幅对冬季场景的描述,从图中可以感受到下雪天带来的美丽景色,这种感受来自于这幅图像对当时场景的生动模仿。而这种模仿的写实性、生动性以及直观性是其他媒体方式所不能及的。从感受雪景美感的角度上讲,这幅图像是对当时状况的一个适当的表示。

图1.1 冬季场景

但是,从图中我们无法知道当时的气温是多少,降雪量是多少,无法知道这场雪在带给大家美景的同时,带来的交通状况恶化程度等。从这个角度来说,这幅图像同时也只是不完全的、不精确的描述。

按照上述对图像的定义，又可以将图像分为物理图像和虚拟图像。

物理图像 是指物质或能量的实际分布。例如，光学图像的光强度的空间分布，就能够被人的肉眼所看见，因此也称为可见图像。可见图像是我们所接触的、与人类的视觉特性相吻合的通常意义下的图像。不可见的物理图像有如温度、压力、高度等的分布图，以及在医学诊断中所使用的以超声波、放射线手段成像得到的医学影像等。这类图像是将不可见的物理量通过可视化的手段将其转换成人眼可非常方便地进行识别的图像形式。物理图像信号的好坏，很大程度地依赖于物理信号的检测设备的性能。以光学图像为例，光感应特性好的设备可以得到效果好的图像；同时，光感应器件的适应范围（即可以感知的最大、最小光强度的范围）不同，所使用的目的也不同。

虚拟图像 是指采用数学的方法，将由概念形成的物体（不是实物）进行表示的图像。虚拟图像从想像中的物体到想像中的光照、想像中的摄像机等，都是采用数学建模的方式，利用成像几何原理，在计算机上制作的。例如，在现在电影中，所合成的灾难场面、历史场面等，给提升电影的感染力发挥了很好的作用。虚拟图像的一个最大问题是，因为是在数学模型下生成的图像，所以在与实际拍摄的图像进行合成时，其真实感是否可以得到很好的保持，是一个比较关键的问题。例如，实际拍摄的图像，一定存在尘埃对画面的影响，存在摄像设备本身的固有噪声等，而虚拟图像是仿佛在真空中拍摄的图像，所有实际的干扰都不存在。这种现象会导致一定程度地降低了图像的真实感。

数字图像 是用一个数字阵列来表示的图像。数字阵列中的每个数字，表示数字图像的一个最小单位，称为**像素**。通过对每个像素点的颜色，或者是亮度等进行数字化的描述，就可以得到在计算机上进行处理的数字图像。显然，数字图像可以是物理图像，也可以是虚拟图像。

1.2 数字图像处理，计算机视觉，计算机图形学

与数字图像相关的研究领域，包括了数字图像处理、计算机视觉、计算机图形学等。它们所研究的对象都是图像，所使用的硬件手段都是计算机（或者是 DSP 处理器），并且这三个研究领域所研究的内容有一定的交叉和覆盖。但是，这三个研究领域所研究的内容有其所不同的侧重点。

数字图像处理 可以理解为以下两个方面的操作。

1. 从图像到图像的处理

这类处理是将一幅视觉效果不好的图像进行处理,获得视觉效果好的图像。如图1.2(a)所示,是一个实际拍摄的大雾天气下的一个场景,我们希望提高画面的清晰度,可以观察到场景中的景物细节,提高画面的能见度。为此,我们分析,该图之所以能见度低,是因为在空气中悬浮着许多微小的水颗粒,这些水颗粒在光线的散射下,使景物与镜头(或人眼)之间形成了一个半透明层。这样,如果通过适当的图像处理方法,消除或减弱这层遮人视线的大雾层,如图 1.2(b)所示,就可以得到一幅清晰的图像[3]。

这就是从图像到图像的处理。

(a) 原图

(b) 处理结果图

图 1.2 图像到图像的处理示例

2. 从图像到非图像的一种表示

这类处理通常又称为数字图像分析。通常是对一幅图像中的若干个目标物进行识别分类后,给出其特性测度。例如,在一幅图像中,拍摄记录下来包含几个苹果和几个橘子等水果的画面,经过对图像的处理与分析之后,可以分检出苹果的个数,以及苹果的大小等。

这种从图像到非图像的表示,在许多的图像分析中起着非常重要的作用。例如,对人体组织切片图像中的细胞分布进行自动识别与分析,给出病理分析报告就是一个在计算机辅助诊断系统中的一个重要的应用[34,36]。这类方法在图像检测[48,51]、图像测量[49,50]等领域中,有着非常广泛的应用。

计算机视觉 是指能够理解自然景物的系统。计算机视觉是为一个设备或者机器人提供眼睛的功能。因此,计算机视觉的处理中,包括了三维景物信息的

图 1.3 工件示例

识别与处理,对景物中所包含目标的内容及信息进行理解,以及最终得到一个决策。例如,在一个生产线上,机械手是有三个装有吸盘的手爪构成的,当需要平稳地抓起如图 1.3 所示的工件时,就需要计算机视觉处理,给出机械手的三个手爪可以抓到的最大、最平稳的面。

计算机图形学 是指用计算机将由概念或者数学描述所表示的虚构物体图像进行处理和显示的过程。计算机图形学所采用的方法是,利用成像几何对所需要表示的虚构物体进行数学建模,并对光照、想像中的摄像机等也进行数学建模,然后采用数学的手段获得所需要的场景。

计算机图形学技术在虚拟现实中起着非常重要的作用。我们已经可以在日常生活中的电视媒体、计算机游戏、广告、装饰设计等中,见到其无比的魅力。

虽然数字图像处理、计算机视觉以及计算机图形学都有其相对独立的研究方法,但是,这三个领域的交叉覆盖面相对比较宽,并且在实际应用中,很多时候是三者的结合。本书的目的是介绍数字图像处理的基本方法,读者在实际应用中若需要计算机视觉或者计算机图形学方面的技术,请参考相关的著作或参考文献。

1.3 数字图像处理系统结构

数字图像处理系统的结构如图 1.4 所示。首先摄像单元将对象物所反射的光强度进行记录之后,通过光电传感器转换成电信号,电信号在 A/D 转换单元又转换成数字信号,并存储在图像存储单元中,然后读入计算机内进行相关的处理并将处理结果进行显示。

我们知道,最终所成的像取决于光源,光源与对象物的位置关系以及对象物的反射光强度等。光源包括各种人造光源以及白昼自然光,而光源与对象物的位置关系则基本上可以分为如图 1.5 所示的背光光照、正面光照、斜射光照等几种情况。

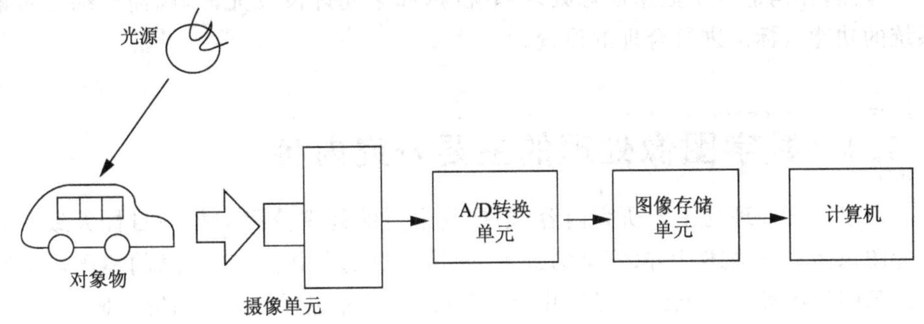

图 1.4 数字图像处理系统结构示意图

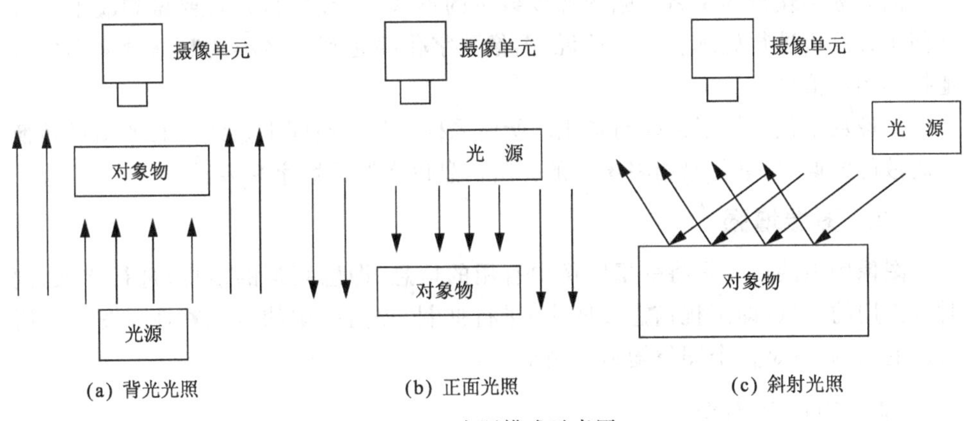

(a) 背光光照　　(b) 正面光照　　(c) 斜射光照

图 1.5 光照模式示意图

在背光光照下，由于背景光的强度大于前景(对象物)，这时若拍摄人物图像，则人脸的细节部分在图像中所呈现的效果并不是很好。但是，在某些工业自动化生产线上，为了快速获得目标物的定位，不需要对目标物的细节进行观察，此时常常将光源设置为背光照明方式。

在正面光照下，如果目标物有非常光滑的反射表面，如金属表面，并且其表面是凸面，会在画面上产生高光区，高光区部分的颜色等细节均会退化。但是对一般的非特殊光滑表面的物体，正面照射可以获得反映目标物细节的图像。

在斜射光照下，画面会产生光照不均的效果，如果进行景物渲染，是一种非常好的方法。但是，当需要从画面提取相应目标物时，光照不均是阻碍正确获取目标物的一个非常严重的障碍。

显然，在构造一个数字图像处理系统时，如果允许设置光源，则需要综合考虑系统的功能目标来进行合理的设置。

1.4 数字图像处理的主要研究内容

数字图像处理的主要研究内容，根据其主要的处理流程与处理目标大致可以分为图像信息的描述、图像信息的处理、图像信息的分析、图像信息的编码以及图像信息的显示等几个方面。将这几个方面展开，具体包括如下的研究方向。

1. 图像数字化

图像数字化目的是将一幅图像以数字的形式进行表示，并且要做到既不失真又便于计算机进行处理。换句话说，图像数字化要达到以最小的数据量来不失真地描述图像信息。

图像数字化包括了采样与量化。所谓采样是将在空间上连续分布的图像转换成离散的图像点，量化是指将图像的亮暗信息以离散的数字来表示。

2. 图像增强

图像增强的目的是将一幅图像中有用的信息(即感兴趣的信息)进行增强，同时将无用的信息(即干扰信息或噪声)进行抑制，提高图像的可观察性。图 1.2 所给出的示例，就是一个图像增强的例子。

3. 图像几何变换

图像几何变换的目的是改变一幅图像的大小或形状。例如通过进行平移、旋转、放大、缩小镜像等，可以进行两幅以上图像内容的配准，以便于进行图像之间内容的对比检测。例如，在印章的真伪识别以及相似商标检测中，通常都会采用这类的处理。另外，对于图像中景物的几何畸变进行校正，对图像中的目标物大小测量等，大多也需要图像几何变换的处理环节。

4. 图像恢复

图像恢复的目的是将退化了的以及模糊了的图像的原有信息进行恢复，以达到清晰化的目的。图像退化是指图像经过长时间的保存之后，因发生化学反应而使画面的颜色以及对比度发生退化改变的现象，或者是因噪声污染等导致画面退化的现象，或者是因为现场的亮暗范围太大，导致暗区或者高光区信息退化的现象。图像的模糊则常常是因为运动以及拍摄时镜头的散焦等原因所导致的。无论是图像的退化还是图像的模糊，本质上都是原始信息部分丢失，或者原始信息相互混叠，或者原始信息与外来信息的相互混叠所造成的，因此，根据退化模糊产生原因的不同，采用不同的图像恢复方法即可达到图像清晰化目的。

5. 图像重建

图像重建的目的是根据二维平面图像数据构造出三维物体的图像。例如，在医学影像技术中的CT成像技术，就是将多幅断层二维平面数据重建成可描述人体组织器官三维结构的图像。有关三维图像的重建方法，在计算机图形学中有非常详细的介绍。三维重建技术也成为目前虚拟现实技术以及科学可视化技术的重要基础。

6. 图像隐藏

图像隐藏的目的是将一幅图像或者某些可数字化的媒体信息隐藏在一幅图像中。在保密通信中，将需要保密的图像在不增加数据量的前提下，隐藏在一幅可公开的图像之中，同时要求达到不可见性及抗干扰性。

所谓抗干扰性，是指当承载着保密图像的公开图像受到各种恶意攻击，或者经过压缩等处理之后，通过解密方法获得的保密图像损失不大或者基本上没有损失。

图像隐藏技术目前还有一个非常重要的拓展应用，就是数字水印技术。数字水印在维护数字媒体版权方面起着非常重要的作用。数字水印有时允许是可见的，但必须具有抗干扰性，特别是可以抵抗二次水印的添加等。同时数字水印技术已经不仅限于图像的隐藏，而是可以在数字化的多媒体信息之间进行隐藏，如语音中隐藏图像，图像中同时隐藏语音和文字说明等。

7. 图像变换

图像变换是指通过一种数学映射的方法，将空域中的图像信息转换到如频域、时频域等空间上进行分析的数学手段。最常采用的变换有傅里叶变换、小波变换等。通过二维傅里叶变换可以进行图像的频率特性的分析。通过小波变换，则可以将图像进行多频段分解，通过不同频段的不同处理，可以达到好的效果。

除了以上所述的狭义上的图像变换之外，二维条码技术也是一种图像的变换方法。二维条码相比于一维条码最大的不同就是允许其承载的信息量比较大，因此，可将数字化的，包括图像在内的多媒体信息按照条码的标准转换成二维条码的形式。二维条码是可视（黑白相间的条和块）但不可直接理解的信息（不能直接看出这些条块的含义），因此，作为防伪手段，将可视并可理解的图像信息转换成可视但不可理解的条码信息印刷在产品之上。当对产品进行认证真伪时，对条码进行解码变换，即可获得其中承载的可视且可理解的信息。将该信息与印刷在产品上的可视且可理解的信息进行比较，只有在两者信息一致时，才表明该产品不是仿冒的。

8. 图像编码

图像编码的目的是简化图像的表示方式，压缩表示图像的数据，以便于存储和传输。图像编码主要是对图像数据进行压缩。因为图像信息具有较强的相关特性，因此通过改变图像数据的表示方法，可对图像的数据冗余进行压缩。另外，利用人类的视觉特性，可对图像的视觉冗余进行压缩。由此来达到减小描述图像的数据量的目的。

9. 图像识别与理解

所谓图像识别与理解是指通过对图像中各种不同的物体特征进行定量化描述之后，将所期望获得的目标物进行提取，并且对所提出的目标物进行一定的定量分析。要达到这个目的，实际上就是要实现对图像内容的理解，以及对特定目标的一个识别。因此，其核心是要完成依据目标物的特征对图像进行区域分割，获得期望目标所在的局部区域。

图像中目标物的特征描述一般包括了形状特征、纹理特征以及颜色特征等。形状特征有长宽比、圆形度、面积、周长，等等。纹理特征则包括了砖墙、布纹这类规则纹理以及如沙滩、草坪这类非规则纹理。

1.5 本书的结构安排

前面简单地介绍了数字图像处理领域中所包括的主要的研究内容。以这些内容为中心，本书安排了以下的内容。第 1 章为引言部分，给出本书所要介绍内容的一个概貌。第 2 章为图像的基本概念，主要介绍图像数字化、数字图像的数据结构以及图像的数据文件——位图文件的结构以及统计图像像素分布的灰度直方图等基本概念。第 3 章为图像的增强处理，主要针对图像对比度展宽的各种方法进行阐述。第 4 章为图像几何变换，主要针对图像的放大、缩小、旋转以及三维投影变换等方法进行介绍。第 5 章为图像的噪声抑制，介绍抑制噪声的均值滤波、中值滤波以及边界保持类的滤波方法。第 6 章为图像的锐化方法，主要介绍增强图像边界方法。第 7 章为图像的分割，介绍几种基本的图像分割方法。第 8 章为二值图像的处理方法，主要介绍从二值图像中进行图像理解的几种基本的方法。第 9 章为彩色图像处理，在这一章中对几种基本的表色系进行阐述，并给出彩色补偿及彩色平衡方法。第 10 章为图像变换，对目前常用的几种最基本的图像变换进行介绍。第 11 章为图像的压缩编码，对图像数据的冗余概念、图像的无损压缩以及图像的有损压缩编码的基本方法进行介绍。

由于篇幅所限，本书的目的只是介绍数字图像处理最基本的方法。本书中每章的内容相对比较独立，因此有一定基础的读者可以根据需要选择相关的章节学习，也可以按照本书的内容安排进行系统的学习。作者相信，读者经过本书的学习，在进行相关文献阅读以及解决实际问题时，有一个较为清晰的物理概念，并通过物理概念的建立，可以对问题进行正确分析，最终达到解决问题的目的。

习　　题

1. 请观看一段电视节目之后，说明在节目中使用了哪些计算机处理手段来进行渲染，产生特殊的视觉效果。
2. 根据日常生活以及学习、工作中的经历，请举例说明数字图像处理技术在某个应用领域中的贡献。
3. 通过检索资料，试比较数字图像处理，计算机图形学，计算机视觉所研究内容的重点。并给出具体实例进行说明。

第 2 章 图像的基本概念

本章就数字图像的基本概念及最基本的操作进行阐述。为了使读者直接接触数字图像概念，本书省略了光图像的成像原理方面的论述，有关的详细内容，请读者参考相关的参考文献[9]。

2.1 图像数字化

在日常生活中我们经常和图像打交道，图像因其表现方式的不同分为连续图像和离散图像两大类。以一个简单的我们身边例子来说，用胶片记录下来的照片就是连续图像，而用数码相机拍摄下来的图像是离散图像。

连续图像 是指在二维坐标系中具有连续变化的，即图像画面的像点是无限稠密的，同时其灰度值(即图像从暗到亮的变化值)也是无限稠密的图像。

换句话说，连续图像在水平与垂直方向上的像素点位置的变化，以及每个像素点位置上的灰度变化都是连续的，可以认为它是由无数个像素组成的，而且每一点上的灰度值都是从黑到白有无限多个可能的取值。它反映了客观景物的亮度和颜色随空间位置和方向上的变化而发生的连续变化。连续图像的典型代表是由光学透镜系统所获取的图像，如人物，照片、图纸或景物等，有时又称之为**模拟图像**。

离散图像 是指用一个数字阵列表示的图像。该阵列中的每一个元素称为像素。像素是组成数字图像的基本元素，是按某种规律(如模拟/数字转换)编成一系列二进制数码(0 和 1)来表示图像上每个点的信息。因此，又称之为**数字图像**。

由于目前的计算机所能处理的信息必须是数字信号，而我们得到的照片、图纸或景物等原始信息都是连续的模拟信号，所以数字图像处理的第一个环节就是将连续图像信息转化为数字形式。也就是说，需要完成将二维坐标系中连续变化像点的离散化，即将整幅画面划分为矩形微小区域的像素点的过程，以及对表示亮暗程度的数值的离散化处理，像素点的亮度或色彩取值空间离散为有限个数值的量化级数,以数码表示图像信息。这两个操作分别称为图像数字化技术中的采样与量化。通过数字化处理,我们就可以获得数字图像。

下面详细介绍图像数字化方法。

2.1.1 采 样

采样 是指将空域上或时域上连续的图像(模拟图像)变换成离散采样点(像素)集合的一种操作。由于图像基本上是采取二维平面信息的分布方式来描述的,所以为了对它进行采样操作,需要先将二维信号变为一维信号,再对一维信号完成采样。换句话说,将二维采样转换成两次一维采样操作来实现。

图 2.1 是图像采样处理过程示意图。将二维图像信号变换成一维图像信号最常用的方法是,首先沿垂直方向按一定间隔,从上到下的顺序沿水平方向以直线扫描的方式,取出各个水平行上的灰度值的一维扫描信息,从而获得图像每行的灰度值阵列,即一组一维的连续信号。然后再对一维扫描线信号按一定时间间隔采样得到离散信号。换句话说,图像采样是通过先在垂直方向上采样,然后将得到的结果再沿水平方向采样两个步骤来完成的操作。经过采样之后得到的二维离散信号的最小单位就称为**像素**。一般情况下,水平方向的采样间隔与垂直方向的采样间隔相同。对于运动图像(即时域上连续的图像),首先在时间轴上采样,其次沿垂直方向采样,最后沿水平方向采样这三个步骤完成。

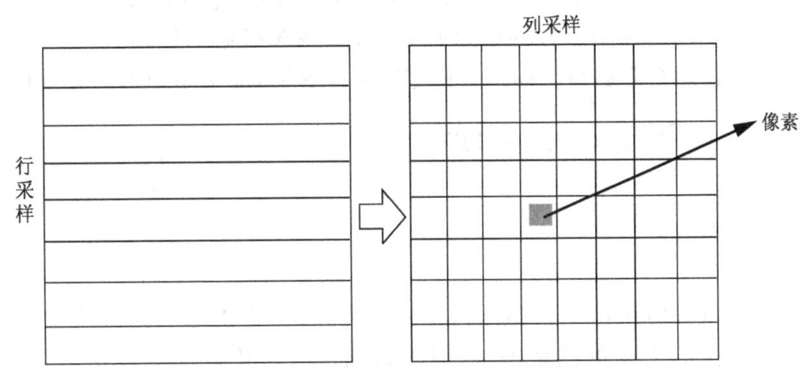

图 2.1 图像采样示意图

对一幅图像采样后,若每行(即横向)像素为 M 个,每列(即纵向)像素为 N 个,则图像大小为 $M\times N$ 个像素。例如,一幅 640×480 的图像,就表示这幅连续图像在长、宽方向上分别分成 640 个和 480 个像素。显然，想要得到更加清晰的图像质量，就要提高图像的采样像素点数，也就是要使用更多的像素点来表示该图像，但相对需要付出更大的存储空间的代价。

连续图像经过采样之后所获得的数字图像的效果与以下几个评价参数有关。

图像分辨率　采样所获得的图像总像素的多少，通常称为图像分辨率。例如，640×480 图像的总像素数为 307 200 个，在购买具有这种分辨率的数码相机时，产品性能介绍上会给出 30 万像素分辨率这一参数。

采样密度　是指在图像上单位长度所包含的采样点数。采样密度的倒数是像素间距。

采样频率　是指一秒钟内采样的次数。它反映了采样点之间的间隔大小，采样频率越高，丢失的信息越少，采样出的样本细腻逼真，图像的质量好，但要求的存储量也就越大。

扫描分辨率　表示一台扫描仪输入图像的细微程度，指每英寸（1 英寸≈2.5cm。下同）扫描所得到的点，单位是 DPI（DotPerInch）。数值越大，表示被扫描的图像转化为数字化图像越逼真，扫描仪质量也越好。

无论采用哪种评价参数，实际上在进行采样时，采样点间隔的选取是一个非常重要的问题，它决定采样后图像的质量，即忠实于原图像的程度。采样间隔的大小取决于原图像中包含的细微亮暗变化。

从频域的角度来看采样问题：根据一维采样定理，若一维信号 $g(t)$ 的最大截止频率为 ω，以 $T\leqslant 1/2\omega$ 为采样间隔进行采样，则能够根据采样结果 $g(nT)(n=0,\pm1,\pm2,\cdots)$ 完全恢复 $g(t)$。如果采用零阶采样保持，即采用矩形脉冲采样，则有

$$g(t)=\sum_{k=-\infty}^{+\infty} g(kT)s(t-kT) \tag{2.1}$$

其中，

$$s(t)=\frac{\sin t}{t} \tag{2.2}$$

采样的实现通常是由一个图像传感元件完成的，它将每个像素位置上的亮度转换成与之相关的连续的测量值，然后将该测量值转化成与其成正比的电压值。最后，再在图像传感器后面，跟随一个电子线路的模数转换器，将连续的电压值转化成离散的整数。

然而许多人对数字技术的可靠性心存疑虑，主要是认为数字采样记录方式会出现信息的不连续，有些人甚至将打印照片中出现的色阶也归罪于这种不连续的

记录方式。

其实这一问题早已在理论上解决了。根据香农(Shannon)采样定理，只要采样的频率高于或等于原始频率的两倍，就可以完全精确地复原原来的连续信息。举一个实际的例子。如果一个镜头可以在焦平面上成像 50 线对/毫米的正弦光栅，只要光敏元件(CCD 或 CMOS)的排列密度达到每毫米 100 个单元就可以完全精确地记录这个影像信息。

当然，如果采样分辨率无法达到满足香农采样定理的条件，则无法获得一个效果好的数字图像。

如图 2.2(a)所示，当分辨率高到满足香农采样定理，则数字图像可以生动地再现原始场景。但是当分辨率较低，不满足香农采样定理，如图 2.2(b)所示，因为信息之间产生了频率混叠，所以画面上的细节信息无法辨认。

(a) 高分辨率数字图像

(b) 低分辨率数字图像

图 2.2 不同分辨率下的采样效果

2.1.2 量 化

经过采样后，模拟图像已被分解成在时间上和空间上离散的像素，但这些像素的取值仍然是连续量。

量化 就是把采样点上表示亮暗信息的连续量离散化后，用数值来表示的。一般的量化值为整数。这样，经过采样和量化之后，数字图像可以用整数阵列的形式来描述。

图 2.3 所示是量化操作的示意图。将连续图像的像素值分布落在$[f_{i-1}, f_i]$范围内的点的取值量化为 fs_i，称之为**灰度值**或**灰阶**(Gray Level)。把真实值 f 与量

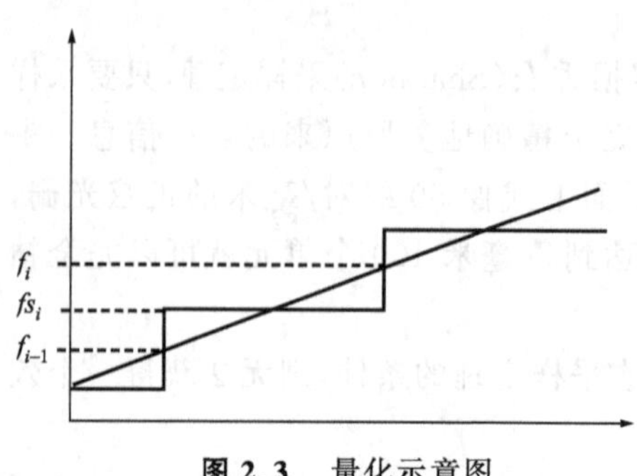

图 2.3　量化示意图

化值 fs_i 之差称为**量化误差**，把表示对应于各个像素的亮暗程度称为**灰度等级**或**灰度标度**。

图像的量化等级反映了采样的质量。例如，图像中的每个像素都用 8 位二进制数表示，有 2 的 8 次方=256 个量级；若采用 16 位二进制数表示，则有 2 的 16 次方=65 536个量级；若采用 24 位二进制数表示，则有 2 的 24 次方=1 667 万个量级。同样，量级越大，图像质量就越高，存储空间要求就越大。但由于计算机的工作速度、存储空间是相对有限的，各种参数都不能无限地提高。

在充分考虑到人眼的识别能力之后，目前非特殊用途的图像均为 8 bit 量化，即用 0～255 描述“从黑到白”。数值范围越大，表示图像可以拥有更丰富的亮暗变化信息，自然可以产生更为细致的图像效果。但是，也同样必须占用更大的存储空间。

对于彩色图像，因为由三个原色(R,G,B)构成，所以，量化是作用在每个原色上的。在每一个像素点上记录的数值，如果每个原色采用 256 级(8 bits)灰度量化，就超过传统胶片的记录精度。因为传统胶片的染料颗粒的大小是有物理极限的，目前的情况是，去掉或增加一层颗粒造成的颜色变化远大于 1/256。更何况现在数字设备的量化精度还达到了 4 096 级以上(如目前的医疗 CT 影像设备)，这样，就可以更进一步地提高数字图像所呈现的逼真度。

数字图像的量化级数随图像的内容及处理的目的差别而不同，如处理文字和图形时，各个像素只需有“0”与“1”两个值，即 1 bit 量化就足以描述字迹或线条与背景之间的差别。这种用 1 bit 信息表示的图像称为**二值图像**(Binary Image)。而对于风景、人物照片来说，则至少需要用 32～64(大于 5 bit)灰度级来表现。如果采用比较低的量化级数，则这类图像会在画面上产生**伪轮廓**(即原始场景中不存在的轮廓)。图 2.4 所示是不同灰阶下的量化效果。可以看到，当以 16 灰度级量化时(图 2.4(a))，画面上天空部分出现的伪轮廓非常明显，以 32 灰度级量化时(图 2.4(b))，伪轮廓虽不明显，但仍旧隐约可见，以 64 灰度级量化时(图 2.4(c))，不存在伪轮廓，画面效果较好。

由于图像灰度值的概率分布密度函数因图像不同而异，所以不可能找到一个适用于各种不同图像的最佳非等间隔量化方案。因此实际上一般采用等间隔量化。我们称等间隔量化为**均匀量化**，非等间隔量化为**非均匀量化**。

(a) 16灰度级(4 bit)量化　　(b) 32灰度级(5 bit)量化　　(c) 64灰度级(6 bit)量化

图 2.4　均匀量化效果图

均匀量化是简单地把采样值的灰度范围等间隔地分割并进行量化，也就是采用相同的"等分尺"来度量量化得到幅度，这种量化方法也称为**线性量化**。对于像素灰度值在从黑到白的范围内较均匀分布的图像，这种量化方法可以得到较小的量化误差。图 2.4 所示的是均匀量化的效果。

非均匀量化是依据一幅图像具体的灰度值分布的概率密度函数，是按总的量化误差最小的原则来进行量化的方法。具体做法是对图像中像素灰度值频繁出现的灰度值范围，量化间隔取小一些，而对那些像素灰度值极少出现的范围，则量化间隔取大一些。这样就可以在满足精度要求的情况下用较少的位数来表示。如图 2.5 所示，与图 2.4 相比较，在相同效果下非均匀量化的灰度级数比较少(比较图 2.4(c)与图 2.5(c))。在同样的灰度级数下，非均匀量化效果比均匀量化的图像效果好(比较图 2.4(b)与图 2.5(c))。因此，在需要以少的数据量来描述图像的场合，一般可以采用非均匀量化的技术，以达到用尽量少的数据使所描述的图像效果尽可能地好。

显然，对于某一幅特定的图像，根据其灰度的分布特征，在少的量化级数下，采用非均匀量化的效果一定比均匀量化的效果好。但是，当允许量化级数比较多时，因为均匀量化已经足够对图像的细节进行描述，采用非均匀量化的效果不明显，只能徒增量化算法的复杂度，因此，在这种情况下多采用均匀量化。

经过这种采样和量化操作，就可以得到的一幅空间上表现为离散分布的有限个像素，灰度取值上表现为有限个离散的可能值的**数字图像**。采样和量化这两个步骤基本构成了称为数字化的过程，经过数字化我们得到一幅图像的数字表示，即数字图像。

(a) 8灰度级(3 bit)量化

(b) 20灰度级量化

(c) 32灰度级(5 bit)量化

图 2.5 非均匀量化效果图

显然,在采样密度很高,并且量化级数很大的情况下,可以获得的图像质量也很高。但是,必须要考虑的是描述图像的数据量的问题。以 VGA 画面的分辨率(640×480)来计算,如果以 8 bit 进行量化,一幅图像的数据量为 245.76Kb,以 12 bit 量化的话,数据量为 368.64Kb。分辨率增加到 1600×1200 时,以 8bit 或 12bit 量化的数据量分别为 1.536Mb,2.304Mb。可以看到这是一个很大的数据量。那么,以多少的采样密度、多少的量化级数来获得一个数字图像,使之即有良好的画质又有较小的数据量,就需要分析图像的景物特征。

当实际场景中所包含的细节信息较多时,需要较高的采样频率,但同时允许有较小的量化级数。如图 2.4(a)所示,少的量化级数对画面上草坪的表现效果没有很明显的劣化。但是如图 2.2 所示,低的分辨率使细节损失很大,即使有较高的量化级数(该图的量化级数为 256),但是画面的质量仍旧不好。

当实际场景中存在如天空、白色墙壁、人脸等灰度变化比较平缓的区域时,如果采用较低的量化级数,则容易产生伪轮廓,而使图像质量大大降低。如图 2.4(a)所示,在低量化级时的劣化部分就是背景中的天空部分,存在非常明显的伪轮廓。因为这些部分的细节包含的比较小,所以采用比较低的分辨率对画质的影响也不会很大。通过以上分析可知,在限制描述图像的数据量的情况下,需要对采样精度与量化精度进行折中,由此来获得一幅效果好的数字图像。

2.2 数字图像的数值描述

我们知道，客观世界是三维的，从客观场景中所拍摄到的图像是二维信息。因此，一幅图像可以定义为一个二维函数 $f(x,y)$，其中 x,y 是空间坐标。对任何一对空间坐标 (x,y) 上的幅值 $f(x,y)$，称为表示图像在该点上的强度或**灰度**，或简称为**像素值**。显然，经过上面的采样与量化操作之后，图像的坐标 x,y 和图像的幅值 $f(x,y)$ 均为有限的、离散的数值。

因为矩阵是二维结构的数据，同时量化值取整数，因此，一幅数字图像可以用一个整数矩阵来表示。矩阵的元素位置 (i,j)，就对应于数字图像上的一个像素点的位置。矩阵元素的值 $f(i,j)$ 即为对应像素点上的像素值。

值得注意的是，虽然矩阵是二维结构的数据可以用以描述图像，但是，矩阵中元素 $f(i,j)$ 的坐标含义是 i 为行坐标，表明是第 i 行，j 是列坐标，表明是第 j 列。而像素 $f(x,y)$ 的坐标含义一般指直角坐标系中的坐标，两者的差异如图 2.6 所示。为了便于阐述，本书将**数字图像坐标系**定义为**矩阵坐标系**。

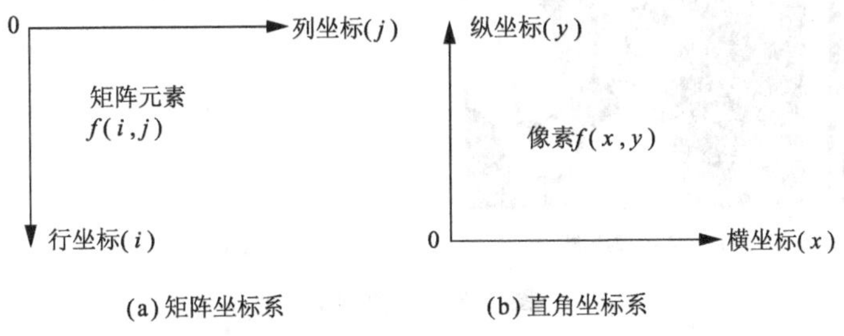

图 2.6　矩阵坐标系与直角坐标系

在前面的讨论中已经提到，对应于不同的场景内容，一般数字图像可以大致分为二值图像、灰度图像、彩色图像三类。下面分别阐述其数值描述。

二值图像　是指每个像素不是黑就是白，其灰度值没有中间过渡的图像。虽然二值图像对画面的细节信息描述的比较粗略，适合于文字信息图像的描述，但是如图 2.7(a)所示，对一幅一般的场景图像，从画面我们已经完全可以理解其基本内容。二值图像的矩阵取值非常简单，即 $f(i,j)=0$(黑)，或 $f(i,j)=1$(白)，具有数据量小的优点。

为了便于读者理解，我们从图 2.7(a)中取出一个局部小块进行局部放大，如图

2.7(b)所示,对应于该局部块的数值描述矩阵为

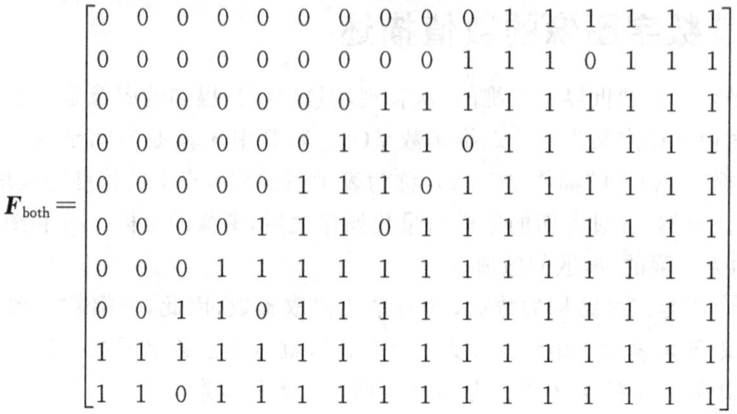

$$
\boldsymbol{F}_{\text{both}}=\begin{bmatrix}
0&0&0&0&0&0&0&0&0&0&1&1&1&1&1&1\\
0&0&0&0&0&0&0&0&0&1&1&1&0&1&1&1\\
0&0&0&0&0&0&0&1&1&1&1&1&1&1&1&1\\
0&0&0&0&0&0&1&1&1&0&1&1&1&1&1&1\\
0&0&0&0&0&1&1&1&0&1&1&1&1&1&1&1\\
0&0&0&0&1&1&1&0&1&1&1&1&1&1&1&1\\
0&0&0&1&1&1&1&1&1&1&1&1&1&1&1&1\\
0&0&1&1&0&1&1&1&1&1&1&1&1&1&1&1\\
1&1&1&1&1&1&1&1&1&1&1&1&1&1&1&1\\
1&1&0&1&1&1&1&1&1&1&1&1&1&1&1&1
\end{bmatrix}
$$

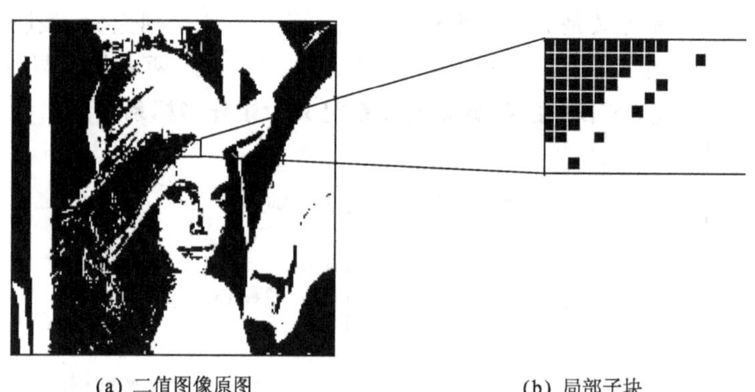

(a) 二值图像原图　　　　(b) 局部子块

图 2.7　二值图像

灰度图像　是指每个像素的信息由一个量化后的灰度级来描述的数字图像,灰度图像中不包含彩色信息。标准灰度图像中每个像素的灰度由一个字节表示,灰度级数为 256 级,每个像素可以是 0～255(从黑到白)之间的任何一个值。在后面的讨论中,默认图像的灰度级数均为 256。图 2.8(a)是一幅灰度图像,同样,从图像中取出局部的一小块进行局部放大(见图 2.8(b)),对应于这个局部块的数值描述矩阵如下:

$$
A=\begin{bmatrix}
38 & 47 & 27 & 34 & 38 & 52 & 37 & 31 & 29 & 74 & 180 & 180 & 151 & 165 & 165 & 189\\
44 & 44 & 21 & 47 & 44 & 57 & 50 & 77 & 125 & 159 & 197 & 137 & 119 & 193 & 208 & 195\\
54 & 43 & 30 & 61 & 32 & 20 & 59 & 167 & 207 & 147 & 137 & 154 & 181 & 207 & 200 & 192\\
51 & 62 & 50 & 40 & 46 & 92 & 139 & 184 & 145 & 125 & 147 & 196 & 205 & 191 & 180 & 190\\
57 & 72 & 64 & 53 & 115 & 175 & 180 & 146 & 116 & 152 & 192 & 199 & 179 & 175 & 184 & 174\\
71 & 56 & 75 & 109 & 173 & 164 & 143 & 122 & 163 & 180 & 185 & 180 & 168 & 179 & 187 & 166\\
74 & 86 & 125 & 165 & 167 & 142 & 144 & 166 & 187 & 182 & 179 & 176 & 176 & 177 & 177 & 176\\
101 & 131 & 156 & 155 & 145 & 144 & 163 & 182 & 180 & 177 & 173 & 171 & 172 & 175 & 175 & 175\\
131 & 150 & 159 & 149 & 143 & 157 & 176 & 183 & 175 & 173 & 170 & 170 & 171 & 172 & 174 & 174\\
151 & 154 & 151 & 147 & 152 & 170 & 181 & 181 & 174 & 171 & 169 & 170 & 170 & 172 & 173 & 173
\end{bmatrix}
$$

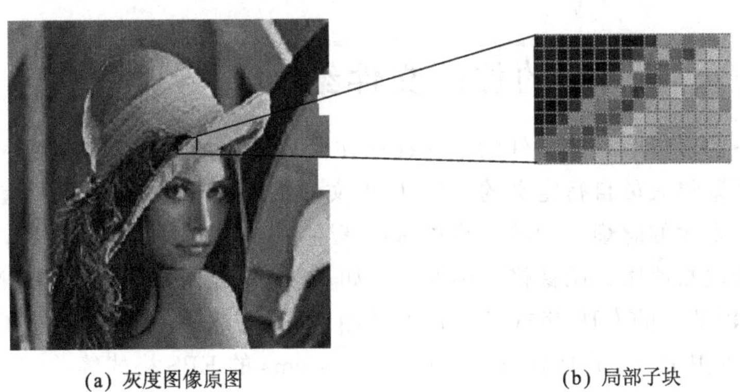

(a) 灰度图像原图　　　　(b) 局部子块

图 2.8　灰度图像

彩色图像　是根据三原色成像原理来实现对自然界中的色彩描述的。这一原理认为,自然界中的所有颜色都可以由红,绿,蓝(R,G,B)三原色组合而成。如果三种基色的灰度分别用一个字节(8 bit)表示,则三原色之间不同的灰度组合可以形成不同的颜色。图 2.9 所示是彩色插图 2.1 的三原色通道分量图。可以看到,与图 2.9(b),(c)相比,图 2.9(a)所示的红色分量图的灰度值最大,所以彩色图像的画面呈暖色调(参见文前彩图 2.1)。

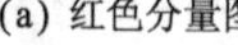

(a) 红色分量图

(b) 绿色分量图

(c) 蓝色分量图

图 2.9　数字彩色图像的三原色通道分量图

2.3 数字图像的位图文件结构

数字图像是以数据位文件的形式存储在计算机中的，早期图像文件的存储方式都是数据采集人员自行定义的，因为图像文件格式的不统一，在图像信息的交流中造成了非常大的麻烦。随着图像处理技术在多个领域中的快速渗透，便出现了一些比较普遍被使用的图像格式标准。例如，Windows 下的位图文件 BMP、TIFF 格式，公用领域中的 GIF 格式，PC 机上常用的 PCX 格式，动画领域中的 TGA 格式，CAD 领域中的 DXF 格式，以及 Abode Systems 的 EPS 格式等[15]。

一般情况下，最常使用的是位图(光栅图)类型和矢量图类型。其中，位图文件格式是以数据点表示图像中的每个像素，前面所给出的图像描述方式都是属于这一类的。矢量图是以线段和形状来描述图像的，换句话说，矢量文件格式不是以像素点为单位描述图像，而是以矢量的形式描述图像的。因为矢量图多描述的是图形，这不是本书讨论的重点内容，所以在这里我们只对位图文件进行简单的介绍。

考虑到图像数据量的庞大，许多位图文件是支持图像压缩编码的。表 2.1 列出了三个常用的位图文件的格式。其中 JPEG 文件格式是支持压缩编码的格式。由于本节介绍图像文件的目的是为读者建立一个基本概念，因此下面以采用非压缩形式的、文件格式结构设计得相当简单的 BMP 文件格式的结构为例对数字图像的文件格式进行说明，有关其他的图像文件格式，请参考相关的参考文献。

表 2.1　位图文件格式

英文名称	文件后缀	说　明
Bit-mapped format	*.bmp	Microsoft Windows 格式
Tagged image file format	*.tif	DOS,UNIX 及 Macintosh 图像
Joint Photographic Experts Group	*.jpeg 或 *.jpg	

2.3.1 BMP 位图文件的总体结构

BMP 位图文件的结构如表 2.2 所示，包括了位图**文件头**(bitmap-file header)，位图**信息头**(bitmap-information header)，位图颜色列表，又称为**调色板**(color table)，以及**图像数据**(image data)四个部分，前三个部分主要用以定义文件的结构，最后一个部分为图像的像素信息。

表 2.2　BMP 位图文件的组成

BMP 位图文件的组成	
位图文件头	BITMAPFILEHEADER
位图信息头	BITMAPINFOHEADER
位图颜色列表	RGBQUAD(调色板)
图像数据	

从前面对数字图像的介绍我们知道，描述彩色图像和非彩色图像的数据是不相同的，BMP 位图文件为了兼容两者，在设计时以彩色图像的描述来构造文件的结构。

根据彩色图像的三原色原理，当红、绿、蓝三原色的能量相等时，即三个分量图完全相同时，该图为灰度图(有关详细的理论，将在本书的“彩色图像”一章中进行介绍)。由此，可以认为灰度图是彩色图像的一个特殊情况。当然，二值图像也可以认为是灰度图像的一个特殊情况。

位图文件中的颜色列表(调色板)是根据位图所描述的图像是索引色图像还是真彩色图像的不同而设置的。如果图像采用的是索引色，则位图文件中设有调色板，如果是真彩色图像，则位图文件中没有调色板。

索引色图像　的位图描述方式是，图像数据区中存放对应每一点的颜色索引值。读取位图时，根据所得到的每一点的索引值，在调色板中找到相应的颜色，就获得了该点的颜色值。索引色图像的描述原理如图 2.10 所示，以调色板作为中介，可以用一个表(调色板)和一个矩阵(像素点的颜色索引值表)即可描述由三个原色矩阵所描述的信息。在 BMP 位图文件中，规定了对整幅图像的颜色数不大于 256 种的图像，均可采用索引色的模式，以此提高描述图像的数据效率。对于一般的灰度图像，因为其灰度级数只有 256，所以建议采用索引方式来存储。

$$\boldsymbol{F}=\begin{bmatrix} f_{11} & \cdots & f_{1n} \\ \vdots & & \vdots \\ f_{m1} & \cdots & f_{mn} \end{bmatrix} \Rightarrow$$

No.	***R***	***G***	***B***
1	$\boldsymbol{R}_1$	$\boldsymbol{G}_1$	$\boldsymbol{B}_1$
⋮	⋮	⋮	⋮
i	$\boldsymbol{R}_i$	$\boldsymbol{G}_i$	$\boldsymbol{B}_i$
⋮	⋮	⋮	⋮
N	$\boldsymbol{R}_N$	$\boldsymbol{G}_N$	$\boldsymbol{B}_N$

$$\Downarrow$$

$$\boldsymbol{R}=\begin{bmatrix} r_{11} & \cdots & r_{1n} \\ \vdots & & \vdots \\ r_{m1} & \cdots & r_{mn} \end{bmatrix},\quad \boldsymbol{G}=\begin{bmatrix} g_{11} & \cdots & g_{1n} \\ \vdots & & \vdots \\ g_{m1} & \cdots & g_{mn} \end{bmatrix},\quad \boldsymbol{B}=\begin{bmatrix} b_{11} & \cdots & b_{1n} \\ \vdots & & \vdots \\ b_{m1} & \cdots & b_{mn} \end{bmatrix}$$

图 2.10　索引色图像的描述原理示意图

对于颜色数大于 256 的彩色图像(又称这类图像为真彩色图像)，BMP 位图中没有调色板，红、绿、蓝三原色的数据直接从文件的图像数据区中提取。

2.3.2 BMP 位图文件的各结构的具体数据项

表 2.3 给出了 BMP 位图文件各结构的具体数据项。BMP 位图文件的头文件中，包含了两个数据结构，其中，文件头结构体用以描述 BMP 文件的类型、大小等信息；信息头结构体用以定义图像大小等结构信息。

文件头结构　BITMAPFILEHEADER 中，bfType 是标识数据，数据地址为 0，数据类型为 unsigned char，内容为固定值"BM"，用于标识文件的格式为 BMP 文件。

bfsize 的数据地址为 2，数据类型为 unsigned long，以字节为单位，表示位图文件的大小。

bfReserved1 和 bfReserved2 的数据地址分别为 6 和 8，数据类型为 unsigned int，是 BMP 文件的保留字，没有任何意义，其值必须为 0。

表 2.3 BMP 位图文件各结构的具体数据项

结 构	数据域	含 义
BITMAPFILE-HEADER	bfType	字节‘BM’
	bfSize	文件总字节数
	bfReserved1	0
	bfReserved2	0
	bfOffBits	位图数据距文件头的偏移量
BITMAPINFO-HEADER	biSize	指定这个结构的长度,为 40
	biWidth	指定图像的宽度,单位是像素
	biHeight	指定图像的高度,单位是像素
	biPlanes	必须是 1,不用考虑
	biBitCount	指定表示颜色时要用到的位数
	biCompression	指定位图是否压缩
	biSizeImage	实际的位图数据占用的字节数
	biXperlsPerMeter	指定目标设备的水平分辨率
	biYperlsPerMeter	指定目标设备的垂直分辨率
	biClrImportant	图像中重要的颜色数
RGBQUAD	rgbBlue	蓝色的比例
	rgbGreen	绿色的比例
	RgbRed	红色的比例
	rgbReserved	0,是保留字

bfoffBits 的数据地址为 10,数据类型为 unsigned long,以字节为单位,指示图像数据在文件内的起始地址,即图像数据距文件头的偏移量。

信息头 BITMAPINFOHEADER 中,biSize 的数据地址为 14,数据类型为 unsigned long,以字节为单位,指定数据结构 BITMAPINFOHEADER 所占用的存储容量,固定值为 40。

biWidth 与 biHeight 的数据地址分别为 18 和 22,数据类型为 unsigned long,均以像素为单位,给出该 BMP 文件所描述位图的宽度与高度。若 biHeight 取值为正数,则表明位图为 bottom_up 类型的 DIB 位图,位图的原点为左下角。若 bi-Height 取值为负数,则表明位图为 top_down 类型的 DIB 位图,位图的原点为左上角。一般情况下，这两个字段取正数。

biPlanes 的数据地址为 26，数据类型为 unsigned int，表示目标设备平面数，必须置为 1。

biBitCount 的数据地址为 28，数据类型为 unsigned int，确定每个像素所需要的位数，也即量化级数。

biCompression 的数据地址为 30，数据类型为 unsigned long，表示 bottom_up 类型位图的压缩类型。值得注意的是，BMP 文件格式对索引色图像及真彩图像不做任何数据压缩。

biSizeImage 的数据地址为 34，数据类型为 unsigned long，以字节为单位，表示图像数据占用的空间大小。

biXPeIsPerMeter 和 biYPeIsPerMeter 的数据地址分别为 38 和 42，数据类型为 unsigned long，以每米像素数为单位，给出位图目标设备水平及垂直的分辨率。

biClrUsed 的数据地址为 46，数据类型为 unsigned long，给出位图实际使用的颜色表中的颜色变址数。

biClrImportant 的数据地址为 50，数据类型为 unsigned long，给出位图显示过程中重要颜色的变址数。若取值为 0，表示所有使用的颜色都是重要颜色。

以上，对 BMP 位图文件的结构参数进行了介绍，通过读取这些参数，就可以获得数据区中所给出的一幅数字图像。

2.4 数字图像的灰度直方图

我们知道，一幅数字图像的数据是二维的，同时给出了场景的亮暗信息和位置信息。正是由于获得了这两类信息，我们可以从图像中获得对原始场景的一个生动的再现。但是在许多时候，我们对图像质量进行评价，或者对目标物进行观察与分析时，往往会用到这样一些概念，如“这幅图像偏暗”，“这幅图像的目标物相对于背景来说比较亮”，“这幅图像的对比度比较小”等等。而这些概念是不考虑位置信息的，因此，就提出了对图像的整体画面的亮暗分布进行统计的概念，即数字图像的灰度直方图的概念。

2.4.1 概　念

灰度直方图　是关于灰度级分布的函数，是对图像中灰度级分布的统计。

灰度直方图是将数字图像中的所有像素，按照灰度值的大小，统计其所出现的频度。通常，灰度直方图的横坐标表示灰度值，纵坐标为像素个数，也可以采用某一灰度值的像素数占全图像素数的百分比作为纵坐标。直方图上的一个点的含义是，图像中存在的等于某个灰度值的像素个数的多少。这样，通过灰度直方图就可以对图像的某些整体效果进行描述。例如，"这幅图像偏暗"，此时灰度直方图的像素一定大多分布在灰度值较小的部分。

从数学上来讲，图像的灰度直方图是图像各灰度值统计特性与图像灰度值的函数，它反映了图像中每种灰度值出现的频率。从图形上来讲，它是一个一维曲线，横坐标表示图像中各个像素点的灰度值，纵坐标为图像中各个灰度取值的像素点出现的次数或概率，表征了图像的最基本的统计特征。

下面，我们通过一个简单的例子来体会一下什么是图像的灰度直方图。假设一个非常小的图像，如图 2.11 所示，是一个 4×4 大小的图像。统计图像中灰度值为 0 的像素有 1 个，灰度值为 1 的像素有 2 个，……，灰度值为 6 的像素有 1 个。因此，图像的灰度分布如下：

灰度值	0	1	2	3	4	5	6
像素个数	1	2	6	3	3	0	1
像素分布	1/16	2/16	6/16	3/16	3/16	0	1/16

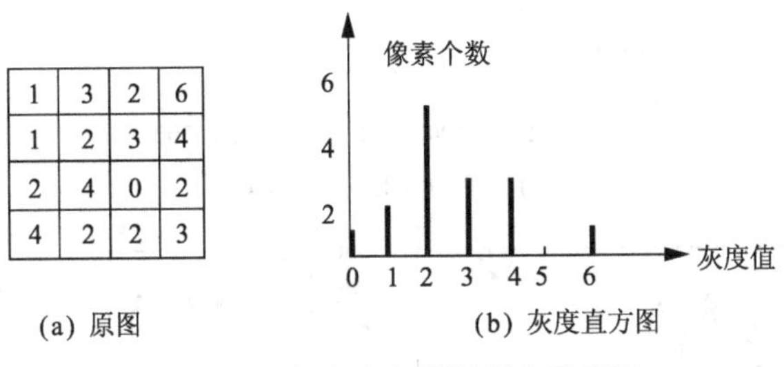

(a) 原图　　(b) 灰度直方图

图 2.11　灰度直方图的概念示意图

该图的灰度直方图如图 2.11(b)所示。

通过上面的例子，我们可以知道，数字图像的灰度直方图的计算非常简单。作为图像处理中一种十分重要的图像分析工具，它描述了一幅图像的灰度分布情况。除计算简单之外，这时的直方图信息可以反映图像特性的一维信息。因此，灰度直方图无论在图像分析还是在图像处理方案的提出等方面，均起着非常重要的作用。

在进行图像处理的过程中，灰度直方图可以作为引导思路及检验结果的工具。

因为灰度直方图实际上是一个对图像亮度分布的统计量，因此，有时也采用统计数学中的概率分布概念来定义灰度直方图。

设 $f(i,j)$ 代表图像中像素的灰度值，进行归一化处理后，$f(i,j)$ 将被限定在 [0,1] 范围之内。这样，$f(i,j)=0$ 表示黑，$f(i,j)=1$ 表示白。对于一幅给定的图像来说，每一个像素取 [0,1] 得区间内的灰度值是随机的，也就是说 $f(i,j)$ 是一个随机变量。假定对每一瞬间，$f(i,j)$ 是连续的随机变量，那么就可以用概率密度函数 $P_f(f(i,j))$ 来表示灰度值为 $f(i,j)$ 的像素在图像中所出现的概率。

这样就可以针对一幅图像在这坐标系中做出一条曲线来，这条曲线在概率论中就是概率密度。因此，该直方图函数实际是图像的各灰度级的分布情况的反映。换句话说，也就是给出了该幅图像所有灰度值的整体描述。通过该函数可以清楚地了解到图像对应的动态范围情况，也可以了解到图像灰度的主要集中范围。

以彩色插图 2.1 为例，对图 2.9 所给出的三个通道的不同颜色分量的灰度图，求出其灰度直方图如图 2.12 所示。

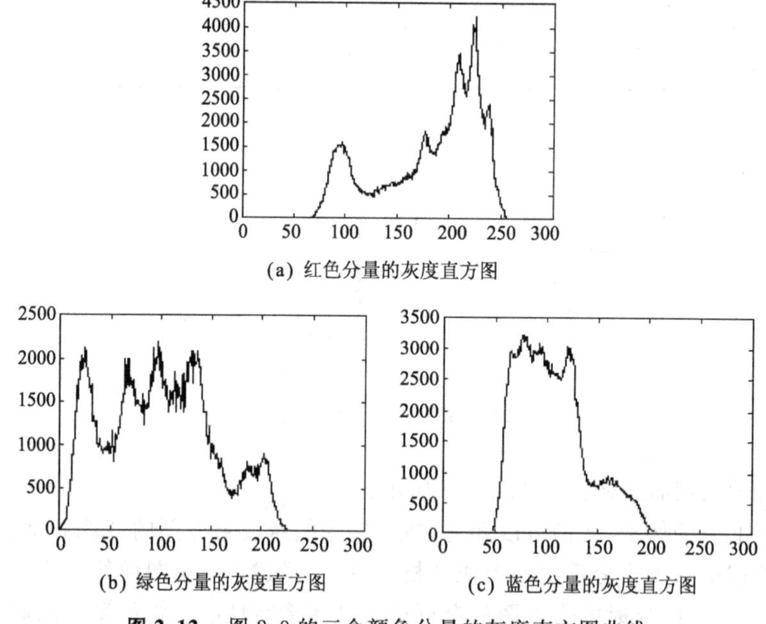

(a) 红色分量的灰度直方图

(b) 绿色分量的灰度直方图　　(c) 蓝色分量的灰度直方图

图 2.12　图 2.9 的三个颜色分量的灰度直方图曲线

根据这三个分量的直方图我们来分析图像的特性。从图2.12(a)(红色分量的灰度直方图)可以看到,图像中的像素分布大多在灰度值比较大的部分(50至255之间),因此画面一定是偏亮的。从图2.12(b)(绿色分量的灰度直方图)可以看到,灰度值比较均匀地分布在0～255之间,这时的绿色分量充分地利用了所给定的灰度值范围,因此该分量的图像对比度应该是比较好。从图2.12(c)(蓝色分量的灰度直方图)可以看到,图像中像素分布大多在灰度值比较小的部分(50～150之间),因此画面一定是偏暗的。事实上,我们从图2.9可以看到与从灰度直方图分析所得到的相一致的结论。

2.4.2 性 质

灰度直方图具有以下三个重要的性质。

1. 灰度直方图表征了图像的一维信息

直方图是一幅图像中各像素灰度值出现的次数(或频度)的统计结果,它只反映该图像中不同灰度值出现的次数(或频数),而未反映某一灰度值像素所在位置。也就是说,它只包含了该图像中某一灰度值的像素出现的概率,而丢失了其所在位置的信息。

2. 灰度直方图与图像之间的关系是多对一的映射关系

任一幅图像都可以惟一地确定出一幅与它对应的直方图,但不同的图像,可能有相同的直方图。也就是说,图像与直方图之间是多对一的映射关系。因此,通常图像的灰度直方图用于对图像进行定性分析。例如,在同一个场景中的若干个视频帧中,运动目标物位置虽然不同,但相邻几帧图像的灰度直方图却是相同的。这一特征可以作为对视频帧进行镜头分割的依据之一。

3. 子图直方图之和为整图的直方图

由于直方图是对具有相同灰度值的像素统计得到的,因此,一幅图像各子图的直方图之和就等于该图像全图的直方图。

2.4.3 用 途

由于直方图反映了图像的灰度分布状况,因此,虽然灰度直方图是一维信息,但是通常作为表征图像特性的信息而在图像处理中起着非常重要的作用。可以说从对图像的观察与分析,到对图像处理结果的评价,灰度直方图都可以说是最简单、最有效的工具。

下面从几个简单的应用来体会灰度直方图的用途。

1. 作为图像数字化的参数

如图 2.13 所示，直方图给出了一个简单的可见的指示，用来判断一幅图像是否合理地利用全部被允许的灰度级范围。如果灰度直方图中，曲线连续平滑，表示被摄景物灰度分布均匀，层次比较丰富(见图 2.13(c)，(d))。一般一幅数字图像应该利用全部或几乎可能的灰度级，换句话说，一幅图像的灰度直方图上灰度从 0 到 255 均有像素分布。否则等于增加了量化间隔，一旦数字化图像的级数少于 256，丢失的信息(除非重新数字化)将不能恢复。如图 2.13(a)，(b)所示，因为灰度分布在 58～203 之间，因此其灰度级数为 146。这样，实际上相当于量化级数为 146，因为量化级数的减少，一定导致画面的表现效果不好。另外，如果景物的光照动态范围超出了摄像设备数字化器所能处理的范围，则这些灰度级将被简单地置 0 或 255，由此将在直方图的一端产生尖峰。这时会出现所谓的亮度饱和问题，也降低图像的表现效果。

根据以上的分析可知，在数字化时，对直方图进行检查是一个好的做法。对直方图的快速检查可以使数字化中产生的问题及早地暴露出来，以免在后续处理中浪费大量的时间。

(a) 原图　(b) 灰度直方图

(c) 原图　(d) 灰度直方图

图 2.13　不同直方图下的图像效果比较

2. 图像分割阈值的选择依据

图像分割是进行图像识别、图像测量系统中的一个不可缺少的处理环节。依据图像的灰度直方图，对有一些具有特殊灰度分布的图像可以直接选择图像的分割阈值。例如，对具有二峰性的灰度直方图的图像，一般可以根据直方图获得有指导意义的阈值。

在某种意义上，之所以说用两个峰之间的最低点(谷点)的灰度值作为阈值来确定阈值分割是最适宜的，是因为直方图是面积函数的导数。在谷底附近，直方图的值相对较小，意味着面积函数随阈值灰度级的变化很缓慢。如果我们选择谷底处的灰度作为阈值可以使其对物体边界的影响达到最小。

如图 2.14 所示的肾小球切片图像为例，原图的灰度直方图具有二峰性(见图 2.14(b))，可知，左边峰表示了图像中较暗的那部分区域的亮度分布，而右边峰则表示了图像中较亮的那部分区域的亮度分布，对这幅图像来说，亮的部分刚好是肾小球切片图像中，包围肾小球的边缘。因此，取分离两个峰的谷点的灰度值为阈值点，就可以得到如图 2.14(c)所示的阈值分割结果。显然，因为这个结果已经得到了包围肾小球的封闭边缘，所以可以很容易地从原图中提取肾小球区域，并进行相应的后续处理与分析。

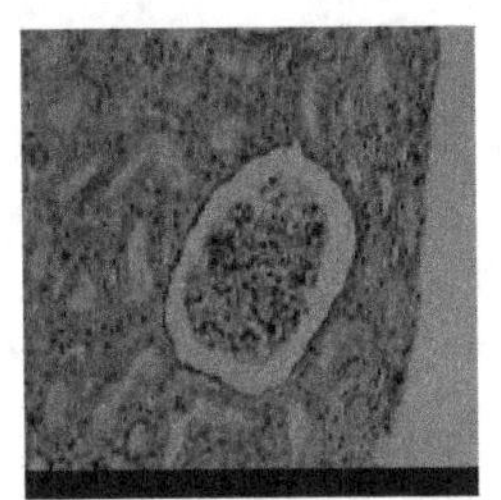

(a) 原图

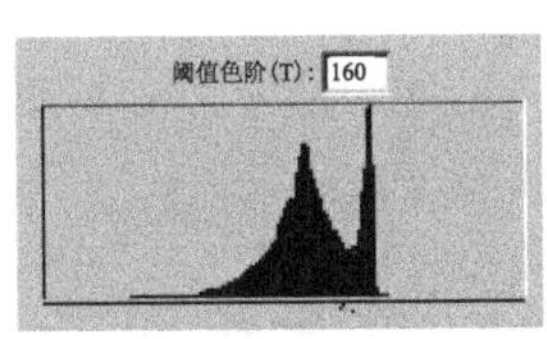

(b) 图(a)的灰度直方图

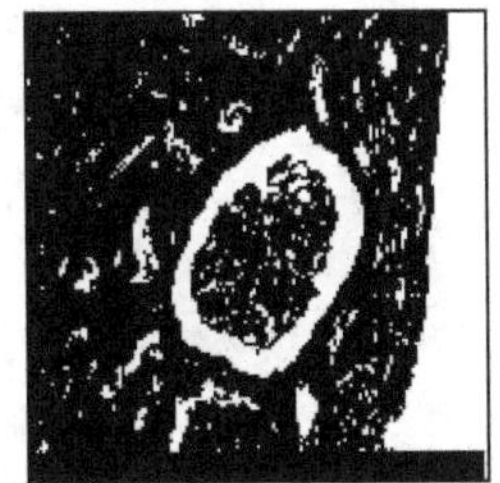

(c) 阈值分割结果

图 2.14 基于灰度直方图的阈值分割示例

习 题

1. 在理想情况下获得一幅数字图像时，采样和量化间隔越小，图像的画面效果越好。当一幅图像的数据量被限定在一个范围内时，如何考虑图像的采样和量化，使得图像的表现效果尽可能好?

2. 图像量化时，如果量化级比较小时会产生什么现象？为什么？
3. 为什么非均匀量化多用于量化级数少的场合，而在量化级数多的场合不用？
4. 设某个图像为

$$f=\begin{bmatrix} 21 & 18 & 34 & 8 \\ 76 & 60 & 34 & 17 \\ 67 & 56 & 211 & 61 \\ 100 & 123 & 240 & 180 \end{bmatrix}$$

若将该图像数据储存成 BMP 文件，请给出 BMP 文件的数据形式。

5. 设某个图像为

$$f=\begin{bmatrix} 100 & 67 & 34 & 100 \\ 67 & 67 & 34 & 100 \\ 67 & 56 & 211 & 67 \\ 100 & 100 & 211 & 100 \end{bmatrix}$$

请计算该图像的灰度直方图。

第3章　图像增强

所谓图像增强，实际上要完成的工作是通过将画面上重要的内容增强突出，同时将不重要的内容进行抑制，以此达到改善画面质量的方法。换句话说，通过对重要内容的增强与不重要内容的抑制获得清晰的图像显示效果。本章就解决这类问题的若干基本的、常用的方法进行介绍。

3.1　γ 校正

为了了解 γ 校正的概念，我们首先简单介绍一下光图像的成像过程。如图 3.1 所示，景物的反射光被数码相机捕获到，该信号为光信号。光信号通过光电转换单元转换为电信号，最终我们在计算机中处理的，或者在显示器上观察的是电信号。

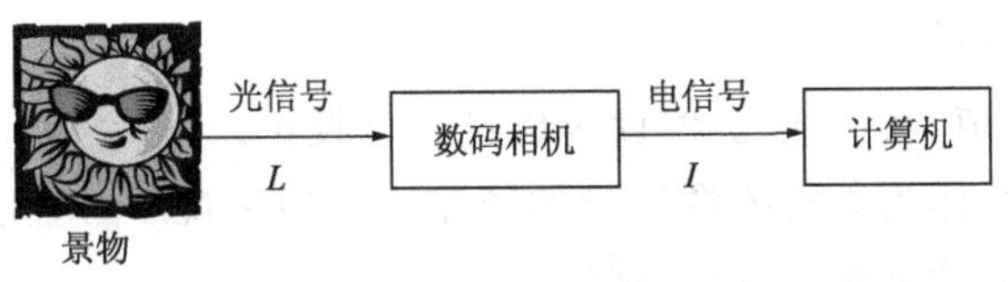

图 3.1　光图像的成像过程示意图

如果电子摄像机的输出电压与场景中光的强度成正比，那么图像处理就会变得比较容易。然而，现实世界并不是那样，目前几乎所有的 CRT 显示设备、摄影胶片和许多电子照相机的光电转换特性都是非线性的。这些非线性部件的输入-输出特性，都是一个能够反映各自特性的幂函数，即如果输入的光信号强度为 $\boldsymbol{L}$，输出的电信号强度为 $\boldsymbol{I}$，则输入、输出之间的关系满足下式：

$$\boldsymbol{I}=c\cdot\boldsymbol{L}^{\gamma}\tag{3.1}$$

其中，c 为放大倍数，是一个常数；γ(gamma)是幂函数的指数，用来衡量非线性部件的转换特性。这种特性称为**幂律(power-law)转换特性**。因为非线性特性主要反映在输入、输出关系成 γ 次幂的形式，因此，又称该特性为 **γ 特性**。

图 3.2 给出了一幅图像的特性。因为我们所得到的是具有与原始场景的光信号成非线性关系的输出信号，所以，如果对其不进行适当的校正，就只能得到如图 3.2(b)的画面效果。因此，需要根据式(3.1)进行适当的校正，称对此非线性关系的校正为 **γ 校正**。

(a) 原始场景(光信号L)

(b) 电信号I所构成的场景

图 3.2 γ 特性示例

由式(3.1)，根据数码相机输出所获得的电信号强度 $\boldsymbol{I}$，可以估计出原始的光信号强度 $\widetilde{\boldsymbol{L}}$ 如下：

$$\widetilde{\boldsymbol{L}}=\tilde{c}\cdot \boldsymbol{I}^{1/\gamma} \tag{3.2}$$

显然，如果已知 γ 值，按照式(3.2)就可以进行 γ 校正。

我们以对比度作为分析图像质量的依据。一般情况下，对比度大的图像较对比度小的图像画面清晰度高，层次感强。

对比度计算公式如下：

$$C=\sum_{\delta}\delta(i,j)^2 P_{\delta}(i,j) \tag{3.3}$$

其中，$\delta(i,j)=|i-j|$，即相邻像素间的灰度差；$P_{\delta}(i,j)$为相邻像素灰度差为 δ 的像素分布概率(像数相邻可以是四近邻或八近邻，相关定义见 147 页)。

下面，从一个简单的例子来体会 γ 校正的操作与效果。例中的对比度均为按照四近邻意义计算。

设原始景物信息强度为

$$L=\begin{bmatrix}1&3&9&9&8\\2&1&3&7&3\\3&6&0&6&4\\6&8&2&0&5\\2&9&2&6&0\end{bmatrix}$$

按照式(3.3)计算得到其对比度为 $C_L=16.9215$。

假设照相机具有 $\gamma=0.4$ 的 γ 特性，所以得到的图像信号(电信号)强度为

$$I=\begin{bmatrix}4&6&9&9&9\\5&4&6&8&6\\6&8&0&8&7\\8&9&5&0&7\\5&9&5&8&0\end{bmatrix}$$

计算得到其对比度为 $C_I=17.2368$。因为照相机的 γ 特性，会使画面的对比度降低，本例所取局部数据对比度增大是因为放大系数 $\tilde{c}$ 的作用。

如果按照式(3.2)，取 $\gamma=0.4$ 进行 γ 校正后得到的信息强度为

$$\tilde{L}=\begin{bmatrix}1&3&9&9&9\\2&1&3&7&3\\3&7&0&7&5\\7&9&2&0&5\\2&9&2&7&0\end{bmatrix},\quad C_{\tilde{L}}=19.8816$$

与 L 相比较，只有少数像素值不同，这是因为校正时的取整操作以及原始退化信息所造成的。

实际的图像系统是由多个部件组成的，这些部件中可能会存在几个非线性部件。如果所有部件都有幂函数的转换特性，那么整个系统的传递函数就是一个幂函数，它的指数 γ 等于所有单个部件 γ 的乘积。下面给出一个具有两个环节的简单系统幂率转换特性的推导。

设第一个环节输入、输出分别为 x_1, y_1，其幂率转换特性为 $y_1=c_1\cdot x_1^{\gamma_1}$，第二个环节的输入、输出分别为 x_2, y_2，其幂率转换特性为 $y_2=c_2\cdot x_2^{\gamma_2}$，因为第二个环节的输入是第一个环节的输出，所以 $x_2=y_1$，如果系统只有两个环节，则系统的输入为 x_1，输出为 y_2，即

$$y_2=c_2\cdot x_2^{\gamma_2}=c_2\cdot y_1^{\gamma_2}=c_2\cdot(c_1\cdot x_1^{\gamma_1})^{\gamma_2}=c\cdot x_1^{\gamma_1\cdot\gamma_2} \tag{3.4}$$

其中，$c=c_2\cdot c_1^{r_2}$。

为此，在图像系统中，有时会采用增加一个补偿环节，该补偿环节的 γ_c 是前面几个固有环节 γ 乘积的倒数，即 $\gamma_c=1/\gamma$，则整个系统的总体输入、输出关系可以认为是线性的(即 $\gamma_s=\gamma_c\cdot\gamma=1$)。

如果图像系统最终整体的 γ 满足 $\gamma=1$，则输出与输入就成线性关系。这似乎是图像系统所追求的目标，即得到的图像可以真实地再现原始场景。但实际情况却不完全是这样。因为人眼在观察图像时，视觉特性还会受到周围环境的影响。

在明亮环境下观看图像，那么，$\gamma=1$ 的系统使图像看起来像"原始场景"一样。所谓明亮环境，是指实际环境中的白色物体的亮度与图像中白色部分的亮度几乎相同的环境。

在黑暗环境下观看图像，那么，$\gamma=1.5$ 的系统使图像看起来像"原始场景"一样。所谓黑暗环境，是指周围环境比图像画面的亮度暗许多，例如，放映电影和投影幻灯片的环境。

在光线不是很好的室内环境下观看图像，那么，$\gamma=1.25$ 的系统使图像看起来像"原始场景"一样。所谓室内环境，是指周围的环境虽然比图像画面的亮度低，但是周围环境中放置的东西能够看见的环境。

尽管从上面的实际情况分析知，在不同环境下要求系统达到的 γ 不一定为 1，在这里，为了阐述方便起见，我们仅对以 $\gamma=1$ 为目标，对系统进行 γ 校正。

为了对 $\gamma\neq1$ 情况下的图像进行校正，显然，获得 γ 值是关键。下面我们给出基本的估计 γ 值的方法。将式(3.1)两边取对数，则有

$$\log\boldsymbol{I}=\gamma\cdot\log\boldsymbol{L}+\widetilde{C} \tag{3.3}$$

换句话说，因为 $\log\boldsymbol{I}$ 与 $\log\boldsymbol{L}$ 成线性关系，考虑到实际设备的光电特性不一定是线性的，则其幂率转换特性可由式(3.3)表示。为了估计 γ 值，首先设置测试靶图，即设置 $\log\boldsymbol{L}$ 的图像，通过检测得到 $\log\boldsymbol{I}$，获得 $\log\boldsymbol{I}$ 与 $\log\boldsymbol{L}$ 数据对应关系，选择其中的线性段部分，其斜率的大小就对应了 γ 值。

另外，如果没有条件设置靶图，则通过逐步调整的方法也可以获得对 γ 值的估计。如图 3.3 所示，如果因为摄像设备的 γ 特性不好，则拍摄到如图 3.3(a)所示的图像。从画面可以看到，因 γ 值所产生的幂率转换特性，导致了画面对比度偏低，画面没有层次感。因为没有 γ 的先验值，如果以一个较小的 γ 估计值进行校正，结果如图 3.3(b)所示，由于过校正使得景物中的许多部分偏暗，而影响效果。如果以一个较大的 γ 估计值进行校正，如图 3.3(c)所示，虽然画面有一定的改善，但是因校正不足，还无法达到好的效果。而如果对 γ 估计值进行调整适当的调整，则可以得到如图 3.3(d)所示的较好的校正图像。

(a) 未进行 γ 校正的原图

(b) 估计的 γ 值过小的校正结果

(c) 估计的 γ 值过大的校正结果

(d) 估计的 γ 值适当时的校正结果

图 3.3　估计 γ 值与 γ 校正的效果

3.2 对比度线性展宽

之所以要进行对比度展宽，是因为有时所获得的图像画面效果不好，画面中所期望观察的对象因对比度不足而不够清晰时，通过对比度展宽的方法获得对画质的改善。

线性对比度展宽处理，实际上是图像灰度值的线性映射。假设处理后图像与处理前图像的量化级数相同，即处理前后图像的灰度分布范围均为[0,255]，则如果需要进行对比度展宽，从原理上说，只能通过抑制非重要信息的对比度来腾出空间给重要信息进行对比度的展宽。

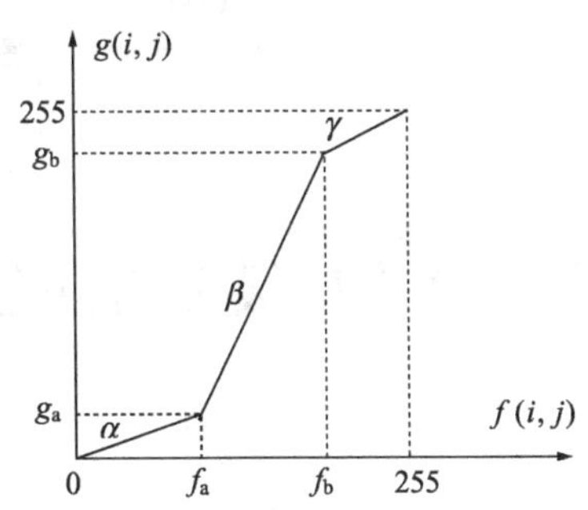

图 3.4　对比度线性展宽映射关系

设原图像的灰度为 $f(i,j)$，处理后图像的灰度为 $g(i,j)$，对比度线性展宽的原理示意图如图 3.4 所示。原图中的重要景物的灰度分布假设在$[f_a,f_b]$的范围内，则对比度线性展宽的目的是使处理后图像的重要景物的灰度分布在$[g_a,g_b]$的范围内，当$\Delta f=(f_b-f_a)<\Delta g=(g_b-g_a)$，则可达到对比度展宽的目的。换句话说，如图3.4所示的该线性映射关系中的分段直线的斜率有$\alpha<1$，$\gamma<1$，表示了非重要景物的抑制，$\beta>1$则表示了重要景物的对比度展宽增强。

将对比度线性展宽的计算公式表示如下：

$$g(i,j)=\begin{cases}\alpha f(i,j), & 0\leqslant f(i,j)<f_a\\ \beta(f(i,j)-f_a)+g_a, & f_a\leqslant f(i,j)<f_b\\ \gamma(f(i,j)-f_b)+g_b, & f_b\leqslant f(i,j)<255\end{cases} \tag{3.5}$$

$(i=1,2,\cdots,m;\ j=1,2,\cdots,n)$

其中，$\alpha=\frac{g_a}{f_a}$，$\beta=\frac{g_b-g_a}{f_b-f_a}$，$\gamma=\frac{255-g_b}{255-f_b}$，图像的大小为$m\times n$。

如图3.5(a)所示，原图是在黄昏时段拍摄的，由于时间偏晚，并且是阴天的缘故，拍摄下来的场景对比度就不够好。经过对比度展宽处理之后，如图3.5(b)所示，画面的效果明显得到改善。

(a) 原图

(b) 对比度展宽后的结果

图3.5 线性对比度展宽

3.3 灰级窗与灰级窗切片

3.3.1 灰级窗

灰级窗，实际上是通过一个映射关系，只将灰度值落在一定范围内的目标进行对比度增强，这就好像开窗观察只落在窗内视野中的目标内容一样。这样，视野外的内容对观测不造成影响。如图 3.6 所示是灰级窗的映射关系图。原图像的灰度为 $f(i,j)$，处理后的图像为 $g(i,j)$，可以看到，经过灰级窗处理之后，将原图中灰度值分布在$[f_a, f_b]$范围内的像素值映射到[0,255]范围内，由此使该范围内的景物因对比度展宽而更加清晰便于观察。

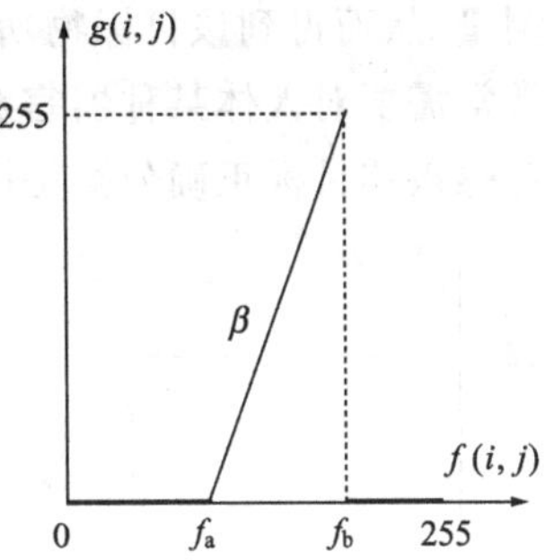

图 3.6 灰级窗映射关系

灰级窗映射计算公式表示如下：

$$g(i,j)=\begin{cases}0, & 0\leqslant f(i,j)<f_a \\ \beta(f(i,j)-f_a), & f_b\leqslant f(i,j)<f_a \\ 0, & f_b\leqslant f(i,j)<255\end{cases} \tag{3.6}$$

$$(i=1,2,\cdots,m;j=1,2,\cdots,n)$$

其中，$\beta=\dfrac{225}{f_b-f_a}$，图像的大小为 $m\times n$。

灰级窗技术在医学图像处理中用得比较多。如图 3.7 所示，在该 CT 图像中，当我们需要观察肺部的生理病理特性时，如果去掉骨头部分及肌肉部分，则更方便地对其肺部的细节以更大的对比度进行观察。从图 3.7(b)可以看到，肺部的细节纹理部分可以清晰地表示出来。同样，在肌肉窗中可以清晰地看到肌肉纹理(图 3.7(c))，在骨窗中可以清晰地看到骨头的纹理(图 3.7(d))。

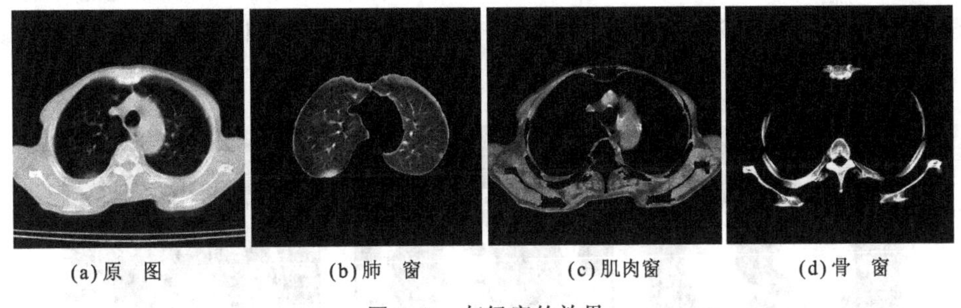

(a)原　图　　(b)肺　窗　　(c)肌肉窗　　(d)骨　窗

图 3.7 灰级窗的效果

3.3.2 灰级窗切片

在图像处理当中，经常要对某个目标物的形状、边界、截面面积以及体积进行测量，从而得到该目标物功能方面的重要信息。例如，在医学临床实践和研究中，常常需要对人体某种器官和组织进行精确测量，以便对疾病的诊断和治疗。因此对感兴趣目标正确分类是图像处理的一个重要内容。这些工作大部分都由图像分割处理来完成，即把数字图像划分成互不相交（不重叠）区域的过程。

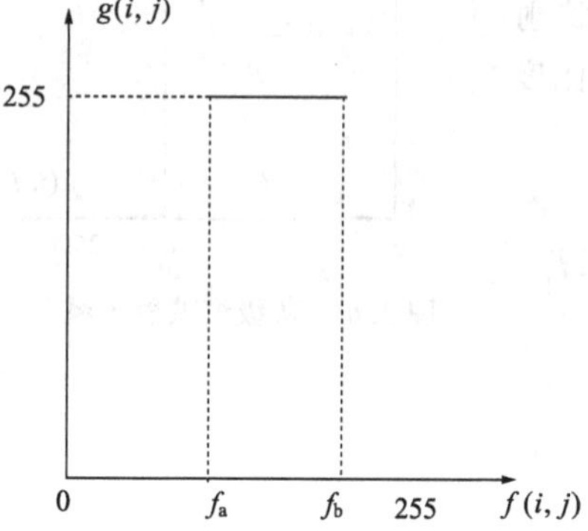

图 3.8 灰级窗切片映射关系示意图

所谓灰级窗切片，是指将所需要检测的目标与画面中其他的部分分离开，目标部分置为白（黑），而非目标部分置为黑（白）。

灰级窗切片的映射关系如图 3.8 所示，设原图像的灰度为 $f(i,j)$，处理后的图像为 $g(i,j)$，将原图中灰度值分布在$[f_a, f_b]$范围内的像素值（即待检测目标的灰度分布范围）映射到 255，在此范围之外的像素值映射到 0。灰级窗切片的计算公式表示如下：

$$g(i,j)=\begin{cases}0, & 0\leqslant f(i,j)<f_a \\ 255, & f_a\leqslant f(i,j)<f_b \\ 0, & f_b\leqslant f(i,j)<255\end{cases} \tag{3.7}$$

$(i=1,2,\cdots,m; j=1,2,\cdots,n)$

其中，图像的大小为 $m\times n$。

图 3.9 所示是对图 3.7(a)求灰级窗切片后得到的结果。显然，经过这样的处理之后，就可以对肺部区域（图 3.9(a)）、纵隔与肌肉区域（图 3.9(b)）及骨头区域（图 3.9(c)）进行进一步的处理与分析。

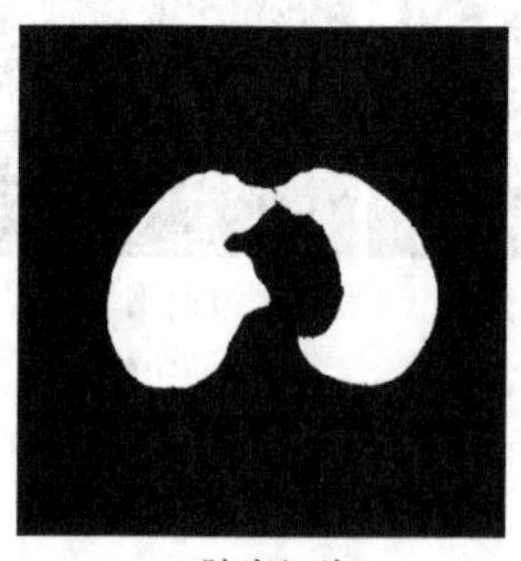

(a) 肺窗切片

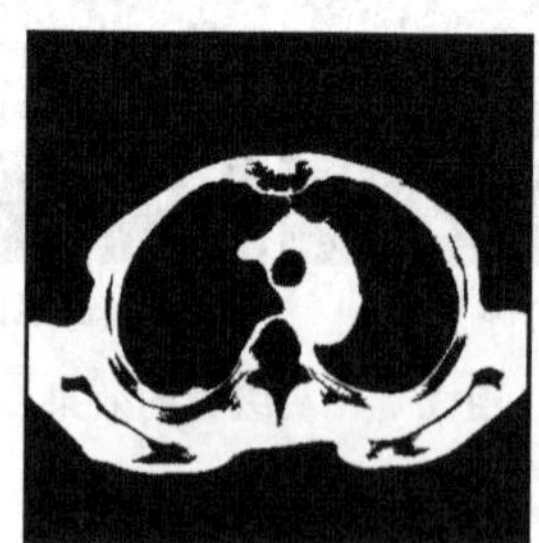

(b) 肌肉窗切片

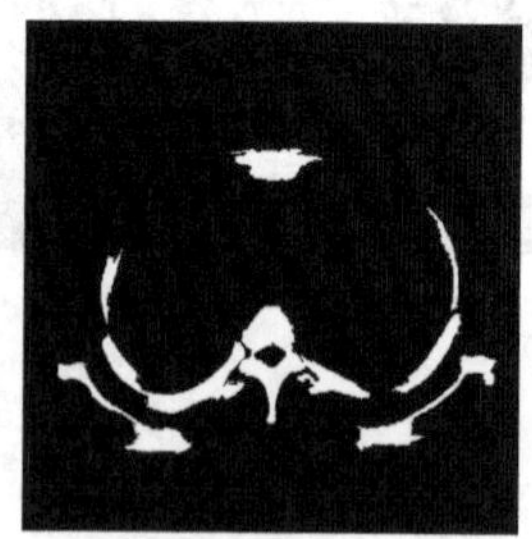

(c) 骨窗切片

图 3.9 灰级窗切片的效果

3.4 动态范围调整

所谓**动态范围**，是指照相机拍摄到的某个瞬间场景中的亮度变化范围，即一幅图像中所描述的从最暗到最亮的变化范围。我们从下面的一个事实来理解人类视觉所能适应的动态范围。

假设在某个天气晴朗的假日，你突然想到看一场电影，于是买票进入电影院，如果这时电影已经放映，你会觉得突然之间漆黑一片，什么也看不见。相信你会在原地站一会儿，等到眼睛看见剧院内的环境之后便可以去寻找自己的位置坐下来。

发生这种现象是因为，当你刚刚进入电影院时，眼睛所面对的是从外面非常亮的光照强度到电影院内很微弱光照强度的一个非常大的动态范围。因为无法兼顾到这个大的动态范围，因此，亮的光照强度掩没了微弱的光照强度，使一些眼前的景物无法看清。而站一会儿实际上是进行了一个动态范围的调整，让大脑忘记之前电影院外亮的光照变化范围，这样，人眼只需要适应电影院内比较小的动态范围，因为调整后的动态范围完全适合人眼的观察，因此，可以看清环境，找到你的座位。

通过上面的一个例子，我们就可以体会到动态范围调整方法的设计思想。

所谓**动态范围调整**，就是利用动态范围对人类视觉的影响的特性，将动态范围进行压缩，将所关心部分的灰度级的变化范围扩大，由此达到改善画面效果的目的。

3.4.1 线性动态范围调整

当动态范围太大时，由于人眼所可以分辨的亮度变化范围是有限的。或者说，表现在图像上可以描述的灰度变化范围是有限的。因此，往往会因为很高的灰度值区域的信号掩盖暗区的信号，从而影响到目标区域的表现效果，使得目标区域的细节，特别是暗区的细节难以辨认。

线性动态范围调整方法是，如图 3.10 所示首先进行亮暗限幅，即将图像中黑的像素值调大，由 0 调整到 a，白的像素值调小，由 255 调整到 b。然后将区域[a，b]进行线性映射到[0,255]范围内。这样，实际上有一部分较暗的像素点以及较亮的像素点进入饱和，中间部分的像素值因为可以进行对比度扩展，而使得其细节部分看的更加清楚。

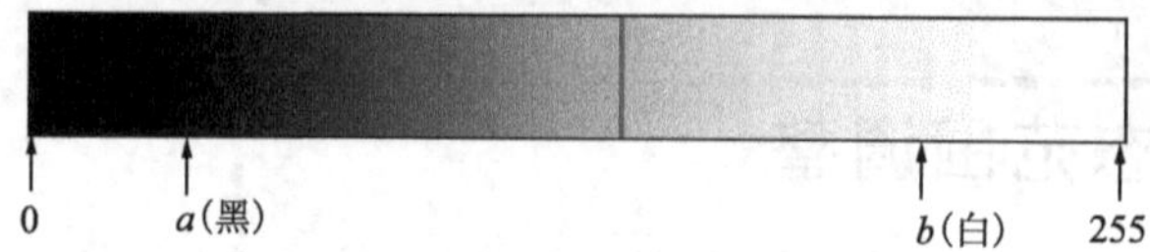

图 3.10　动态范围压缩示意图

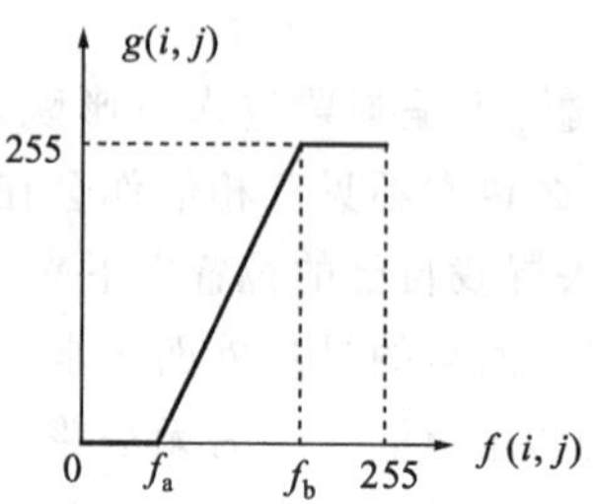

图 3.11　线性动态范围调整映射关系

线性动态范围调整的映射关系如图 3.11 所示，设原图像的灰度为 $f(i,j)$，处理后的图像为 $g(i,j)$，从图 3.11 看出，原图中的灰度值在 $0\sim a$ 范围的部分压缩为 0，原图灰度值大于 b 的部分压缩为 255。这两部分的信息细节全部损失掉了。若这两部分的像素数较少，那么损失信息也是较少的。但无论如何，损失一部分信息的代价换来了使图像中我们感兴趣的目标区域$[f_a, f_b]$得到了增强。

线性动态范围调整的计算公式表示如下：

$$g(i,j)=\begin{cases}0, & f(i,j)<f_a \\ \dfrac{255}{b-a}[f(i,j)-a], & f_a\leqslant f(i,j)<f_b \\ 255, & f(i,j)>f_b\end{cases} \tag{3.8}$$

$$(i=1,2,\cdots,m;j=1,2,\cdots,n)$$

其中，图像的大小为 $m\times n$。

图 3.12 所示是一个线性动态范围调整前后的图像效果。因为原图(图 3.12(a))是在车上拍摄的，由于汽车挡风玻璃的影响，原图画面偏暗，我们采用了对暗进行限幅的方法，根据式(3.8)，就可获得如图 3.12(b)所示的结果。

(a) 原图

(b) 线性动态范围调整结果

图 3.12　线性动态范围调整示例

下面,从一个简单的计算示例来体会线性动态范围调整的计算方法。

设原图的数据为

$$\boldsymbol{F}=\begin{bmatrix}1&3&9&9&8\\2&1&3&7&3\\3&6&0&6&4\\6&8&2&0&5\\2&9&2&6&0\end{bmatrix}$$

其对比度为 $C_F=16.9211$。设在这里图像的灰度变化范围为[0,9],目标区域的灰度变化范围$[a,b]$为[2,7]。

首先进行动态范围压缩:黑 0→2,白 9→7,得到的图像数据为

$$\boldsymbol{F}'=\begin{bmatrix}0&3&9&9&9\\0&0&3&9&3\\3&6&0&6&4\\6&9&0&0&5\\0&9&0&6&0\end{bmatrix}$$

将灰度变化范围仍旧保持在[0,9],则线性动态范围调整公式(3.8)改写为

$$g(i,j)=\begin{cases}0, & f(i,j)<2\\ \dfrac{9}{7-2}[f(i,j)-2], & 2\leqslant f(i,j)\leqslant 7\\ 9, & f(i,j)>7\end{cases}$$

$$(i=1,2,\cdots,5;j=1,2,\cdots,5)$$

按照上式计算得到最终的图像数据为

$$\boldsymbol{G}=\begin{bmatrix}0&2&9&9&9\\0&0&2&9&2\\2&7&0&7&4\\7&9&0&0&5\\0&9&0&7&0\end{bmatrix}$$

其对比度为 $C_G=26.2895$。

因为经过线性动态范围调整之后,图像的整体对比度的值加大,因此提高了画面的显示效果。

3.4.2 非线性动态范围调整

前面已经看到经过线性动态范围调整之后,可以改善画面的显示效果,然而线性动态范围调整的映射为分段线性,因此在灰度的映射上存在不平滑性。

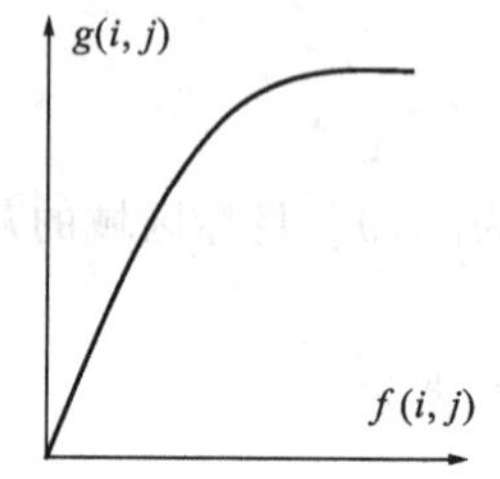

图 3.13 非线性动态范围调整映射关系

非线性动态范围调整的原理如图 3.13 所示,通过一个光滑的映射曲线,使得处理后图像的灰度变化比较光滑。

考虑到从人眼接收图像信号到在大脑中形成一个形象的过程中,有一个近似对数映射的环节,因此,为方便起见,一般情况下可采用对数运算的方法来实现非线性动态范围的调整。由于处理时的依据是人眼的视觉特性,所以处理后图像的灰度分布与人的视觉特性相匹配,由此可以得到好的效果。

非线性动态范围调整的计算公式表示如下:

$$g(i,j)=c\cdot \lg(1+f(i,j)) \quad (i=1,2,\cdots,m;j=1,2,\cdots,n) \tag{3.9}$$

其中,原图像的灰度为 $f(i,j)$;处理后的图像为 $g(i,j)$;c 为增益常数;$\lg(x)$为以 10 为底的对数,图像的大小为 $m\times n$。

从图 3.13 给出的基于对数函数的非线性动态范围调整的映射曲线可知,非线性动态范围调整实际上完成的作用是,抑制高亮度区域,扩展低亮度区域。这恰好一定程度上解决了景物中高亮度区的信号掩盖暗区信号的问题。图 3.14 所示是一幅图像进行非线性动态范围调整的效果。可以看到非线性动态范围的调整对背光图像的校正效果比较明显。对背光的原图(图 3.14(a))按照式(3.9)进行处理之

(a) 原 图

(b) 非线性动态范围调整结果

图 3.14 非线性动态范围调整效果示例

后，如图 3.14(b)所示，画面上人物的表情，衣着的花式等都可以清晰地表现出来。

下面，从一个简单的计算示例来体会非线性动态范围调整的计算方法。

设原图的数据为

$$F=\begin{bmatrix}1&3&9&9&8\\2&1&3&7&3\\3&6&0&6&4\\6&8&2&0&5\\2&9&2&6&0\end{bmatrix}$$

其对比度为 $C_F=16.9211$。设在这里图像的灰度变化范围为[0,9]，按照式(3.9)取 $c=9/\lg(9+1)=9$，可计算得到非线性动态范围调整后的图像数据为

$$G=\begin{bmatrix}3&5&9&9&9\\4&3&5&8&5\\5&8&0&8&6\\8&9&4&0&7\\4&9&4&8&0\end{bmatrix}$$

其对比度为 $C_G=18.7632$。

因为经过非线性动态范围调整之后，改善了画面中前景细节的表述，并且图像的整体对比度的值加大，所以改善了图像画面的显示效果。

3.5 直方图均衡化方法

在信息论中有这样一个结论：当数据的分布接近均匀分布的时候，数据所承载的信息量(熵)为最大。从前面介绍的图像灰度直方图的概念可知，图像的灰度直方图反映了图像中像素的灰度分布特性，因此，通过对灰度直方图的调整，可以达到使图像数据信息量增大的目的，由此，使画面的表现效果得到改善。

在这里，为了便于读者理解，我们不从信息熵的角度来介绍直方图均衡化方法，而是从图像的表现效果的角度来进行介绍。

我们知道，如果等于某个灰度值的像素个数在图像中占的比例比较大，则对画面的影响比较大，而如果等于某个灰度值的像素个数在图像中占的比例比较小，例如，在一个 30 万像素的画面中只有一个像素等于某个灰度，则改变这个像素的灰度值对图像的影响是可忽略不计的。

按照上面的思想，直方图均衡方法的基本原理是：对在图像中像素个数多的灰

度值(即对画面起主要作用的灰度值)进行展宽,而对像素个数少的灰度值(即对画面不起主要作用的灰度值)进行归并。从而达到清晰图像的目的。

设 $f(i,j)$,$g(i,j)$,($i=1,2,\cdots,M;j=1,2,\cdots,N$)分别为原图像和处理后的图像,图像的灰度变化范围为[0,255],则直方图均衡化方法的具体步骤如下:

① 求原图$[f(i,j)]_{M\times N}$的灰度直方图,设用 256 维的向量 h_f 表示;

② 由 h_f 求原图的灰度分布概率,记作 p_f,则有

$$p_f(i)=\frac{1}{N_f}\cdot h_f(i),\quad i=0,1,2,\cdots,255 \tag{3.10}$$

其中,$N_f=M\times N$(M,N 分别为图像的长和宽)为图像的总像素个数;

③ 计算图像各个灰度值的累计分布概率,记作 p_a,则有

$$p_a(i)=\sum_{k=0}^{i}p_f(k),\quad i=1,2,\cdots,255 \tag{3.11}$$

其中,令 $p_a(0)=0$。

④ 进行直方图均衡化计算,得到处理后图像的像素值 $g(i,j)$为:

$$g(i,j)=255\cdot p_a(k) \tag{3.12}$$

如图 3.15 所示,原图(图 3.15(a))整个画面较暗,分析其直方图(图 3.15(c)上)可知,所占据的灰度值范围较窄。而经过直方图均衡化处理之后(图 3.15(b)),从画面的表现效果来看,可以非常逼真地再现灯光的效果,图像画面的层次感加强,细节也比较清晰。从其直方图(图 3.15(c)下)可知,基本上均匀占据了整

(a) 原 图

(b) 直方图均衡化的效果

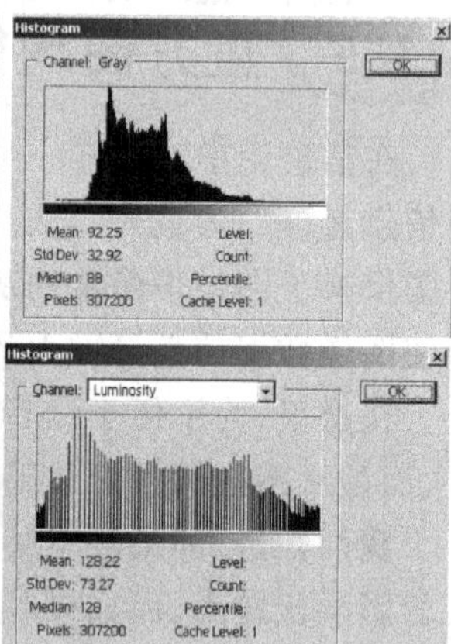

(c) 图(a),(b)的灰度直方图

图 3.15 直方图均衡化处理效果

个图像灰度值允许的范围,并且直方图的大致轮廓与原直方图相似,这就表示了处理后图像不仅表现效果得到了改善,并且使原始图像的特征在处理后的图像中得到了保持。

下面,从一个简单的计算示例来体会直方图均衡化方法。

设原图的数据为

$$\boldsymbol{F}=\begin{bmatrix}1&3&9&9&8\\2&1&3&7&3\\3&6&0&6&4\\6&8&2&0&5\\2&9&2&6&0\end{bmatrix}$$

其对比度为 $C_F=16.9211$。设在这里图像的灰度变化范围为[0,9],按照式(3.10),求出

原图的灰度直方图为

$h_f=[3,2,4,4,1,1,4,1,2,3]$;

图像的总像素数为

$N_f=5\times5=25$;

原图的灰度分布概率为

$p_f=[3/25,2/25,4/25,4/25,1/25,1/25,4/25,1/25,2/25,3/25]$;

原图的灰度累计分布概率为

$p_a=[0,5/25,9/25,13/25,14/25,15/25,19/25,20/25,22/25,25/25]$

$9\cdot p_a=[0,1.8,3.2,4.7,5.0,5.4,6.8,7.2,7.9,9]$

按照式(3.12)可得,直方图均衡化处理后的图像数据为

$$\boldsymbol{G}=\begin{bmatrix}2&5&9&9&8\\3&2&5&7&5\\5&7&0&7&5\\7&8&3&0&5\\3&9&3&7&0\end{bmatrix}$$

其对比度为 $C_G=15.8421$。

最后,观察一下如图 3.16 所示的直方图均衡化处理前后的灰度直方图。比较图 3.16(a)和图 3.16(b),原图灰度值为 4,5,7 的像素个数为 1,因此在图 3.16(b)中,这三个像素值点分别归并到相邻的灰度值中。因为有三个灰度值归并,因此在均衡化处理时,如图 3.16(b)所示,出现了三个空位,由这些空位也将原来相邻的

灰度值展开，由此展宽了对比度。这个结论与前面计算得到的处理前后图像的对比度值的结果不一致。原因是，归并带来了某些相邻像素对比度的降低。这同时也说明了直方图均衡化方法对灰度分布比较集中的图像的处理效果比较明显。

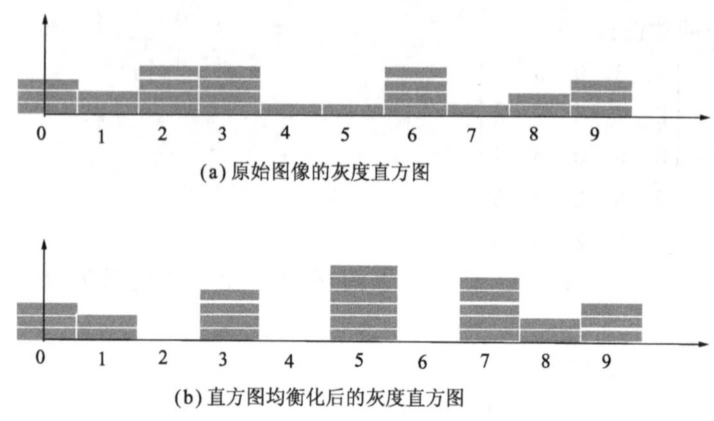

(a) 原始图像的灰度直方图

(b) 直方图均衡化后的灰度直方图

图 3.16 直方图均衡化处理前后的灰度直方图比较

3.6 同态滤波方法

在介绍同态滤波之前，先简单地介绍光图像的成像原理。人之所以可以看到某个景物，是因为有光辐射能照在该景物上，经过景物的反射或透射作用之后，在人的视网膜上产生感知信号，该感知信号传送到大脑后形成对景物的理解。

按照光图像的成像原理，可以对一幅图像进行如下的简单建模：

$$f(x,y)=i(x,y)\cdot r(x,y) \tag{3.13}$$

即把图像亮度 $f(x,y)$ 看成是由入射分量（入射到景物上的光强度）$i(x,y)$ 和反射分量（景物反射的光强度）$r(x,y)$ 组成的。

一幅图像所表示的灰度变化的最大可能范围（在这里称为画面动态范围）主要取决于入射光的强度。画面的对比度则主要取决于图像中的景物特性。当然，要获得理想的画面效果，最好是在压缩原有画面动态范围的同时，获得尽可能大的对比度。

同态滤波是一种建立在式(3.13)所给出的图像模型基础上，在频域中同时进行图像对比度增强和压缩图像亮度范围的滤波方法。

一般假定入射光的动态范围很大但变化缓慢,对应于图像频域的低频分量;而反射光部分变化迅速,与图像的细节部分和局部的对比度相关,对应图像频域的高频部分。因此图像增强时的基本思路是减少入射分量 $i(x,y)$,并同时增加反射分量 $r(x,y)$来改善图像 $f(x,y)$的表现效果。

根据以上分析,同态滤波方法的实现过程是,通过对图像取对数,将图像模型中的 $i(x,y)$和 $r(x,y)$的乘积运算变成简单的对数相加关系。这样,实际上通过求对数运算,将入射分量与反射分量的乘积项分离开,然后对数图像通过傅里叶变换变到频域,在频域中选择合适的滤波函数,进行同时减弱低频和加强高频的滤波。最后对滤波结果进行傅里叶逆变换和对数逆运算(即指数运算),就可得到预期的同态滤波结果。

根据上面所给出的同态滤波的原理,可知同态滤波方法的具体实现步骤如下:

① 对式(3.13)两边取对数,得

$$\ln f(x,y)=\ln i(x,y)+\ln r(x,y) \tag{3.14}$$

② 对式(3.14)两边进行傅里叶变换,得

$$F(u,v)=I(u,v)+R(u,v) \tag{3.15}$$

③ 用一个频域滤波函数 $H(u,v)$进行滤波,可得到

$$H(u,v)F(u,v)=H(u,v)I(u,v)+H(u,v)R(u,v)$$

即

$$H_f(u,v)=H_i(u,v)+H_r(u,v) \tag{3.16}$$

④ 反变换到空域,则有

$$h_f(x,y)=h_i(x,y)+h_r(x,y) \tag{3.17}$$

⑤ 上式两边取指数,得同态滤波结果图像为

$$g(x,y)=\exp|h_f(x,y)|=\exp|h_i(x,y)|+\exp|h_r(x,y)| \tag{3.18}$$

从上面给出的同态滤波方法的实现过程可以看出,能否达到理想的处理效果,取决于同态滤波的滤波函数的选择。为了能够在抑制低频的同时加强高频,$H(u,v)$通常在低频部分小于1,而在高频部分大于1。图3.17给出了一个这样的滤波函数的剖面图。

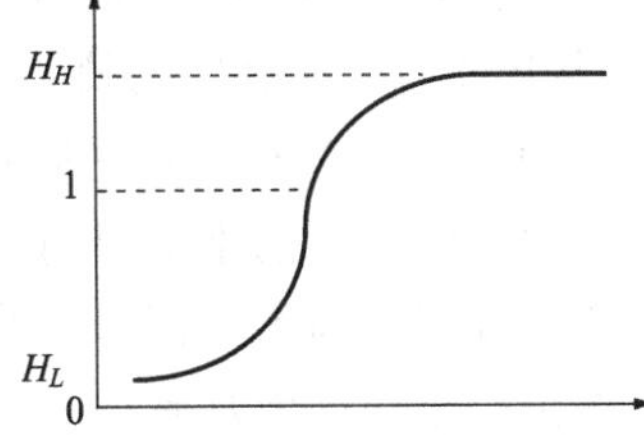

图3.17 同态滤波器函数的剖面图

图3.18是一幅经过同态滤波处理后的效果图。在原图(见图3.18(a))中,操场边树荫下的景物完全看不清楚,经过同态滤波处理之后(图3.18(b)),同样树荫下的单双杠等

器械就可以表现的很清楚。同时画面中的人物、草坪等效果并不降低。由此可以看到,同态滤波的方法对这类图像的处理是非常有效的。

(a) 原图

(b) 同态滤波效果

图 3.18 同态滤波的效果

3.7 伪彩色方法

如果我们用视觉范围来定义人眼所能感知的亮度范围的话,这个范围非常宽,大约为 $0.01 \sim 10^6 \mathrm{cd/m^2}$。但是,人眼并不是同时感受到这样宽的亮度范围,事实上,在人眼适应了某个平均的亮度环境以后,它所能感受的亮度范围要小得多,当平均亮度适中时,能分辨的亮度上、下限之比为 1000∶1。而当平均亮度较低时,该比值为 10∶1。

从观察图像角度讲,以[0,255]表示图像从黑到白,如图 3.19 所示,在这里定义灰阶差为相邻亮暗的差的量化数。例如,4 灰阶差表示相邻的亮度相差为 4。显然,从图 3.19 所给出的测试条来看,人的肉眼能够直接分辨的灰阶只有 16 个左右。特别是较暗的部分更加明显。

为了对画面的细节进行描述,前面的处理都是通过抑制图像画面中某些不重要的部分来提高重要部分景物的细节描述能力,所以当对不重要部分的抑制,不足以提供给改善画面足够的调整空间,则需要考虑采取另外的方法来解决。

我们知道,除了亮度信息之外,人眼还可以分辨不同的彩色。例如,对同一亮度很容易识别出红、绿、蓝、黄等不同的颜色。因此,把人眼无法区别的灰度变化,施以不同的彩色来提高识别率,这便是伪彩色增强的基本依据。

要从一幅灰度图像生成一幅彩色图像，是一个一到三的映射，即一对多的映射，显然，由少信息量获得多信息量一定需要有关联性的运算，这必然是基于估计原理。也就是说，对未知的部分，通过各种手段进行合理的估计。由原来的亮度分量分解为可以用红(R)、绿(G)、蓝(B)三种基色的组合表示。

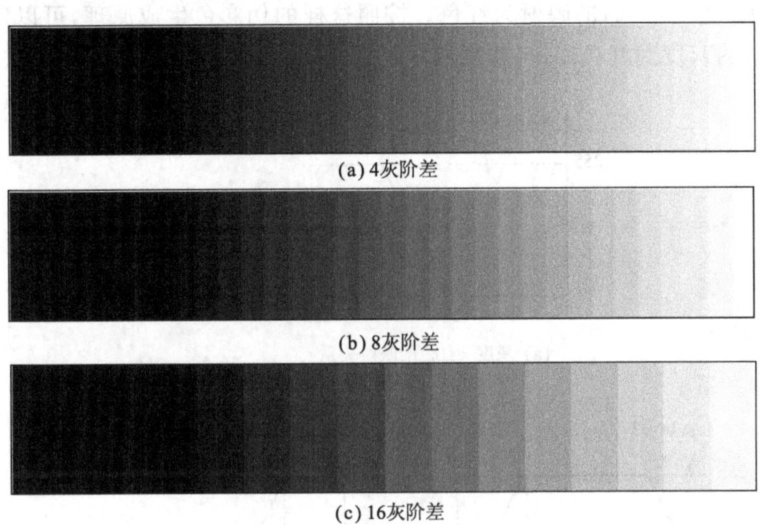

(a) 4灰阶差

(b) 8灰阶差

(c) 16灰阶差

图 3.19 不同灰阶差的分辨效果

伪彩色的实现方法因研究的目的不同而不同。本节给出三种伪彩色的实现方法，算作抛砖引玉，读者可以根据具体的需要设计出最适当的伪彩色映射。

3.7.1 基于灰度调色板的伪彩色方法

这种方法的基本思想是，将灰度图像中的像素灰度值 0,1,2,…,255 不与亮暗相对应，而是对应于不同颜色的索引值，根据在第 2 章中所介绍的位图调色板的概念，例如，在伪彩色图中的 0 这时不是表示黑，而是表示 0 号颜色等等。采用这种方法，即可实现伪彩色。

如彩色插图 3.1 所示，根据图 3.1(a)、图 3.1(c)选择出 256 种颜色，该 256 色构成一个调色板，则对图 3.19(a)所示的测试灰度条(灰阶差为 4)，采用上面的得到的 256 种索引色，可以分别得到非常清晰地辨别出每个灰度的伪彩测试条(彩色插图 3.1(b)、(d))。

3.7.2 基于灰度变换的伪彩色方法

仿照对温度的描述方式,当温度比较低时,我们会想到蓝色(又称冷色调),当温度较高的时候,会想到红色(又称暖色调)。根据人感官上的这一特性,将亮度低的映射为蓝色,亮度高的映射为红色。按照这样的伪彩色生成原理,可以定义如图 3.20 所示的灰度到红色通道,灰度到绿色通道,灰度到蓝色通道的不同映射方式。

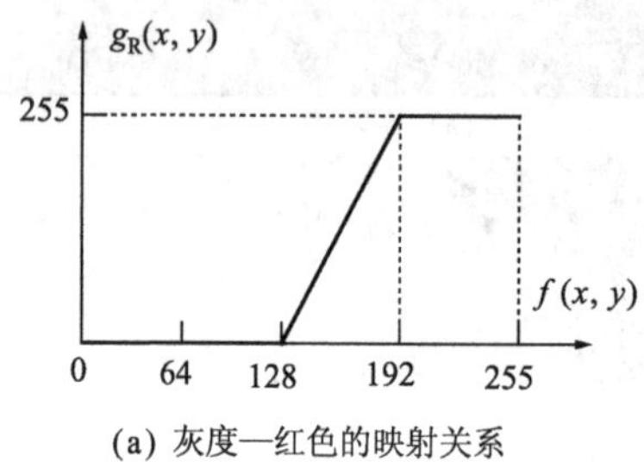

(a) 灰度—红色的映射关系

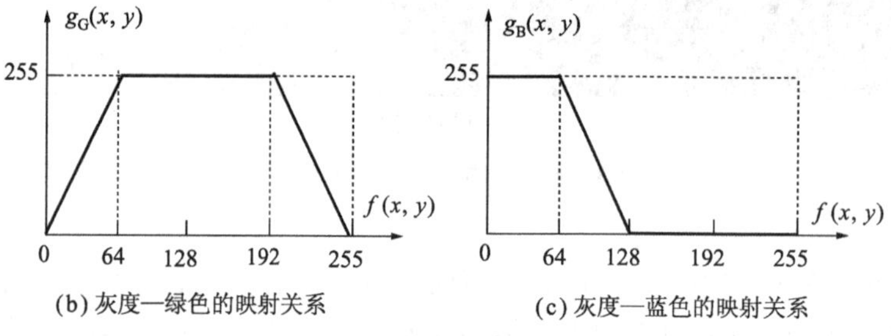

(b) 灰度—绿色的映射关系　　(c) 灰度—蓝色的映射关系

图 3.20　基于灰度变换的伪彩色映射关系

图 3.21　灰度图

依照图 3.20 所给出的伪彩色映射关系,所得到的 0～255 灰度测试条(灰阶差为 1)的伪彩色测试条如彩色插图 3.2 所示。对如图 3.21 所示的灰度图,火车头底部的细节在画面上观察非常吃力,但是如果采用如图 3.20 所示的基于灰度变换的伪彩色方法,经过处理之后的图像如文前彩色插图 3.3 所示。显然,经过伪彩色处理之后,将原来不容易分辨的细节部分变的容易辨认。

这类伪彩色方法在医疗诊断仪器中经常被使用。因为要进行病灶组织与正常组织的区分,往往颜色比灰度更加容易辨认,由此,可以使病情的早期诊断成为可能。

3.7.3 基于区域分割的伪彩色方法

前面所介绍的两种伪彩色方法虽然可以提高分辨率,但是着色后的图像不具有物理意义上的可分性,这样,在有些场合就不十分适用。为此,基于区域分割的伪彩色方法就是一种具有比较好的物理意义的伪彩色方法。

以图 3.7 为例,经过灰级窗处理之后,胸部的 CT 原图像可以分为肺区、肌肉区和骨区(图 3.7(b),(c),(d))。对每个分离后的区域,采用不同的色调(有关色调的概念,将在后面的第 9 章中详细介绍)进行着色处理,如彩色插图 3.4 所示,就可以在一幅图像上,以不同的色彩进行描述。将经过伪彩色处理之后的伪彩色图像(彩色插图 3.4)与图 3.7(a)相比,显然更加方便对各组织的观察。同时,可对检测出的病灶部分以不同色调下的色彩进行伪彩色处理,方便医生对病灶的定位与观测分析。

习 题

1. 假设图像的灰度取值范围为[0,7],已知某设备的 γ 畸变值为 0.8,请给出该设备的 γ 校正列表。
2. 如果从画面效果看到,该图像需要进行 γ 校正,但是你不知道 γ 畸变值是多少,你该采用什么样的方法进行 γ 校正?
3. 已知一幅图像为

$$
f=\begin{bmatrix}
1 & 5 & 255 & 225 & 100 & 200 & 255 & 200 \\
1 & 7 & 254 & 255 & 100 & 10 & 10 & 9 \\
3 & 7 & 10 & 100 & 100 & 2 & 9 & 6 \\
3 & 6 & 10 & 10 & 9 & 2 & 8 & 2 \\
2 & 1 & 8 & 8 & 9 & 3 & 4 & 2 \\
1 & 0 & 7 & 8 & 8 & 3 & 2 & 1 \\
1 & 1 & 8 & 8 & 7 & 2 & 2 & 1 \\
2 & 3 & 9 & 8 & 7 & 2 & 2 & 0
\end{bmatrix}
$$

计算它的对比度。并且对其进行如下处理。

(1) 线性对比度展宽,要求展宽后的对比度大于原图像的对比度。

(2) 对其进行非线性动态范围调整,并计算调整后图像的对比度。

(3) 对其进行直方图均衡化处理,并计算处理后图像的对比度。

(4) 比较以上三种方法对该图像的处理效果。

第 4 章　图像几何变换

若在实际场景拍摄到的一幅图像，如果画面过大（小），就需要进行缩小（放大），如果景物与摄像头不成相互平行关系的时候，会发生一些几何畸变。例如，会把一个正方形拍摄成一个梯形等。这就需要进行一定的畸变校正。还有一种情况是，虽无几何畸变，但是需要进行目标物的匹配。例如，在进行印章的真伪鉴别时，通常需要进行两枚印章的配准对比。这时又需要对图像进行旋转、平移等处理。在进行三维景物显示时，又需要进行三维到二维平面的投影建模。根据以上的需要，本章介绍有关图像几何变换的基本方法。

图像**几何变换**是指用数学建模的方法来描述图像位置、大小、形状等变化的方法，是通过数学建模实现对数字图像进行几何变换的处理。

4.1 图像的位置变换

图像的基本位置变换主要包括了图像的平移、镜像及旋转。下面就这三个基本的位置变换进行介绍。

4.1.1 图像的平移

图像的平移就是将图像中的像素点按照要求的量进行垂直、水平移动。图像的平移处理，只是改变了原有景物在画面上的位置，而图像的内容不发生变化。

在第 2 章，我们已经假设了本书所采用的数字图像坐标系为矩阵坐标系（为了方便编写相关的图像处理软件）。在此前提下，假设原始图像 $F(i,j)$ 位置的坐标为 (i,j)，图像沿着垂直（行方向）和水平方向（列方向）的平移量分别为 $(\Delta i,\Delta j)$，经过平移后图像 $G(i',j')$ 的坐标设为 (i',j')，那么图像的平移计算公式为

$$\begin{cases} i' = i + \Delta i \\ j' = j + \Delta j \end{cases} \tag{4.1}$$

值得注意的是，一个数字图像(灰度图)是以一个矩阵来描述的，因此，如果不扩大存放处理后图像的矩阵的大小，则会出现图像的部分内容移出画面的情况。例如，设一个图像为

$$\boldsymbol{F} = \begin{bmatrix} f_{11} & f_{12} & f_{13} \\ f_{21} & f_{22} & f_{23} \\ f_{31} & f_{32} & f_{33} \end{bmatrix}$$

如果进行 $\Delta i=1, \Delta j=2$ 的平移操作，则平移后图像的坐标为 $i'=2,3,4, j'=3,4,5$。这样，如果不进行另外的处理，则因为 $i'=4, j'=4,5$ 的值已经超出了原有矩阵的下标范围，所得到的处理后图像为

$$\boldsymbol{G} = \begin{bmatrix} 0 & 0 & 0 \\ 0 & 0 & f_{11} \\ 0 & 0 & f_{12} \end{bmatrix}$$

很显然，图像的大部分信息因为移出画面外而丢失。为此，通常采用的做法是：首先根据处理后图像信息不丢失的原则，扩大存放处理后图像的矩阵大小，这种处理又称作**画布扩大**。

同样这个例子，我们将画布扩大为 $\boldsymbol{G}=[g_{ij}]_{4\times5}$ 是一个 4×5 大小的矩阵。这样，经过同样的平移之后，所得到的图像为

$$\boldsymbol{G} = \begin{bmatrix} 0 & 0 & 0 & 0 & 0 \\ 0 & 0 & f_{11} & f_{12} & f_{13} \\ 0 & 0 & f_{21} & f_{22} & f_{23} \\ 0 & 0 & f_{31} & f_{32} & f_{33} \end{bmatrix}$$

可以看到，经过平移之后原图像的内容在新图像的右下角，所有的原图信息全部在新图像中保留下来。

4.1.2 图像的镜像

图像的镜像变换分为水平镜像和垂直镜像两种。图像的水平镜像操作是以图像的垂直中轴线为中心交换图像的左右两个部分；而垂直镜像也是相类似，是以图像的水平中轴线为中心交换图像的上下两部分。

设图像的大小为 $M\times N$，图像镜像的计算公式如下：

$$水平镜像:\begin{cases} i'=i \\ j'=N-j+1 \end{cases} \tag{4.2}$$

$$垂直镜像:\begin{cases} i'=M-i+1 \\ j'=j \end{cases} \tag{4.3}$$

其中,(i,j)是原图像$F(i,j)$中的像素点坐标;(i',j')是对应像素点(i,j)镜像变换后图像$G(i',j')$中的坐标。

下面从一个简单的例子来体会图像的镜像处理。设原图为

$$\boldsymbol{F}=\begin{bmatrix} f_{11} & f_{12} & f_{13} \\ f_{21} & f_{22} & f_{23} \\ f_{31} & f_{32} & f_{33} \end{bmatrix}$$

若要进行垂直镜像,则将原来的行排列$i=1,2,3$转换为$i'=M-i+1=3,2,1$,列的排列顺序不变。即可得到垂直镜像图像

$$\boldsymbol{G}=\begin{bmatrix} f_{31} & f_{32} & f_{33} \\ f_{21} & f_{22} & f_{23} \\ f_{11} & f_{12} & f_{13} \end{bmatrix}$$

如果要进行水平镜像,则将原来的列排列$j=1,2,3$转换成$j'=N-j+1=3,2,1$,行的排列顺序不变,即可得到水平镜像图像。

$$\boldsymbol{G}=\begin{bmatrix} f_{33} & f_{32} & f_{31} \\ f_{23} & f_{22} & f_{21} \\ f_{13} & f_{12} & f_{11} \end{bmatrix}$$

图 4.1 所示是一个景物的水平镜像的示例。

(a)原　图

(b)水平镜像

图 4.1　水平镜像

4.1.3 图像的旋转

图像的旋转是指以图像中的某一点为原点以逆时针或顺时针方向旋转一定的角度。通常是绕图像的起始点以逆时针旋转。这样，就可以利用解析几何的方法来实现图像的旋转。这里，给出三种基本的图像旋转实现方法，读者可以根据需要在此基础上采用更加完善的方法。

1. 直角坐标系中的图像旋转

图像旋转计算公式如下：

$$\begin{cases} i' = i\cos\theta - j\sin\theta \\ j' = i\sin\theta + j\cos\theta \end{cases} \tag{4.4}$$

其中，(i,j)是原图像$F(i,j)$中的像素点的坐标；(i',j')是对应像素点(i,j)经过旋转变换后图像$G(i',j')$的像素点的坐标。

值得注意的是，因为图像的坐标值只能是正整数，因此根据式(4.4)计算出来的值还需要进行后续相关的处理。

首先需要对计算得到的坐标值(i',j')进行取整(为描述简便，取整后的坐标值仍用(i',j')表示)；

其次需要根据取整后的坐标值的范围进行画布扩大；

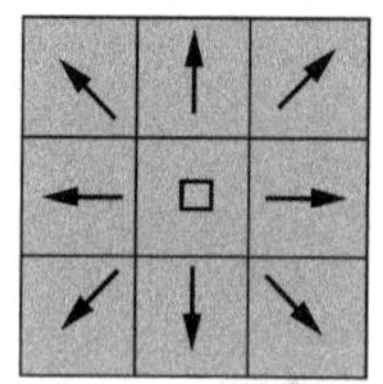

图 4.2　相邻像素方向示意图

最后，如图 4.2 所示，中间点的像素的周围只有八个像素，它们之间的最小间隔角度为 45°。因此，如果旋转角度任意设定，则一定会出现最终实现的旋转角度在像素级别上存在角度偏差。另外，像素点坐标取整之后会出现归并现象，即有可能有多个原图像的像素点同时旋转变换到新图像中的同一个像素点的位置上。这样，就出现了在旋转变换后的新图像上，有些像素点上有若干个原图像像素点叠加，或者位置排列破坏了原有的相邻关系。另外，有些点则无对应的原图像像素点可填，由此会在旋转变换后的图像中出现空穴，这样就需要将出现的空穴进行填充。

下面从一个简单的例子来体会图像的旋转。设原图为

$$\boldsymbol{F} = \begin{bmatrix} f_{11} & f_{12} & f_{13} \\ f_{21} & f_{22} & f_{23} \\ f_{31} & f_{32} & f_{33} \end{bmatrix}$$

其行坐标分布为

$$i=\begin{bmatrix}1&1&1\\2&2&2\\3&3&3\end{bmatrix}$$（即第1行虽然列不同，但是行坐标是相同的，以此类推）

列坐标分布为

$$j=\begin{bmatrix}1&2&3\\1&2&3\\1&2&3\end{bmatrix}$$

要对图像进行逆时针30°的旋转，按照式(4.4)计算得到旋转后的相应的坐标值

$$i'=\begin{bmatrix}0.4&-0.1&-0.6\\1.2&0.7&0.2\\2.1&1.6&1.1\end{bmatrix},\quad j'=\begin{bmatrix}1.4&2.2&3.1\\1.9&2.7&3.6\\2.4&3.2&4.1\end{bmatrix}$$

取整为

$$i'=\begin{bmatrix}0&0&-1\\1&1&0\\2&2&1\end{bmatrix},\quad j'=\begin{bmatrix}1&2&3\\2&3&4\\2&3&4\end{bmatrix}$$

接下来进行画布扩大。因为上面求出的i'的取值范围是[−1,2]，而矩阵的坐标只能是正整数，因此所有坐标值+2，调整为[1,4]，j'的取值范围是[1,4]。因此，旋转图像的矩阵大小设为4×4。这样，就可以得到相应的坐标对应关系。例如，原图像在(1,1)位置上的像素点，因为$i'(1,1)=0+2=2$，$j'(1,1)=1$，所以旋转之后在新图像中(2,1)的位置上。这样，可以得到旋转处理后的图像数据为

$$\boldsymbol{G}=\begin{bmatrix}0&0&f_{13}&0\\f_{11}&f_{12}&0&f_{23}\\0&f_{21}&f_{22}&f_{33}\\0&f_{31}&f_{32}&0\end{bmatrix}$$

从得到的$\boldsymbol{G}$矩阵的值我们可以看到，像素值为0处的像素点在原图中找不到相应的像素点，这些点一部分是属于画布上的空白点，另一部分则属于图像中的空穴。如$g_{23}=0$就是旋转变换后图像G中的一个空穴点。

如图4.3所示，将原图(图4.3(a))按照式(4.4)旋转45°之后，得到了如图4.3(b)所示的效果。因为空穴的存在，使得旋转后图像的画面上仿佛有一层网纱笼罩。

(a)原 图

(b)旋转45°的结果

图 4.3 图像的旋转示例(未进行空穴填充)

有关空穴的填充问题,可以采用插值的方法来解决。

所谓插值方法,是指在判定为空穴的位置上填充一个估计的值。因为估计值的选择不同,所得到的方法的复杂度以及图像的效果也不同。在这里,我们给出邻近插值法和均值插值法。

(1) 邻近插值法

邻近插值法,就是将判断为空穴位置上的像素值用其相邻行(或列)的像素值来填充。如

$$\boldsymbol{G}=\begin{bmatrix} 0 & 0 & f_{13} & 0 \\ f_{11} & f_{12} & 0 & f_{23} \\ 0 & f_{21} & f_{22} & f_{33} \\ 0 & f_{31} & f_{32} & 0 \end{bmatrix}$$

空穴为像素点(2,3),对其用邻近行插值(即将(2,2)点的像素值填充)的结果为

$$\boldsymbol{G}=\begin{bmatrix} 0 & 0 & f_{13} & 0 \\ f_{11} & f_{12} & \textcircled{f_{12}} & f_{23} \\ 0 & f_{21} & f_{22} & f_{33} \\ 0 & f_{31} & f_{32} & 0 \end{bmatrix}$$

邻近列插值的结果为

$$G=\begin{bmatrix} 0 & 0 & f_{13} & 0 \\ f_{11} & f_{12} & \textcircled{f_{13}} & f_{23} \\ 0 & f_{21} & f_{22} & f_{33} \\ 0 & f_{31} & f_{32} & 0 \end{bmatrix}$$

显然,这种插值方法具有简单的优点,但是这种插值方法毕竟只用到了该空穴周围像素中的一个。为了使插值处理后的画面效果更加自然,可以采用下面的均值插值的方法。

(2) 均值插值法

均值插值法是将空穴像素周围像素值的均值作为填充值填在该空穴点中,如

$$G=\begin{bmatrix} 0 & 0 & f_{13} & 0 \\ f_{11} & f_{12} & 0 & f_{23} \\ 0 & f_{21} & f_{22} & f_{33} \\ 0 & f_{31} & f_{32} & 0 \end{bmatrix}$$

其空穴像素点(2,3)的周围(上、下、左、右)像素值为 f_{13},f_{22},f_{12},f_{23},则该点的像素值为 $g_{23}=(f_{12}+f_{13}+f_{22}+f_{23})/4$,即

$$G=\begin{bmatrix} 0 & 0 & f_{13} & 0 \\ f_{11} & f_{12} & g_{23} & f_{23} \\ 0 & f_{21} & f_{22} & f_{33} \\ 0 & f_{31} & f_{32} & 0 \end{bmatrix}$$

图 4.4 所示是对图 4.3(b)进行空穴填充(邻近行插值方法)后得到的效果。可以看到,图像画面效果的劣化被大大减弱。

图 4.4 经过空穴填充后的图像旋转效果

2. 极坐标变换方法

极坐标变换,是指将原图像的像素点的坐标在极坐标系中表示并进行旋转变换的方法。这样,就可以将直角坐标系中的旋转处理转换成极坐标系中的平移处理。在极坐标系中进行平移之后,再进行极坐标逆变换就可以得到旋转图像。

直角坐标系到极坐标系的正、逆变换公式如下:

$$\text{正变换}\begin{cases}\rho=\sqrt{x^2+y^2}\\ \theta=\arctan(y/x)\end{cases} \tag{4.5}$$

$$\text{逆变换}\begin{cases}x=\rho\cos\theta\\ y=\rho\sin\theta\end{cases} \tag{4.6}$$

下面还是以上面给出的简单例子来体会这种方法。设原图为

$$\boldsymbol{F}=\begin{bmatrix} f_{11} & f_{12} & f_{13}\\ f_{21} & f_{22} & f_{23}\\ f_{31} & f_{32} & f_{33}\end{bmatrix}$$

其行、列坐标分布分别为

$$\boldsymbol{x}=\begin{bmatrix}1&1&1\\2&2&2\\3&3&3\end{bmatrix},\qquad \boldsymbol{y}=\begin{bmatrix}1&2&3\\1&2&3\\1&2&3\end{bmatrix}$$

要进行 30°的旋转，按照式(4.5)进行极坐标变换，得

$$\boldsymbol{\rho}=\begin{bmatrix}1.4&2.2&3.2\\2.2&2.8&3.6\\3.2&3.6&4.2\end{bmatrix},\qquad \boldsymbol{\theta}=\begin{bmatrix}45^\circ&63^\circ&72^\circ\\27^\circ&45^\circ&56^\circ\\18^\circ&34^\circ&45^\circ\end{bmatrix}$$

旋转 30°相当于 $\boldsymbol{\theta}'=\boldsymbol{\theta}+30^\circ$，$\boldsymbol{\rho}'=\boldsymbol{\rho}$，即

$$\boldsymbol{\rho}'=\begin{bmatrix}1.4&2.2&3.2\\2.2&2.8&3.6\\3.2&3.6&4.2\end{bmatrix},\qquad \boldsymbol{\theta}'=\begin{bmatrix}75^\circ&93^\circ&102^\circ\\57^\circ&75^\circ&86^\circ\\48^\circ&64^\circ&75^\circ\end{bmatrix}$$

由式(4.6)得旋转后的坐标为

$$\boldsymbol{x}'=\begin{bmatrix}0&0&-1\\1&1&0\\2&2&1\end{bmatrix},\qquad \boldsymbol{y}'=\begin{bmatrix}1&2&3\\2&3&4\\2&3&4\end{bmatrix}$$

显然，这个结果与前面直接在直角坐标系中进行旋转的结果一致。只需要后续插值处理可以得到同样的结果。

极坐标变换方法，在例如图像配准这种需要进行多次试探性旋转，以判断图像配准角度的场合下使用非常方便。

3. 反变换方法

所谓反变换方法，就是从新图像的像素点坐标反过来求所对应的原图像像素点的坐标。即将式(4.4)改写成

$$\begin{cases} i = i'\cos\theta + j'\sin\theta \\ j = -i'\sin\theta + j'\cos\theta \end{cases} \tag{4.7}$$

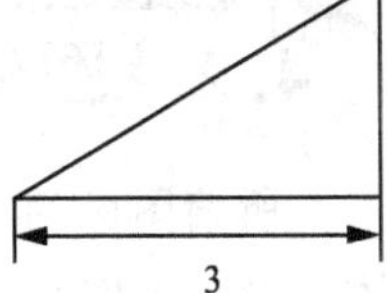

图 4.5 画布尺寸确定示意图

下面仍旧从上面的那个简单的例子来体会基于反变换方法的图像旋转。

首先确定画布的大小。如图 4.5 所示,如果需要从底边旋转 30°到斜边的位置上,就需要画布的边长应该是原来的 $1/\cos\theta$,即为 3/0.866=3.46,取整为 4,因为原图像大小为 3×3,即画布大小为 3×3,为了不丢失信息,要设旋转后图像的画布大小为 4×4,即

$$\boldsymbol{G} = \begin{bmatrix} 0 & 0 & 0 & 0 \\ 0 & 0 & 0 & 0 \\ 0 & 0 & 0 & 0 \\ 0 & 0 & 0 & 0 \end{bmatrix}$$

按照正变换公式(4.4)可知,当 $i \in [1,3]$,$j \in [1,3]$时,取整后 $i'_{\min} = -1$,$i'_{\max} = 2$,$j'_{\min} = 1$,$j'_{\max} = 4$。

下面根据式(4.7)进行反变换。旋转后的图像 $\boldsymbol{G}$ 的行、列坐标分布分别为

$$\boldsymbol{i}' = \begin{bmatrix} -1 & -1 & -1 & -1 \\ 0 & 0 & 0 & 0 \\ 1 & 1 & 1 & 1 \\ 2 & 2 & 2 & 2 \end{bmatrix}, \quad \boldsymbol{j}' = \begin{bmatrix} 1 & 2 & 3 & 4 \\ 1 & 2 & 3 & 4 \\ 1 & 2 & 3 & 4 \\ 1 & 2 & 3 & 4 \end{bmatrix}$$

根据式(4.7)得到相应的原图像 $\boldsymbol{F}$ 的行、列坐标分布分别为

$$\boldsymbol{i} = \begin{bmatrix} 0 & 0 & 1 & 1 \\ 1 & 1 & 1 & 2 \\ 1 & 2 & 2 & 3 \\ 2 & 3 & 3 & 4 \end{bmatrix}, \quad \boldsymbol{j} = \begin{bmatrix} 1 & 2 & 3 & 4 \\ 1 & 2 & 3 & 3 \\ 0 & 1 & 2 & 3 \\ 0 & 1 & 2 & 2 \end{bmatrix}$$

将 i,j 的值超出[1,3]范围的像素点作为画布点,则何以得到旋转后的图像为

$$\boldsymbol{G} = \begin{bmatrix} 0 & 0 & f_{13} & 0 \\ f_{11} & f_{12} & f_{13} & f_{23} \\ 0 & f_{21} & f_{22} & f_{33} \\ 0 & f_{31} & f_{32} & 0 \end{bmatrix}$$

这时,因为没有空穴,所以无须后续的插值处理。

4.2 图像的形状变换

所谓图像的形状变换，是指用数学建模的方法对图像形状发生的变化进行描述。最基本的形状变换主要包括了图像的缩小、放大及错切。下面就这三个基本的形状变换进行介绍。

4.2.1 图像缩小

我们知道，图像的缩小从物理意义上来说，是将描述图像的每个像素的物理尺寸缩小相应的倍数就可以完成。但如果像素的物理尺寸不允许改变，从数码技术的角度来看，图像的缩小实际上就是通过减少像素个数来实现的。

既然图像的缩小是通过减少像素个数来实现，那么，就需要根据所期望缩小的尺寸数据，从原图像中选择合适的像素点，使图像缩小之后可以尽量保持原有图像的概貌特征不丢失。

图像的缩小分为按比例缩小和不按比例缩小两种。按比例缩小就是图像的长和宽按照同样的比例缩小。不按比例缩小则是指图像缩小时，长和宽的缩小比例不同。图 4.6 所示是一个图像缩小的示例。

(a) 原　图

(b) 按比例缩小

(c) 不按比例缩小

图 4.6　图像的缩小

下面介绍两种图像缩小的实现方法。

1. 基于等间隔采样的图像缩小方法

这种图像缩小方法的设计思想是，通过对画面像素的均匀采样来保持所选择到的像素仍旧可以保持图像的概貌特征。该方法的具体实现步骤如下：

（1）计算采样间隔

设原图大小为 $M\times N$，将其缩小为 $k_1\cdot M\times k_2\cdot N$，（$k_1=k_2$ 时为按比例缩小，$k_1\neq k_2$ 时为不按比例缩小，$k_1<1,k_2<1$），则采样间隔为

$$\Delta i=1/k_1,\qquad \Delta j=1/k_2 \tag{4.8}$$

（2）求出缩小的图像

设原图为 $\boldsymbol{F}(i,j)(i=1,2,\cdots,M;j=1,2,\cdots,N)$，缩小后的图为 $\boldsymbol{G}(i,j)(i=1,2,\cdots,k_1\cdot M;j=1,2,\cdots,k_2\cdot N)$，则有

$$g(i,j)=f(\Delta i\cdot i,\Delta j\cdot j) \tag{4.9}$$

下面从一个简单的例子来体会图像的缩小。设原图像为

$$\boldsymbol{F}=\begin{bmatrix} f_{11} & f_{12} & f_{13} & f_{14} & f_{15} & f_{16} \\ f_{21} & f_{22} & f_{23} & f_{24} & f_{25} & f_{26} \\ f_{31} & f_{32} & f_{33} & f_{34} & f_{35} & f_{36} \\ f_{41} & f_{42} & f_{43} & f_{44} & f_{45} & f_{46} \end{bmatrix}$$

大小为 4×6，将其进行缩小，缩小的倍数为 $k_1=0.7,k_1=0.6$，则缩小图像的大小为 3×4。根据式(4.8)计算得到 $\Delta i=1/0.7=1.4,\Delta j=1/0.6=1.7$。根据式(4.9)得到缩小后的图像为

$$\boldsymbol{G}=\begin{bmatrix} f_{12} & f_{13} & f_{15} & f_{16} \\ f_{32} & f_{33} & f_{35} & f_{36} \\ f_{42} & f_{43} & f_{45} & f_{46} \end{bmatrix}$$

2. 基于局部均值的图像缩小方法

从前面的缩小算法可以看到，算法的实现非常简单，但是采用上面的方法对没有被选取到的点的信息就无法反映在缩小后的图像中。为了解决这个问题，可以采用基于局部均值的方法来实现图像的缩小。该方法的具体实现步骤如下：

（1）计算采样间隔

同上面的方法，用式(4.8)得到 $\Delta i,\Delta j$。

（2）求出局部子块

这里的局部子块是指相邻两个采样点之间所包含的原图像的子块，即为

$$F^{(i,j)}=\begin{bmatrix} f_{\Delta i\cdot(i-1)+1,\Delta j\cdot(j-1)+1} & \cdots & f_{\Delta i\cdot(i-1)+1,\Delta j\cdot j} \\ \vdots & & \vdots \\ f_{\Delta i\cdot i,\Delta j\cdot(j-1)+1} & \cdots & f_{\Delta i\cdot i,\Delta j\cdot j} \end{bmatrix} \tag{4.10}$$

(3) 求出缩小的图像

$$g(i,j)=F^{(i,j)}\text{的均值} \tag{4.11}$$

同上面的例子,原图像为

$$F=\begin{bmatrix} f_{11} & f_{12} & f_{13} & f_{14} & f_{15} & f_{16} \\ f_{21} & f_{22} & f_{23} & f_{24} & f_{25} & f_{26} \\ f_{31} & f_{32} & f_{33} & f_{34} & f_{35} & f_{36} \\ f_{41} & f_{42} & f_{43} & f_{44} & f_{45} & f_{46} \end{bmatrix}$$

缩小的倍数为 $k_1=0.7$,$k_1=0.6$,则缩小图像的大小为 3×4。根据式(4.8)计算得到 $\Delta i=1/0.7=1.4$,$\Delta j=1/0.6=1.7$。根据式(4.10),可以将 $\boldsymbol{F}$ 分块为

$$F=\left[\begin{array}{cc|c|cc|c} f_{11} & f_{12} & f_{13} & f_{14} & f_{15} & f_{16} \\ f_{21} & f_{22} & f_{23} & f_{24} & f_{25} & f_{26} \\ \hline f_{31} & f_{32} & f_{33} & f_{34} & f_{35} & f_{36} \\ \hline f_{41} & f_{42} & f_{43} & f_{44} & f_{45} & f_{46} \end{array}\right]$$

再由式(4.11)得到缩小后的图像为

$$G=\begin{bmatrix} g_{11} & g_{12} & g_{13} & g_{14} \\ g_{21} & g_{22} & g_{23} & g_{24} \\ g_{31} & g_{32} & g_{33} & g_{34} \end{bmatrix}$$

其中 $g(i,j)$ 为如上各子块的均值,例如:$g_{1,1}=\frac{1}{4}\times(f_{11}+f_{12}+f_{21}+f_{22})$,$g_{14}=\frac{1}{2}\times(f_{16}+f_{26})$,$g_{22}=f_{33}$,…。

下面,以一个简单的例子来体会这两种图像缩小方法。假设

$$F=\begin{bmatrix} 1 & 5 & 9 & 13 & 17 & 21 \\ 2 & 6 & 10 & 14 & 18 & 22 \\ 3 & 7 & 11 & 15 & 19 & 23 \\ 4 & 8 & 12 & 16 & 20 & 24 \end{bmatrix}$$

要将其缩小为 3×4 的图像,则按照以上两种方法得到的缩小图像分别为

$$G_1=\begin{bmatrix}5 & 9 & 17 & 21\\7 & 11 & 19 & 23\\8 & 12 & 20 & 24\end{bmatrix},\quad G_2=\begin{bmatrix}3 & 10 & 16 & 22\\5 & 11 & 17 & 23\\6 & 12 & 18 & 24\end{bmatrix}$$

4.2.2 图像的放大

图像的放大，从物理含义上讲是指图像缩小的逆操作。但是从信息处理的角度来看，则含义完全不一样。图像缩小是从大数据量到小数据量的处理过程，因此只需要从多个数据中，以适当的方式选出所需要的信息就可以完成。而图像放大则是小数据量到大数据量的处理过程，因此需要对许多未知的数据进行估计。

好在图像的相邻像素之间的相关性很强，可以利用这个相关性来实现图像的放大。与图像缩小相同，如图 4.7 所示，按比例放大不会引起图像的畸变，而不按比例放大则会产生图像的畸变。

(a) 原 图

(b) 不按比例放大

(c) 按比例放大

图 4.7 图像放大方法示例

下面介绍两种图像放大的基本方法。

1. 基于像素放大原理的图像放大方法

图 4.8 所示是该方法的原理示意图。如果一幅图像要放大 $k_1 \times k_2$ 倍(即行放大 k_1 倍，列放大 k_2 倍，$k_1>1, k_2>1$)，则将图像中的每个像素复制到 $k_1 \times k_2$ 个像素所构成的子块中，这些子块再按照原来像素的排列顺序进行排列，则可以实现图像的放大。从图像上看，因为一个像素放大成一个 $k_1 \times k_2$ 的子块，相当于像素放大了 $k_1 \times k_2$ 倍，所以称这种方法为基于像素放大原理的图像放大方法。

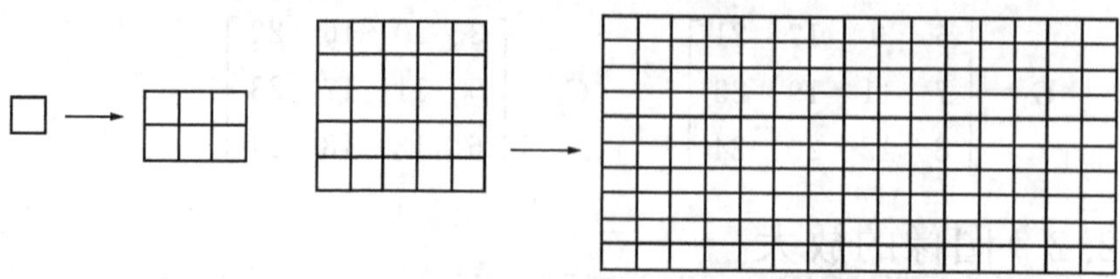

图 4.8　基于像素放大原理的图像放大方法示意图

图 4.8 所示的是行和列均放大整数倍时的方法。如果 k_1,k_2 不是整数,设原图为 F,放大图为 G,则可按照如下的公式进行放大。

$$g(i,j)=f(c_1\cdot i,c_2\cdot j) \tag{4.12}$$

其中,$c_1=1/k_1,c_2=1/k_2$。

下面从一个简单的例子来体会基于像素放大的图像放大方法。设原图为

$$\boldsymbol{F}=\begin{bmatrix} f_{11} & f_{12} & f_{13} \\ f_{21} & f_{22} & f_{23} \\ f_{31} & f_{32} & f_{33} \end{bmatrix}$$

将其放大 1.2×2.5 倍,则放大后的图像为 $\boldsymbol{G}=[g_{ij}]_{4\times 8}$,且

$$\boldsymbol{G}=\begin{bmatrix} f_{11} & f_{11} & f_{11} & f_{12} & f_{12} & f_{13} & f_{13} & f_{13} \\ f_{21} & f_{21} & f_{21} & f_{22} & f_{22} & f_{23} & f_{23} & f_{23} \\ f_{31} & f_{31} & f_{31} & f_{32} & f_{32} & f_{33} & f_{33} & f_{33} \\ f_{31} & f_{31} & f_{31} & f_{32} & f_{32} & f_{33} & f_{33} & f_{33} \end{bmatrix}$$

2. 基于双线性插值的图像放大方法

基于像素放大原理的图像放大方法存在一个问题,就是当放大倍数比较大时,会产生马赛克现象。换句话说,放大后的图像子块与子块之间的过渡会因不平缓而导致画面效果的不自然。针对这一问题,可以采用双线性插值的方法来解决。

与前面所介绍的图像方法不同,双线性插值图像放大,不是将原图像的像素复制到整个子块,而是只填写在子块的某一个像素的位置上。例如,在最上(下)面一行的子块中,将原图像中相应的像素放在放大图像子块的最上(下)面的位置上;在最右(左)边的子块中,则将原图像中相应的像素放在放大图像子块的最右(左)边的位置上;在其他子块中,原图像中相应的像素放在放大图像子块中的左上角的位置。这样,对于放大图像,如果当前像素不是子块的起始像素,则需要根据图 4.9 所示的模板来进行计算。顶点的像素值为原图像中的像素值,该模板中心的像素

是当先需要计算的像素值。对其进行归一化处理后，子块四个顶点坐标分别设为(0,0)，(0,1)，(1,0)，(1,1)，相应的待处理像素的坐标为(x,y)，$0<x<1$，$0<y<1$，则$f(x,y)$可由下式得到

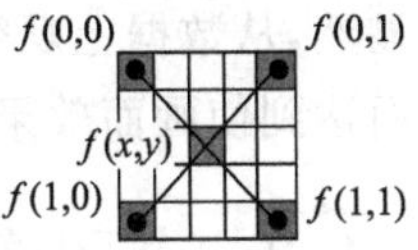

图 4.9 双线性插值示意图

$$\begin{cases} f(0,y)=f(0,0)+y\cdot[f(0,1)-f(0,0)] \\ f(1,y)=f(1,0)+y\cdot[f(1,1)-f(1,0)] \\ f(x,y)=f(0,y)+x\cdot[f(1,y)-f(0,y)] \end{cases} \tag{4.13}$$

如果$x=1$，或者$y=1$，则用单线性插值计算，即分别为

$$\begin{cases} f(x,y)=f(0,0)+y\cdot[f(0,y)-f(0,0)] & (if\quad x=1) \\ f(x,y)=f(0,0)+x\cdot[f(1,0)-f(0,0)] & (if\quad y=1) \end{cases} \tag{4.14}$$

下面以一个简单的例子来体会两种方法的不同。设

$$\boldsymbol{F}=\begin{bmatrix} 1 & 4 & 7 \\ 2 & 5 & 8 \\ 3 & 6 & 9 \end{bmatrix}$$

将其放大 1.2×2.5 倍，则放大后的图像为$G=[g_{ij}]_{4\times 8}$，按照式(4.12)最邻近方法得到的结果为

$$\boldsymbol{G}=\begin{bmatrix} 1 & 1 & 1 & 4 & 4 & 7 & 7 & 7 \\ 2 & 2 & 2 & 5 & 5 & 8 & 8 & 8 \\ 3 & 3 & 3 & 6 & 6 & 9 & 9 & 9 \\ 3 & 3 & 3 & 6 & 6 & 9 & 9 & 9 \end{bmatrix}$$

按照双线性插值法，首先进行顶点填充，得

$$\boldsymbol{G}=\begin{bmatrix} 1 & 0 & 0 & 4 & 0 & 0 & 0 & 7 \\ 2 & 0 & 0 & 5 & 0 & 0 & 0 & 8 \\ 0 & 0 & 0 & 0 & 0 & 0 & 0 & 0 \\ 3 & 0 & 0 & 6 & 0 & 0 & 0 & 9 \end{bmatrix}$$

之后按照式(4.13)进行双线性插值计算，得

$$\boldsymbol{G}=\begin{bmatrix} 1 & 2 & 3 & 4 & 5 & 6 & 7 & 7 \\ 2 & 3 & 4 & 5 & 6 & 7 & 8 & 8 \\ 3 & 0 & 0 & 6 & 0 & 0 & 0 & 9 \\ 3 & 4 & 5 & 6 & 7 & 8 & 9 & 9 \end{bmatrix},\quad \boldsymbol{G}=\begin{bmatrix} 1 & 2 & 3 & 4 & 5 & 6 & 7 & 7 \\ 2 & 3 & 4 & 5 & 6 & 7 & 8 & 8 \\ 3 & 4 & 5 & 6 & 7 & 8 & 9 & 9 \\ 3 & 4 & 5 & 6 & 7 & 8 & 9 & 9 \end{bmatrix}$$

显然，从数据上观察可知，采用双线性插值的方法可以平缓像素块之间的过渡，从而达到使画面效果自然的目的。

4.2.3 图像的错切

图像的错切变换实际上是平面景物在投影平面上的非垂直投影。错切使图像中的图形产生扭变，这种扭变只在一个方向上产生，即分别称为水平方向，或垂直方向上的**错切**。下面分别对其进行阐述。

1. 沿水平方向的错切

按照上面的错切定义，在水平方向上的错切是指图形在水平方向上发生了扭变。如图 4.10 所示，当原图（图 4.10(a)）发生了水平方向的错切之后，图中（图 4.10(b)）矩形的水平方向上的边；扭变成斜边。而垂直方向上的边不变。

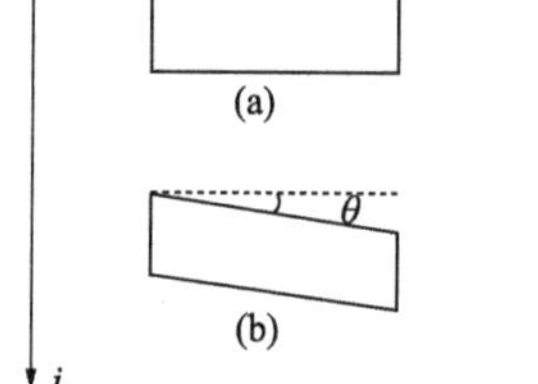

图 4.10　水平方向错切示意图

图像在水平方向上错切的数学表达式为

$$\begin{cases} i' = i + bj \\ j' = j \end{cases} \tag{4.15}$$

其中，(i,j) 为原图像的坐标；(i',j') 为错切后的图像坐标。

根据式(4.15)，当错切时图形的列坐标不变，行坐标随原坐标 (i,j) 和系数 b 作线性变化，$b=\tan(\theta)$。$b>0$，图形沿 i 轴正方向做错切；$b<0$，图形沿 i 轴负方向做错切。

2. 沿垂直方向的错切

图像在垂直方向上的错切，是指图形在垂直方向上的扭变。如图 4.11 所示，当原图（图 4.11(a)）发生了垂直方向的错切之后，图中（图 4.11(b)）矩形的水平方向上的边不变，垂直方向上的边扭变成斜边。

图像在垂直方向上错切的数学表达式为

$$\begin{cases} i' = i \\ j' = i + dj \end{cases} \tag{4.16}$$

其中，(i,j) 为原图像的坐标；(i',j') 为错切后的图像坐标。

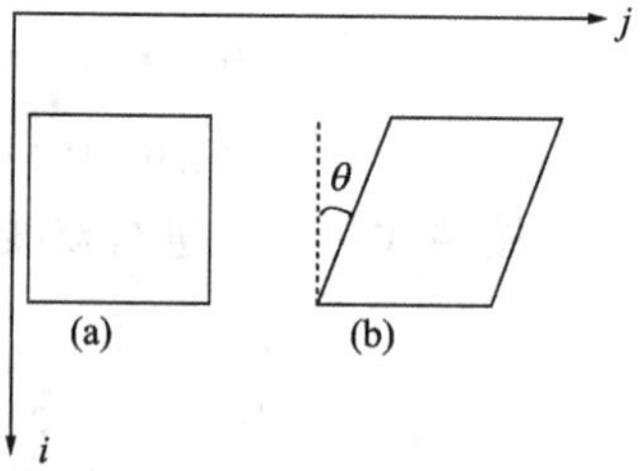

图 4.11　垂直方向错切示意图

根据式(4.16)，当错切时图形的行坐标不变，列坐标随原坐标 (i,j) 和系数 d 作线性变化，$d=$

tan(θ)。$d>0$,图形沿 j 轴正方向做错切;$d<0$,图形沿 j 轴负方向做错切。

3. 利用错切实现图像的旋转[3]

利用三角函数的性质,还可以利用错切来实现图像的旋转。因为

$$\begin{bmatrix}1 & -\tan\dfrac{\theta}{2}\\ 0 & 1\end{bmatrix}\cdot\begin{bmatrix}1 & 0\\ \sin\theta & 1\end{bmatrix}\cdot\begin{bmatrix}1 & -\tan\dfrac{\theta}{2}\\ 0 & 1\end{bmatrix}=\begin{bmatrix}\cos\theta & -\sin\theta\\ \sin\theta & \cos\theta\end{bmatrix} \tag{4.17}$$

图像旋转 θ 角度用矩阵形式表示为

$$\begin{bmatrix}i'\\ j'\end{bmatrix}=\begin{bmatrix}\cos\theta & -\sin\theta\\ \sin\theta & \cos\theta\end{bmatrix}\begin{bmatrix}i\\ j\end{bmatrix} \tag{4.18}$$

在 i 方向和 j 方向上的错切用矩阵形式表示为

$$\begin{bmatrix}i'\\ j'\end{bmatrix}=\begin{bmatrix}1 & b\\ 0 & 1\end{bmatrix}\begin{bmatrix}i\\ j\end{bmatrix},\qquad \begin{bmatrix}i'\\ j'\end{bmatrix}=\begin{bmatrix}1 & 0\\ d & 1\end{bmatrix}\begin{bmatrix}i\\ j\end{bmatrix} \tag{4.19}$$

所以,图像旋转可以分解成三次图像的错切来实现。

下面,从一个简单的例子来体会该方法的思想。设原图为

$$\boldsymbol{F}=\begin{bmatrix}f_{11} & f_{12} & f_{13}\\ f_{21} & f_{22} & f_{23}\\ f_{31} & f_{32} & f_{33}\end{bmatrix}$$

要进行逆时针 30°的旋转。

首先按照式(4.15)进行第一次 i 方向上的错切,即 $b=-\tan(15°)=-0.268$。得到第一次错切结果为

$$\boldsymbol{G}_1=\begin{bmatrix}0 & 0 & f_{13}\\ f_{11} & f_{12} & f_{23}\\ f_{21} & f_{22} & f_{33}\\ f_{31} & f_{32} & 0\end{bmatrix}$$

接下来按照式(4.16)进行 j 方向上的错切,即 $d=\sin(30°)=0.5$。

得到第二次错切结果为

$$\boldsymbol{G}_2=\begin{bmatrix}0 & 0 & f_{13} & 0\\ f_{11} & f_{12} & f_{23} & 0\\ 0 & f_{21} & f_{22} & f_{33}\\ 0 & f_{31} & f_{32} & 0\end{bmatrix}$$

最后按照式(4.15)再进行一次 i 方向上的错切,即 $b=-\tan(15°)=-0.268$。

得到第三次错切结果为

$$G_3=\begin{bmatrix} 0 & 0 & f_{13} & 0 \\ f_{11} & f_{12} & f_{23} & f_{33} \\ 0 & f_{21} & f_{22} & 0 \\ 0 & f_{31} & f_{32} & 0 \end{bmatrix}$$

与直接旋转的结果

$$G=\begin{bmatrix} 0 & 0 & f_{13} & 0 \\ f_{11} & f_{12} & 0 & f_{23} \\ 0 & f_{21} & f_{22} & f_{33} \\ 0 & f_{31} & f_{32} & 0 \end{bmatrix}$$

相比，像素的排列基本相同(差异为坐标取整时的舍入误差)，但由于每次错切总有一个坐标是顺序排列的，因此最终的结果不存在空穴，无须后续的插值计算。

4.3 齐次坐标与图像的仿射变换

在前面已经阐述了图像的平移、旋转及错切，事实上可以看到，如果对坐标系进行一定的修改，就可以将前面的这些处理转换成线性变换。换句话说，可以在新的坐标系中，用矩阵运算来描述图像变换。这样，对同时具有几个操作的处理，可以直接使用矩阵相乘运算即可实现。

从前面的平移计算公式(4.1)可知，如果直接使用二维的直角坐标系，则平移变换不是线性变换，为了将平移变换也可以用统一的线性变换来描述，引入包括原有坐标(i,j)，以及另外一个坐标轴w，称(wx,wy,w)为**齐次坐标**。这里，w为任意常数。定义了齐次坐标之后，就可以仿射变换如下。

设原图像坐标为(i,j)，变换后图像的坐标为(i',j')，则满足

$$\begin{cases} i'=ai+bj+\Delta i \\ j'=ci+dj+\Delta j \end{cases} \quad (ad-bc\neq 0) \tag{4.20}$$

的变换称为**仿射变换**。

用矩阵形式表示仿射变换为

注：采用式(4.20)进行镜像变换之后，还需要将所求出的坐标值转换成正整数。

$$[i',j',1]=[i,j,1]\begin{bmatrix} a & b & 0 \\ c & d & 0 \\ \Delta i & \Delta j & 1 \end{bmatrix} \tag{4.21}$$

仿射变换能够保持线段的直线性、距离比、平行性不变。根据仿射变换的定义,可以得到

图像平移 $$[i',j',1]=[i,j,1]\begin{bmatrix} 1 & 0 & 0 \\ 0 & 1 & 0 \\ \Delta i & \Delta j & 1 \end{bmatrix} \tag{4.22}$$

图像旋转 $$[i',j',1]=[i,j,1]\begin{bmatrix} \cos\theta & \sin\theta & 0 \\ -\sin\theta & \cos\theta & 0 \\ 0 & 0 & 1 \end{bmatrix} \tag{4.23}$$

图像镜像 $$\begin{cases} [i',j',1]=[i,j,1]\begin{bmatrix} -1 & 0 & 0 \\ 0 & 1 & 0 \\ 0 & 0 & 1 \end{bmatrix} (i\text{ 方向镜像}) \\ [i',j',1]=[i,j,1]\begin{bmatrix} 1 & 0 & 0 \\ 0 & -1 & 0 \\ 0 & 0 & 1 \end{bmatrix} (j\text{ 方向镜像}) \end{cases} \tag{4.24}$$

图像错切 $$\begin{cases} [i',j',1]=[i,j,1]\begin{bmatrix} 1 & 0 & 0 \\ b & 1 & 0 \\ 0 & 0 & 1 \end{bmatrix} (i\text{ 方向错切}) \\ [i',j',1]=[i,j,1]\begin{bmatrix} 1 & d & 0 \\ 0 & 1 & 0 \\ 0 & 0 & 1 \end{bmatrix} (j\text{ 方向错切}) \end{cases} \tag{4.25}$$

4.4 三维图像的投影变换

4.4.1 投影与投影变换

在一幅二维图像上显示三维图形的对象形状,实际上是完成了一次三维信息到二维平面上的投影过程。这个投影过程可以借鉴照相机的成像原理来理解与分析。在拍照时,首先将镜头对准所选景物,再按下快门,景物就被记录在二维照片

(图像)上了。在这里,将介绍三维到二维的投影。

在三维空间中选择一个点,称此点为**视点** COP(观察点、投影中心),再定义一个平面不经过该视点,称此平面为**投影面**。从视点向投影面引任意多条射线,称这些射线为**投影线**。穿过物体的投影线与投影面相交,在投影面上形成物体的像,这个像称为三维物体在二维投影面上的**投影**。像这样将三维空间中的物体变换到二维平面上的过程称为**投影变换**。如图 4.12 所示,给出了同一条直线段 AB 的两种不同投影。当视点距离投影面为有限距离时的投影称为**透视投影**。当视点距离投影面无穷远时的投影称为**平行投影**。由于直线的平面投影本身是一条直线,所以,对直线段 AB 作投影变换时,只需对线段的两个端点 A 和 B 作投影变换,连接两个端点在投影面上的投影 A′和 B′就可得到整个直线段 AB 的投影 A′B′。

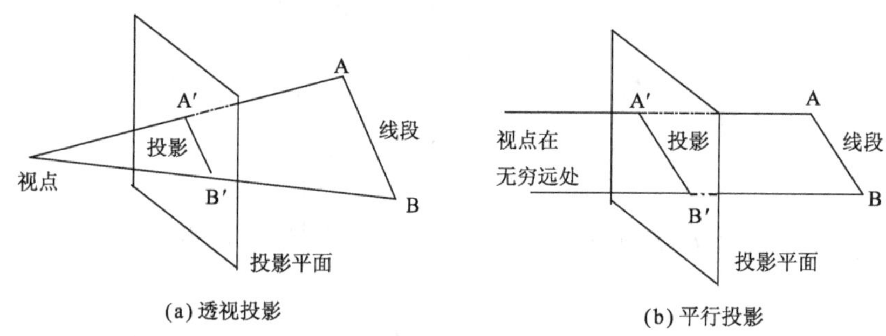

图 4.12 平面投影原理示意图

4.4.2 平面几何投影

平面几何投影可分为透视投影和平行投影两种。它们之间的区别在于视点与投影平面之间的距离不同。例如,室内的白炽灯照射物体所形成的投影是透视投影,而太阳可看做距我们无穷远,太阳光照射形成的投影即为平行投影。图 4.12 给出了这两类投影的原理示意图。当视点在无穷远时,投影线相互平行,所以在定义平行投影时.只需指明投影线的方向即投影方向。而在定义透视投影时,需要指明视点的位置。下面就这两种平面投影进行阐述。

1. 透视投影

如图 4.13 所示,设视点在坐标原点,投影面与 z 轴垂直,在 $z=d$ 的位置上,点 $P(x,y,z)$在投影面上的投影点为 $P'(x_p,y_p,d)$。由此可知,要想知道点 P 的像点

P',实际上只要计算 x_p,y_p 的值。

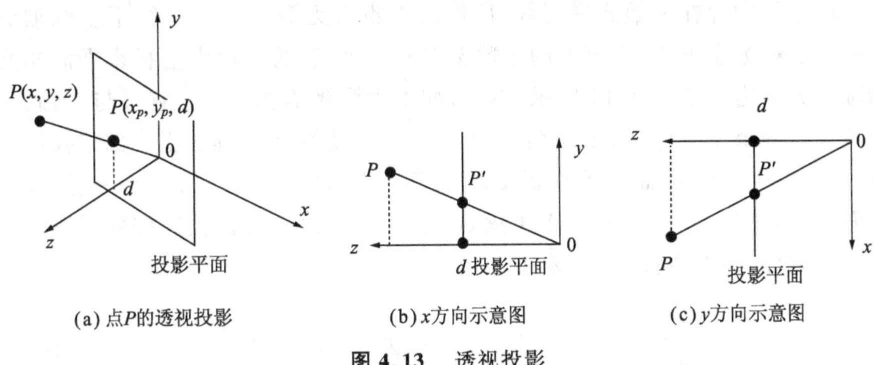

图 4.13　透视投影

由图 4.13(b)和图 4.13(c),根据相似三角形对应边成比例的关系,则有

$$\frac{x_p}{x}=\frac{d}{z},\qquad \frac{y_p}{y}=\frac{d}{z} \tag{4.26}$$

于是

$$\begin{cases} x_p=\dfrac{x}{z/d} \\ y_p=\dfrac{y}{z/d} \end{cases} \tag{4.27}$$

将透视投影变换用齐次坐标来表示。设点 P 在三维空间上的坐标为(x,y,z),其投影点 P'在三维空间上的坐标为(x_p,y_p,d),令中间变量为(X_p,Y_p,Z_p),在齐次坐标下的变换为

$$[X_p,Y_p,Z_p,H]=[x,y,z,1]\cdot \boldsymbol{T}_{\text{per}} \tag{4.28}$$

其中,

$$\boldsymbol{T}_{\text{per}}=\begin{bmatrix}1&0&0&0\\0&1&0&0\\0&0&1&1/d\\0&0&0&0\end{bmatrix} \tag{4.29}$$

将式(4.28)变形后,有$[X_p,Y_p,Z_p]=[X_p/H,Y_p/H,Z_p/H]$。

由式(4.23)可以看出,距离 d 仅仅是作用于 x_p 和 y_p 的比例因子。而以 z 除,说明了远处的物体比近处的物体的投影要小,即物体透视投影的大小与物体到视点的距离成反比,这就是所谓的透视缩小效应。不平行于投影平面的平行线,经过透视投影之后交汇(相交)于一点,称该交点为**灭点**。在三维空间中,平行线只在无穷远点相交,因而,灭点可看作三维空间的无穷远点在投影平面上的投影点。

三维空间中存在无数族平行线,所以灭点也有无数多个。平行于坐标轴的平行线的灭点称为**主灭点**,主灭点的个数至多有三个,它的个数由与投影平面相交的坐标轴个数确定。如图 4.14 所示,例如,如果投影平面为 $z=0$,它只与 z 轴相交,因而只产生一个主灭点(图 4.14(a)),并且该主灭点落于 z 轴之上。如果投影平面为 $x+z=0$,则它与 x 轴、z 轴都相交,产生两个主灭点(图 4.14(b))。同理,当投影平面为 $x+y+z=0$ 时,有三个主灭点(图 4.14(c))。透视投影按主灭点的个数分为一点透视、二点透视、三点透视。

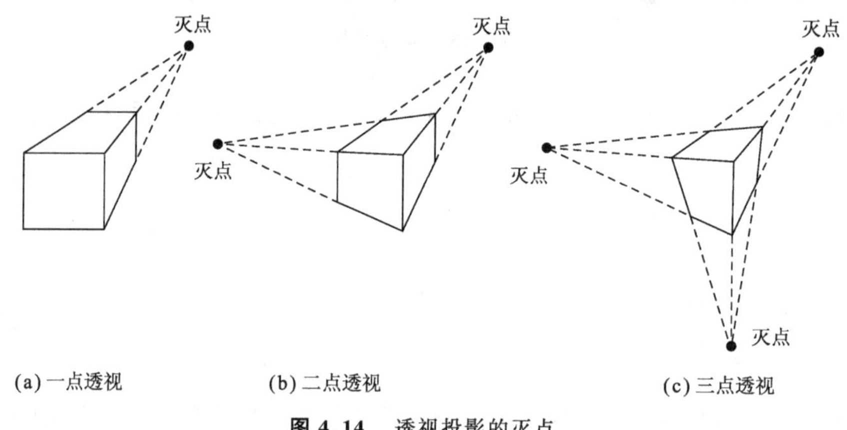

(a) 一点透视　　(b) 二点透视　　(c) 三点透视

图 4.14　透视投影的灭点

透视投影类似于人的视觉系统能产生近大远小的效果。由它产生的图形深度感强,看起来更加真实。然而,这种透视效果并不总是有益的。例如,当需要图形精确反映物体的形状、尺寸时,采用平行投影更好。因为平行投影保持平行线之间的平行关系。

2. 平行投影

平行投影不具有缩小性,能精确地反映物体的实际尺寸。平行线的平行投影仍是平行线。平行投影可根据投影方向与投影面的夹角分成正投影和斜投影两种。当投影方向与投影面的夹角为 90°时,得到的投影为正投影,否则为斜投影。如图 4.15 所示,是平行投影中的两类投影模式的原理示意图。

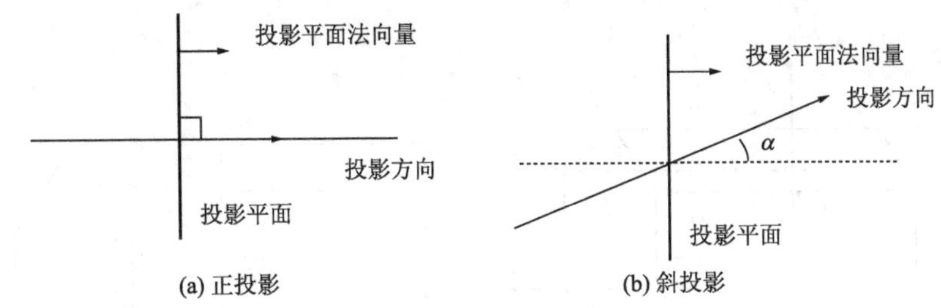

(a) 正投影　　(b) 斜投影

图 4.15　平行投影

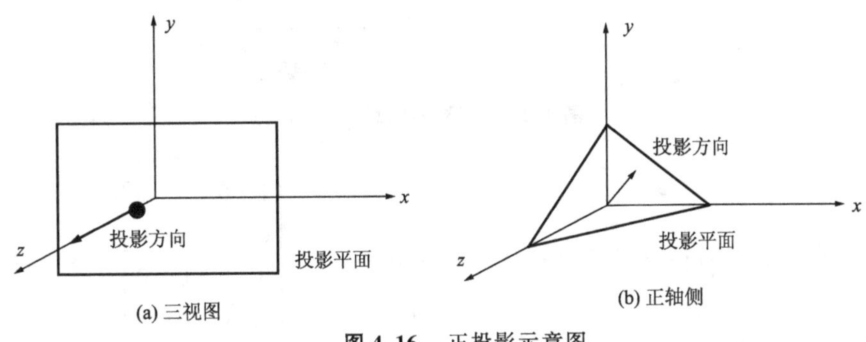

(a) 三视图　　(b) 正轴侧

图 4.16　正投影示意图

(1) 正投影

如图 4.16 所示，依据投影平面的法矢量的方向，正投影又分为三视图、正轴侧两种模式。当投影平面与某一坐标轴垂直时，得到的投影称三视图。

三视图分为主视图、侧视图和俯视图，对应的投影平面分别与 z 轴、x 轴、y 轴垂直。图 4.17 所示是一个物体(房屋)的三视图。可以看到，从三个不同的方向得到的同一个物体的形状是不一样的。三视图常用于工程制图，因为在其上可以测量距离和角度。但一个方向上的视图只反映物体的一个侧面，只有将三个方向上的视图结合起来，才能综合出物体的空间结构和形状。

将三视图投影变换用齐次坐标来表示。设点 P 在三维空间的坐标为(x,y,z)，其投影点 P'在三维空间上的坐标为(x_p,y_p,z_p)，则在齐次坐标下的变换为

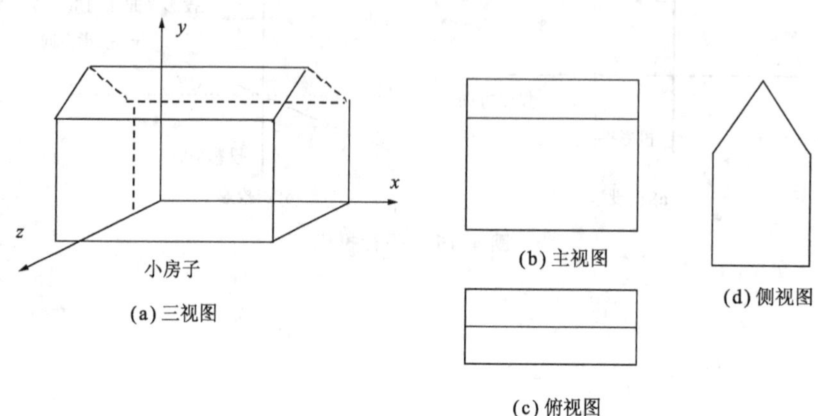

图 4.17　三视图示意图

$$\text{主视图}\quad [x_p, y_p, z_p, 1] = [x, y, z, 1] \cdot \boldsymbol{T}_{\text{front}}, \boldsymbol{T}_{\text{front}} = \begin{bmatrix} 1 & 0 & 0 & 0 \\ 0 & 1 & 0 & 0 \\ 0 & 0 & 0 & 0 \\ 0 & 0 & 0 & 1 \end{bmatrix} \tag{4.30}$$

$$\text{侧视图}\quad [x_p, y_p, z_p, 1] = [x, y, z, 1] \cdot \boldsymbol{T}_{\text{side}}, \boldsymbol{T}_{\text{front}} = \begin{bmatrix} 0 & 0 & 0 & 0 \\ 0 & 1 & 0 & 0 \\ 0 & 0 & 1 & 0 \\ 0 & 0 & 0 & 1 \end{bmatrix} \tag{4.31}$$

$$\text{俯视图}\quad [x_p, y_p, z_p, 1] = [x, y, z, 1] \cdot \boldsymbol{T}_{\text{top}}, \boldsymbol{T}_{\text{top}} = \begin{bmatrix} 1 & 0 & 0 & 0 \\ 0 & 0 & 0 & 0 \\ 0 & 0 & 1 & 0 \\ 0 & 0 & 0 & 1 \end{bmatrix} \tag{4.32}$$

非三视图的平行投影为正轴侧。如图 4.18 所示，正轴侧有等轴侧、正二侧和正三侧三种。当投影面与三个坐标轴之间的夹角都相等时为等轴侧；当投影面与两个坐标轴之间的夹角相等时为正二侧；当投影面与三个坐标轴之间的夹角都不相等时为正三侧。

如图 4.19 所示，正轴侧可以通过几步骤分解获得。如图 4.19(a)，投影面分别与三个坐标轴交于 A、B 和 C，投影方向与投影面垂直。首先把物体及投影面绕 Y 轴顺时针旋转 φ 角，得图 4.19(b)，再绕 X 轴逆时针旋转 φ 角，得图 4.19(c)。换句话说，

就是将正轴侧分为两个绕坐标轴旋转的处理来完成。这样,用齐次坐标来描述得

$$[x_p,y_p,z_p,1]=[x,y,z,1]\cdot \boldsymbol{T}_{\mathrm{axono}} \tag{4.33}$$

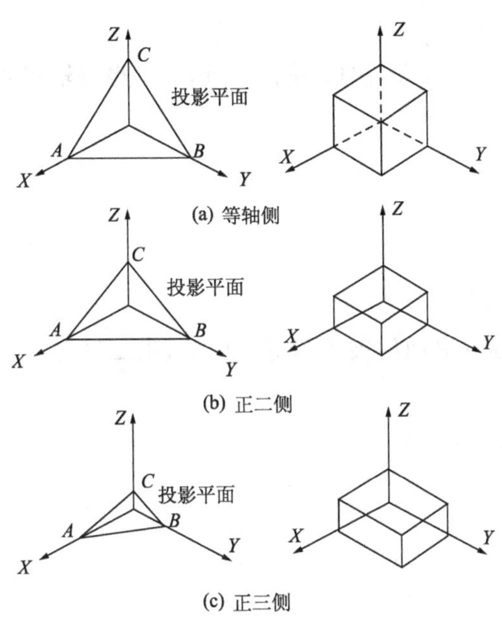

图 4.18 正轴侧及正方体的正轴侧投影图

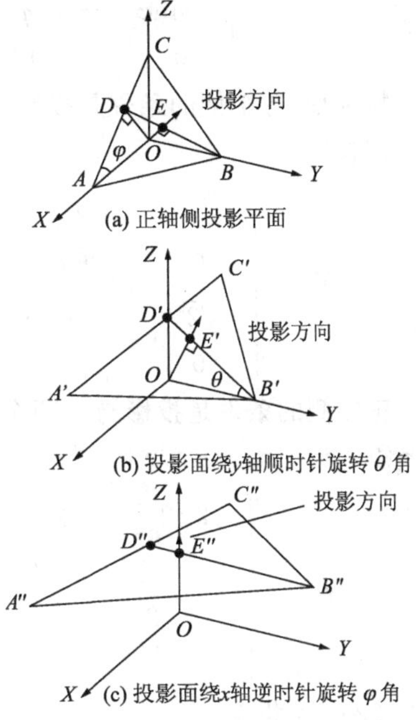

图 4.19 正轴侧投影变换分解示意图

① 做绕 Y 轴及 X 轴的旋转。

$$\boldsymbol{T}=\boldsymbol{T}_y\cdot\boldsymbol{T}_x=\begin{bmatrix}\cos\varphi & 0 & \sin\varphi & 0\\ 0 & 1 & 0 & 0\\ -\sin\varphi & 0 & \cos\varphi & 0\\ 0 & 0 & 0 & 1\end{bmatrix}\cdot\begin{bmatrix}1 & 0 & 0 & 0\\ 0 & \cos\theta & \sin\theta & 0\\ 0 & -\sin\theta & \cos\theta & 0\\ 0 & 0 & 0 & 1\end{bmatrix}$$

$$=\begin{bmatrix}\cos\varphi & -\sin\varphi\sin\theta & \sin\varphi\cos\theta & 0\\ 0 & \cos\theta & \sin\theta & 0\\ -\sin\varphi & -\cos\varphi\sin\theta & \cos\varphi\cos\theta & 0\\ 0 & 0 & 0 & 1\end{bmatrix} \tag{4.34}$$

② 在 Z 轴方向上作正投影,就得到正轴侧的投影变换矩阵。

$$\boldsymbol{T}_{\text{axono}}=\begin{bmatrix}\cos\varphi & -\sin\varphi\sin\theta & 0 & 0\\ 0 & \cos\theta & 0 & 0\\ -\sin\varphi & -\cos\varphi\sin\theta & 0 & 0\\ 0 & 0 & 0 & 1\end{bmatrix} \tag{4.35}$$

特别地,等轴侧的条件是投影面与三个轴方向的夹角都相等,于是得等轴侧的投影变换矩阵

$$\boldsymbol{T}_{\text{iso}}=\begin{bmatrix}\sqrt{2}/2 & -\sqrt{6}/6 & 0 & 0\\ 0 & \sqrt{6}/3 & 0 & 0\\ -\sqrt{2}/2 & -\sqrt{6}/6 & 0 & 0\\ 0 & 0 & 0 & 1\end{bmatrix} \tag{4.36}$$

正二侧的条件是投影与某两个坐标轴之间的夹角相等。因此,正二侧的投影变换矩阵为

$$\boldsymbol{T}_{\text{dim}}=\begin{bmatrix}\sqrt{2}/2 & -\sqrt{2}/2\cdot\sin\theta & 0 & 0\\ 0 & \cos\theta & 0 & 0\\ -\sqrt{2}/2 & -\sqrt{2}/2\cdot\sin\theta & 0 & 0\\ 0 & 0 & 0 & 1\end{bmatrix} \tag{4.37}$$

(2) 斜投影

斜投影是第二类的平行投影,与正投影的区别在于投影方向与投影面不垂直。斜投影将正投影的三视图和正轴侧的特性结合起来,既能像三视图那样在主平面上进行距离和角度侧量,又能像正轴侧那样同时反映物体的多个面,具有立体效果。通常选择投影面垂直于某个主轴,这样,对平行于投影面的物体表面可进行距离和角度的侧量,而对物体的其他面,可沿该主轴侧量距离。

如图 4.20 所示,常用的两种斜投影是斜等侧和斜二侧。当投影方向与投影面

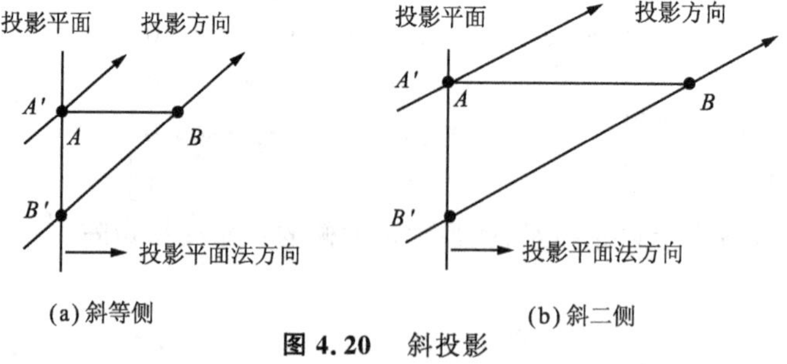

图 4.20　斜投影

成 45°角时，得到的是斜等侧(图 4.20(a))。这时，和投影面垂直的任何直线段，其投影长度不变，即图 4.20(a)中 AB＝A′B′。当投影方向与投影面成 arctan(2)的角度时，得到的是斜二侧(图 4.20(b))。这时，和投影面垂直的任何直线，其投影长度为原来的一半。即图 4.20(b)中，AB＝2A′B′。

有了斜投影的概念，下面来看斜投影变换。设投影面为 X-Y 平面，投影方向与投影面的夹角为 α，投影线和 Z 轴所组成的平面与 X-Z 面的两面角为 β。如图 4.21 所示，点 $P'(x_p^{(0)},y_p^{(0)},0)$ 是点 $P(0,0,z)$ 在投影面上的斜投影。于是有

$$x_p^{(0)}=k\cdot\cos\beta,\qquad y_p^{(0)}=k\cdot\sin\beta,\qquad k=z\cdot\tan\alpha \tag{4.38}$$

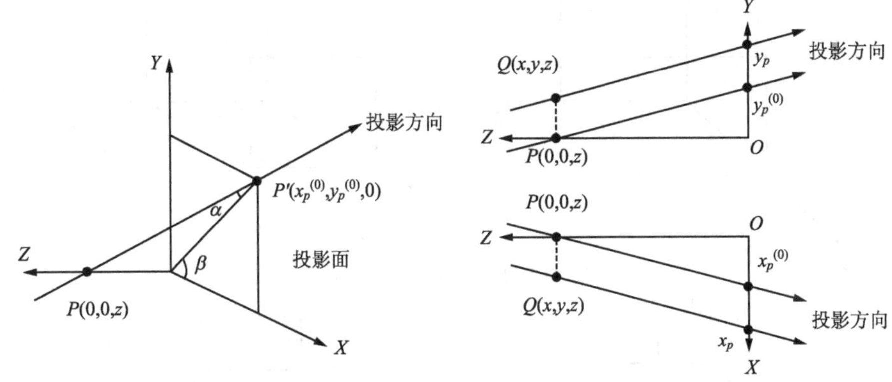

图 4.21 斜投影变换

对于空间任意一点 $Q(x,y,z)$，在投影面上的斜投影 $O'(x_p,y_p,0)$ 的坐标可以直接得出，即

$$\begin{cases}x_p=x_p^{(0)}+x=z\cdot\tan\alpha\cdot\cos\beta+x\\ y_p=y_p^{(0)}+y=z\cdot\tan\alpha\cdot\cos\beta+y\end{cases} \tag{4.39}$$

斜投影变换矩阵为

$$\boldsymbol{T}_{\text{obli}}=\begin{bmatrix}1&0&0&0\\0&1&0&0\\\tan\alpha\cdot\cos\beta&\tan\alpha\sin\beta&0&0\\0&0&0&1\end{bmatrix} \tag{4.40}$$

特别地，斜等侧的投影方向与投影面的夹角 $\alpha=45°$，$\tan\alpha=1$。所以变换矩阵为

$$T_{\text{obliso}}=\begin{bmatrix}1 & 0 & 0 & 0\\ 0 & 1 & 0 & 0\\ \cos\beta & \sin\beta & 0 & 0\\ 0 & 0 & 0 & 1\end{bmatrix} \tag{4.41}$$

对于斜二侧，投影方向与投影面的夹角 $\alpha=\arctan(2)$，$\text{ctan}\alpha=1/2=0.5$。所以变换矩阵为

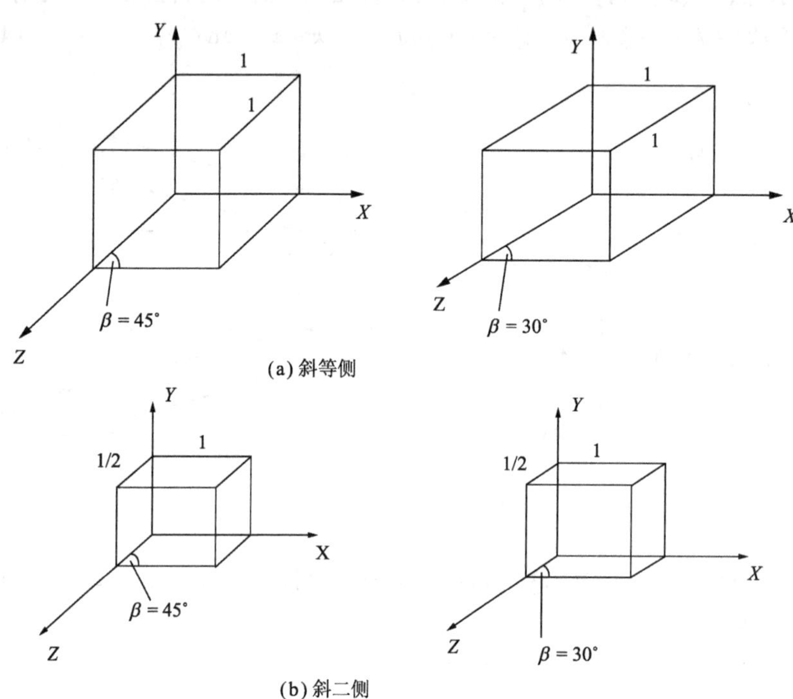

图 4.22 单位立方体的斜投影

$$T_{\text{obldim}}=\begin{bmatrix}1 & 0 & 0 & 0\\ 0 & 1 & 0 & 0\\ 0.5\cos\beta & 0.5\sin\beta & 0 & 0\\ 0 & 0 & 0 & 1\end{bmatrix} \tag{4.42}$$

图 4.22 给出了一个单位立方体在 X-Y 平面上的几种斜投影。那些倾斜线是与 X-Y 平面垂直的立方体棱边的投影，它们与水平轴 X 的夹角，就是图 4.21 中的

投影倾角为β。β一般取45°和±30°。可以看到,同一个物体以不同的投影方式进行投影后,所得到的图形是不相同的。

4.5 图像几何畸变的校正

图像几何变换的一个重要应用是消除由摄像机带来的数字图像的几何畸变。当摄像系统的镜头或者摄像装置没有正对着待拍摄的景物时,那么拍摄到的景物图像就会产生一定的变形。这是几何畸变最常见的情况。另外,由于光学成像系统或电子扫描系统的限制而产生的枕形或桶形失真,也是几何畸变的典型情况。

任何一种几何失真都可以用原始图形坐标和畸变图形坐标之间的关系加以描述。设原图坐标是(x,y),畸变图形坐标是(x',y'),于是两坐标之间的关系可以用如下方程描述:

$$\begin{cases} x'=h_1(x,y) \\ y'=h_2(x,y) \end{cases} \tag{4.43}$$

如果用$g(x,y)$表示原图在(x,y)点处的灰度,用$f(x',y')$表示畸变后图像在点(x',y')处的灰度,那么应该有

$$g(x,y)=f(x',y') \tag{4.44}$$

这样,消除几何畸变以恢复原图像的问题就归结为如何从畸变图像$f(x',y')$和两坐标之间的关系$h_1(\cdot)$,$h_2(\cdot)$求得$g(x,y)$。

下面我们分两种情况进行介绍。

1. 变换关系$h_1(\cdot)$,$h_2(\cdot)$已知的情况

可按照如下步骤并根据$f(x',y')$求出$g(x,y)$。

① 对于待复原图像中任意一个坐标点(x_i,y_i),根据关系式(4.43)找出对应畸变图像中之相应点$(\alpha_i',\beta_i')=[h_1(x_i,y_i),h_2(x_i,y_i)]$。

② 一般,(α'_i,β'_i)并不刚好是网格上(采样)的点。那么可以找出和(α_i',β_i')最接近的点(x_i',y_i'),并且令$g(x_i,y_i)=f(x_i',y_i')$,就完成了对几何畸变的修复。

如果不用最接近点的值赋给$g(x_i,y_i)$,也可按照图像放大中所介绍的插值方法计算。

2. 变换关系$h_1(\cdot)$,$h_2(\cdot)$未知的情况

当变换关系$h_1(\cdot)$,$h_2(\cdot)$未知时,可用事先选取控制点的方法对畸变图像进

行校正。

例如，设原来图像为标准正方网格，畸变后变成枕形或者桶形。可以用如下方法消除这种几何畸变。

在原图中选取三个已知坐标点(x_1,y_1)，(x_2,y_2)，(x_3,y_3)。图形畸变后，它们在畸变图形中的坐标分别变成(x_1',y_1')，(x_2',y_2')，(x_3',y_3')。假设这种几何畸变，新、旧坐标之间的关系，可以用如下方程描述：

$$\begin{cases} x_1'=ax_1+by_1+c, & y_1'=dx_1+ey_1+f \\ x_2'=ax_2+by_2+c, & y_2'=dx_2+ey_2+f \\ x_3'=ax_3+by_3+c, & y_3'=dx_3+ey_3+f \end{cases} \tag{4.45}$$

或写成矩阵形式

$$\boldsymbol{HA}=\boldsymbol{B} \tag{4.46}$$

$$\boldsymbol{H}=\begin{bmatrix} x_1 & y_1 & 1 & & & \\ x_2 & y_2 & 1 & & 0 & \\ x_3 & y_3 & 1 & & & \\ & & & x_1 & y_1 & 1 \\ & 0 & & x_2 & y_2 & 1 \\ & & & x_3 & y_3 & 1 \end{bmatrix}, \quad \boldsymbol{A}=\begin{bmatrix} a \\ b \\ c \\ d \\ e \\ f \end{bmatrix}, \quad \boldsymbol{B}=\begin{bmatrix} x_1' \\ x_2' \\ x_3' \\ y_1' \\ y_2' \\ y_3' \end{bmatrix} \tag{4.47}$$

解此方程组可获得一组惟一的系数。

假设在整幅图像各处畸变规律相同，那么就可以逐点地把对应于(x,y)之解(x',y')的灰度$f(x',y')$赋予$g(x,y)$，即令$f(x',y')=g(x,y)$。这一点很重要，否则控制点的畸变规律便不能代表图像中其他点，求出的系数a、b、c便不能用于其余各处。

图 4.23 所示是一幅对具有几何畸变的二维条码图像进行校正的效果图，从图

(a) 有几何畸变的原图

(b) 校正后的图像

图 4.23 几何畸变校正的二维条码图像

4.23(b)可以看到,经过校正之后,完全纠正了原图(图 4.23(a))因纸张不平展所导致的畸变。

习 题

1. 请计算一个旋转角度,可以使图像

$$f_1=\begin{bmatrix} 164 & 107 & 74 & 24 & 35 \\ 132 & 145 & 141 & 159 & 196 \\ 68 & 62 & 109 & 191 & 54 \\ 58 & 168 & 89 & 105 & 50 \\ 68 & 114 & 139 & 176 & 175 \end{bmatrix}$$

与图像

$$f_2=\begin{bmatrix} 0 & 0 & 0 & 124 & 35 & 0 & 0 \\ 0 & 0 & 74 & 124 & 196 & 0 & 0 \\ 164 & 107 & 145 & 159 & 191 & 54 & 0 \\ 0 & 132 & 62 & 109 & 105 & 50 & 175 \\ 0 & 68 & 58 & 168 & 139 & 176 & 0 \\ 0 & 0 & 58 & 114 & 139 & 0 & 0 \\ 0 & 0 & 68 & 0 & 0 & 0 & 0 \end{bmatrix}$$

配准,并给出其仿射变换表达式。

2. 设原图像为

$$f=\begin{bmatrix} 59 & 60 & 58 & 57 \\ 61 & 59 & 59 & 57 \\ 62 & 59 & 60 & 58 \\ 59 & 61 & 60 & 56 \end{bmatrix}$$

请用双线性插值方法将该图像放大 16×16 大小的图像。

3. 请将一个边长为 5 个像素的正立方体(像素值为 1)分别进行一点透视、二点透视、三点透视投影。

4. 给出该边长为 5 个像素的正立方体(像素值)的正投影俯视图、正视图、侧视图。

第 5 章 图像噪声的抑制

图像噪声可以理解为妨碍人的视觉感知，或妨碍系统传感器对所接收图像源信息进行理解或分析的各种因素，也可以理解成真实信号与理想信号之间存在的偏差。本章就图像噪声的概念及噪声的抑制方法进行介绍。

5.1 图像噪声的基本概念

一般，噪声是不可预测的随机信号，通常采用概率统计方法对其进行分析。噪声对图像处理十分重要，它影响图像处理的输入、采集、处理的各个环节以及输出结果的全过程。特别是图像的输入、采集噪声的抑制是十分关键的问题，若输入伴有较大的噪声，必然影响处理全过程及输出的结果。因此一个良好的图像处理系统，不论是模拟处理还是用计算机进行的数字处理，无不把减少最前一级的噪声作为主攻目标。

根据噪声产生的来源，大致可以分为外部噪声和内部噪声两大类。

外部噪声是指从处理系统外来的影响，如天线干扰或电磁波从电源线窜入系统的噪声。内部噪声则有以下四种最常见形式。

① 由光和电的基本性质引起的噪声。例如电流可看作电子或空穴运动，这些粒子运动产生随机散粒噪声，导体中电子流动的热噪声，光量子运动的光量子噪声等。

② 由机械运动引起的噪声。例如，接头振动使电流不稳，磁头或磁带、磁盘抖动等。

③ 元器件噪声。如光学底片的颗粒噪声，磁带、磁盘缺陷噪声，光盘的疵点噪声等。

④ 系统内部电路的噪声。

从噪声的分类方法来看是多种多样的。但综合来说，噪声是随机产生的量，所以又可以从统计数学的观点来定义噪声。凡是统计特性不随时间变化的噪声称为平稳噪声，而统计特性随时间变化的噪声称作非平稳噪声。

以上所讨论的各种类型的噪声反映在图像画面上，大致可以分为如图 5.1 所示的两种典型的图像噪声。图 5.1(a)中噪声的幅值基本相同，但是噪声出现的位置是随机的，一般称这类噪声为**椒盐噪声**。图 5.1(b)中每一点都存在噪声，但噪声的幅值是随机分布的。从噪声幅值大小的分布统计来看，其密度函数有高斯型、瑞利型，分别称为**高斯噪声**和**瑞利噪声**，又如频谱均匀分布的噪声称为**白噪声**等等。

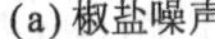

(a) 椒盐噪声

(b) 高斯噪声

图 5.1 图像噪声

一般地，对噪声的描述采用统计意义上的均值与方差。设图像信号的二维灰度分布为 $f(x,y)$，则噪声可看作是对亮度的干扰，以 $n(x,y)$来表示。

噪声的均值表明了图像中噪声的总体强度，计算公式如下：

$$\bar{n}=E[n(x,y)]=\frac{1}{M\times N}\sum_{x=1}^{M}\sum_{y=1}^{N}n(x,y) \tag{5.1}$$

噪声的方差表明了图像中噪声分布的强弱差异，计算公式如下：

$$\sigma_n^2=E\{[n(x,y)-\bar{n}]^2\}=\frac{1}{M\times N}\sum_{x=1}^{M}\sum_{y=1}^{N}[n(x,y)-\bar{n}]^2 \tag{5.2}$$

其中，M,N 分别为图像的行数和列数。

噪声的模型按照对信号的影响可分为加性噪声模型和乘性噪声模型两大类。设$f(x,y)$为信号，$n(x,y)$为噪声，在信号 $n(x,y)$影响下的输出为 $g(x,y)$，则有

加性噪声模型为

$$g(x,y)=f(x,y)+n(x,y) \tag{5.3}$$

乘性噪声模型为

$$g(x,y)=f(x,y)[1+n(x,y)]=f(x,y)+f(x,y)n(x,y) \tag{5.4}$$

乘性噪声作用下的输出是两部分的叠加，第二个噪声项信号受 $f(x,y)$ 的影响，$f(x,y)$ 越大，则第二项越大，即噪声项受信号的调制。如光量子噪声、底片颗粒噪声都会因信号增大而增大。乘性噪声模型和它的分析计算都比较复杂，通常信号变化很小时，第二项近似不变，此时可用加性噪声模型来处理。一般情况下，总是假定信号和噪声是相互独立的。

本章主要针对加性噪声的抑制方法进行介绍。

5.2 均值滤波

5.2.1 原　理

所谓均值滤波实际上就是用均值替代原图像中的各个像素值。为了方便阐述，以如图 5.2 所示的一维正弦曲线的噪声滤除为例进行介绍。图 5.2(a)是在原有曲线上叠加了幅值为 0.5 的椒盐噪声，图 5.2(d)是在原有曲线上叠加了幅值为 0.5 的高斯噪声。图 5.2(b)、图(e)分别是对图 5.2(a)、图(d)进行了三值平均滤波的结果，图 5.2(c)、图(f)分别是对图 5.2(a)、图(d)进行了十三值平均滤波的结果。

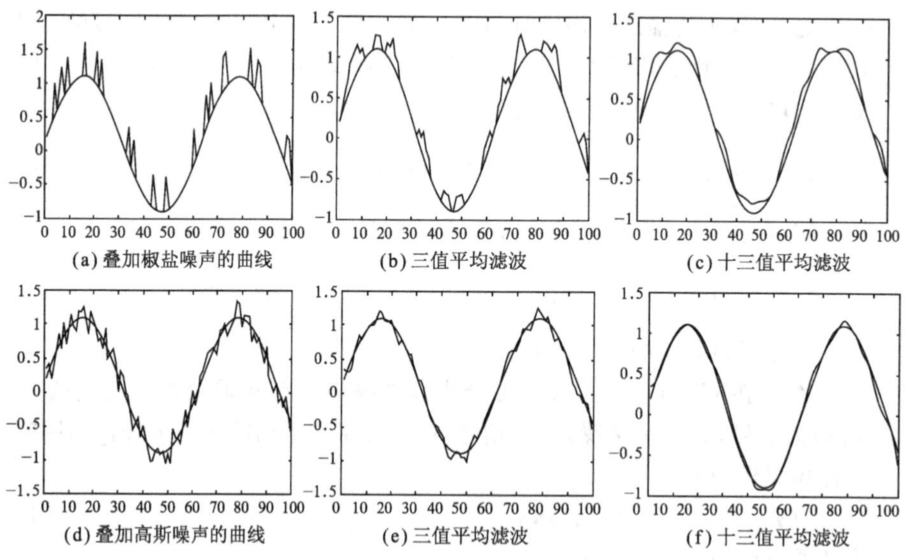

图 5.2　均值滤波效果示意图

平均滤波的方法如下：设被噪声污染后的信号为 $g(t)$，原始信号为 $f(t)$，噪声为 $n(t)$，则 $g(t)=f(t)+n(t)$。均值滤波公式如下：

$$\bar{g}(t)=1/n\cdot[g(t-m)+g(t-m+1)+\cdots+g(t)+g(t+1)+\cdots+g(t+m)] \quad (5.5)$$

其中，$n=2m+1$ 是均值滤波器的长度。当 $n=3$ 时，称为三值平均滤波；当 $n=13$ 时，称为十三值平均滤波。

观察经过均值滤波后的曲线，可以看到噪声明显地被抑制了。特别是高斯噪声，当滤波器的长度足够大时，有非常好的噪声抑制效果。

下面推导均值滤波对噪声抑制的原理。因为

$$g(t)=f(t)+n(t)$$

等式两边取数学期望(即统计均值)，得

$$\bar{g}(t)=\bar{f}(t)+\bar{n}(t) \quad (5.6)$$

如果噪声为高斯噪声，则有

$$\bar{n}(t)=0 \quad (5.7)$$

所以

$$\bar{g}(t)=\bar{f}(t) \quad (5.8)$$

即理想情况下，所得到的结果中不含噪声。

因为计算数学期望时，是对样本个数趋于无限大的极限，所以从图 5.2(d)，(e)，(f)可以看到，对于高斯噪声，当滤波器的长度足够大时，对该噪声有很好的抑制效果。

如果噪声为椒盐噪声，则有

$$\bar{n}(t)\neq 0 \quad (5.9)$$

所以

$$\bar{g}(t)=\bar{f}(t)+\bar{n}(t) \quad (5.10)$$

按照如上的定义可知，如果出现椒盐噪声，其幅值基本相同，但是数据中，还存在一些点上没有噪声，这样，可以将未出现噪声的点等同地认为噪声幅值为 0，这样就有

$$\bar{n}(t)<n(t) \quad (5.11)$$

所以，经过均值滤波之后，$\bar{g}(t)$中所包含的噪声强度低于 $g(t)$。

从图 5.2(a)，(b)，(c)可以看到，对于椒盐噪声也有较好的抑制效果。椒盐噪声的抑制与高斯噪声不同的是，它只是将某点出现的噪声强度，让周围的数据平均分担了。

5.2.2 图像噪声的均值滤波方法

有了上述所介绍的一维均值滤波的原理，将其宽展到二维信号的处理，就可以实现对图像噪声的抑制。

1	2	3
8	0	4
7	6	5

图 5.3　模板示意图

均值滤波方法是，对待处理的当前像素，选择一个模板，该模板为其近邻的若干像素组成，用模板中像素的均值来替代原像素值的方法。

如图 5.3 所示，序号为 0 的是当前像素，序号为 1～8 的像素是其模板中的近邻像素。求模板中所有像素的均值，再把该均值赋予当前像素点(x,y)，作为处理后图像在该点上的灰度 $g(x,y)$，即

$$g(x,y)=\frac{1}{M}\sum_{f\in s}f(x,y) \tag{5.12}$$

其中，s 为模板，M 为该模板中包含当前像素在内的像素总个数。

考虑到数据分布的平衡性，模板一般选择为 3×3，5×5，待处理像素放在模板的中心。为了使输出像素值保持在原来的灰度值范围内，模板的权值总和应维持为 1。因此，模板与模板像素的乘积要除以一个系数（通常是模板系数之和），这个过程也被称为模板的归一化。

模板的描述还可以采用矩阵的形式，如 3×3 的均值滤波器可描述如下：

$$\boldsymbol{H}=\frac{1}{9}\begin{bmatrix}1&1&1\\1&1&1\\1&1&1\end{bmatrix} \tag{5.13}$$

该模板的相应计算为

$$\begin{aligned}g(x,y)=\frac{1}{9}\times[&f(x-1,y-1)+f(x-1,y)+f(x-1,y+1)\\&+f(x,y-1)+f(x,y)+f(x,y+1)\\&+f(x+1,y-1)+f(x+1,y)+f(x+1,y+1)]\end{aligned} \tag{5.14}$$

以式(5.13)给出的模板对图 5.1 进行均值滤波之后，所得到的结果如图 5.4 所示。比较图 5.1 和图 5.4 可知，均值滤波器对椒盐噪声的滤波效果（图 5.4(a)）不是很理想。因为椒盐噪声的幅值都是基本相同的，只是出现噪声点的位置是随机的，所以在统计意义下的噪声均值也不为 0，因此，即使是理想情况也无法完全去除。但是从模板的含义来理解，经过均值处理之后，噪声部分被弱化到周围像素点上，所以得到的结果是噪声幅值减小，但是噪声点的颗粒面积同时变大。

(a) 椒盐噪声的滤波效果

(b) 高斯噪声的滤波效果

图 5.4 均值滤波效果

另外,均值滤波有一个非常致命的缺点,就是在求均值的计算中,会同时将景物的边缘点也同时进行均值处理,这样就使得景物的清晰度降低,画面变的模糊。

为了对其进行一定的改善,将以上的均值滤波器加以修正,可以得到加权平均滤波器。常用的加权均值滤波器如下:

$$\boldsymbol{H}_1=\frac{1}{10}\begin{bmatrix}1&1&1\\1&2&1\\1&1&1\end{bmatrix},\quad \boldsymbol{H}_2=\frac{1}{16}\begin{bmatrix}1&2&1\\2&4&2\\1&2&1\end{bmatrix},\quad \boldsymbol{H}_3=\frac{1}{8}\begin{bmatrix}1&1&1\\1&0&1\\1&1&1\end{bmatrix} \tag{5.15}$$

下面,以一个简单的例子来体会均值滤波算法。设检测图像数据(包含噪声干扰)为

$$\boldsymbol{f}=\begin{bmatrix}1&2&1&4&3\\1&10&2&3&4\\5&2&6&8&8\\5&5&7&0&8\\5&6&7&8&9\end{bmatrix}$$

用 3×3 的模板对其进行均值滤波。因为图像画面边框上的像素无法被模板覆盖,因此一般不做处理。对于图像中每一个非边框区域中的像素以其为中心取 3×3 的邻域,计算 9 个像素的灰度值均值,并用此均值替代中心像素的灰度值。例如,原图中的像素 $f(2,2)=10$,从数值上分析,该点的灰度值比其他周围像素的灰度值大,所以可初步判断其为噪声点。覆盖该点的模板为

$$\boldsymbol{f}_m(2,2)=\begin{bmatrix}1&2&1\\1&10&2\\5&2&6\end{bmatrix}$$

则滤波后的结果为

$$g(2,2)=\text{int}\left(\frac{1}{9}\times(1+2+1+1+10+2+5+2+6)\right)=3$$

其中，int(·)表示取整函数。即将像素值大于周围像素的噪声进行了很好的抑制。同理，对原图中的像素 $f(4,4)$，其模板中的像素为

$$\boldsymbol{f}_m(4,4)=\begin{bmatrix}6&8&8\\7&0&8\\7&8&9\end{bmatrix}$$

则滤波后的结果为

$$g(4,4)=\text{int}\left(\frac{1}{9}(6+8+8+7+0+8+7+8+9)\right)=7$$

即将像素值小于周围像素的噪声进行了很好的抑制。最终，对原图进行处理后的结果图像为

$$\boldsymbol{g}=\begin{bmatrix}1&2&1&4&3\\1&3&4&4&4\\5&5&5&5&8\\5&5&5&7&8\\5&6&7&8&9\end{bmatrix}$$

从上面的简单例子可以看到，均值滤波方法抑制噪声算法简单，计算速度快。然而以图 5.5(分别采用 7×7 和 11×11 大小模板的处理结果)可以看到，该方法的主要缺点是在降低噪声的同时使图像产生模糊，特别是在景物的边缘和细节处，模板越大，虽然噪声抑制效果越好，但同时画面的模糊也更加严重。

(a) 7×7均值滤波模板处理效果

(b) 11×11均值滤波模板处理效果

图 5.5 不同大小模板的处理效果比较

5.3 中值滤波

从前一节的介绍可知，虽然均值滤波器对噪声有抑制作用，并且算法简单，但导致图像变得模糊是采用该方法所无法避免的。虽然加权均值滤波器对抵抗图像的模糊有了一定的改善，但是由于思路相同，改善效果不是十分明显。为了解决这一问题，必须设计出新的噪声抑制滤波器。

经过分析画面中噪声出现时所表现的形态可知，噪声点上的像素通常比周围非噪声点的像素要亮或暗。因此，可以设想，如果在噪声点像素周围寻找一个合理的值对它进行替代，在一定程度上应该可以获得较理想的滤波结果。基于以上考虑，设计的中值滤波就是一种有效的方法。

5.3.1 原　理

中值滤波(Median Filtering)是基于排序统计理论的一种能有效抑制噪声的非线性信号处理技术。在一维形式下，一维中值滤波器含有奇数个数据的滑动模板，对模板中的数据由小到大排序，取排在中间位置上的数据作为最终的处理结果。

下面，以一个简单的一维数据序列的滤波为例，介绍中值滤波原理。设模板的长度为5，模板中的数据设为{10,15,45,20,25}，则 Med{10,15,45,20,25}=20 (Med(·)表示取中值函数)。如果该模板中的数据为某个图像中的一个局部的数据，从数据的分布规律来看，原来模板中心位置上的像素值为45，较其周围的像素值大，画面上一定会出现一个突变的噪声点。经过中值滤波处理后的值为20，与周围的像素值差异不大，由此就得到了抑制噪声的效果。

中值滤波的核心运算是将模板中的数据进行排序，这样，如果一个亮点(暗点)的噪声，就会在排序过程中被排在数据序列的最右侧或者是最左侧，因此，最终选择的数据序列中间位置上的值一般不是噪声点的值，由此便可以达到抑制噪声的目的。

5.3.2 方　法

因为数字图像是以二维数据来描述的，所以只要将前面所介绍的一维中值滤波的概念推广到二维即可。

取某种结构的二维滑动模板，将模板内像素按照像素值的大小进行排序，生成单调上升(或下降)的二维数据序列。类似于一维，二维中值滤波输出为

$$g(x,y)=\mathrm{Med}\{f(x-k,y-l),(k,l)\in W\}$$

其中，$f(x,y)$，$g(x,y)$分别为原图像和处理后图像。W 为二维模板，通常选为 3×3、5×5 区域，也可以有不同的形状，如线状，圆形，十字形，圆环形等。

图 5.6 所示是采用 3×3 模板对图 5.1 进行中值滤波的效果。从图 5.6(a)可以看出，因为椒盐噪声只在画面中的部分点上随机出现，所以根据中值滤波原理可知，通过数据排序的方法，将图像中未被噪声污染的点替代噪声点的值的概率比较大，因此噪声的抑制效果很好，同时画面的清晰度基本保持。从图 5.6(b)可以看出，因为高斯噪声是以随机大小的幅值污染所有的点，因此无论怎样进行数据选择，得到的总还是被污染的值，所以中值滤波对高斯噪声的抑制效果不是很好。

(a) 椒盐噪声的中值滤波效果

(b) 高斯噪声的中值滤波效果

图 5.6　中值滤波效果

下面，以一个简单的例子来体会中值滤波算法。设检测图像数据(包含噪声干扰)为

$$f=\begin{bmatrix}1&2&1&4&3\\1&10&2&3&4\\5&2&6&8&8\\5&5&7&0&8\\5&6&7&8&9\end{bmatrix}$$

用 3×3 的模板对其进行中值滤波。同样因为图像画面边框上的像素无法被模板覆盖，一般不作处理。对于每一个非边框区域中的像素，以其为中心取 3×3 的邻域，对该领域中 9 个像素的灰度值进行递增排序，并用其中值替代中心像素的灰度值。例如，原图中的像素 $f(2,2)$，其模板中的像素为

$$f_m(2,2)=\begin{bmatrix}1&2&1\\1&10&2\\5&2&6\end{bmatrix}$$

对模板中的 9 个数从小到大排序为 1,1,1,2,2,2,5,6,10,则滤波后的结果为排在该数据序列中间位置上(即第 5 个位置)的值,即 $g(2,2)=2$,即将像素值大于周围像素的噪声进行了很好的抑制。同理,对原图中的像素 $f(4,4)$,其模板中的像素为

$$\boldsymbol{f}_m(4,4)=\begin{bmatrix}6 & 8 & 8\\7 & 0 & 8\\7 & 8 & 9\end{bmatrix}$$

数据排序为 0,6,7,7,8,8,8,8,9,则滤波后的结果为 $g(4,4)=8$,即将像素值小于周围像素的噪声进行了很好的抑制。最终,对原图进行处理后的结果图像为

$$\boldsymbol{g}=\begin{bmatrix}1 & 2 & 1 & 4 & 3\\1 & 2 & 3 & 4 & 4\\5 & 5 & 5 & 7 & 8\\5 & 5 & 6 & 8 & 8\\5 & 6 & 7 & 8 & 9\end{bmatrix}$$

图 5.7 7×7 中值滤波模板处理效果

从上面的简单例子可以看到,中值滤波方法抑制噪声算法虽然比均值滤波算法略微复杂,但是对画面清晰度的保持方面却比均值滤波好很多。但是,适当地选择模板的大小与结构形状也非常重要。图 5.7 所示是采用 7×7 大小模板的处理结果。显然可以看到,因为模板取太大,也使得图像的清晰度遭到了一定程度的破坏。

5.4 边界保持类平滑滤波

从上述的处理结果可知,虽然中值滤波一定程度地改善了图像模糊的情况,但是平滑(特别是均值)滤波处理使图像模糊的事实仍旧存在。分析原因可知,图像上的景物之所以可以辨认清楚,是因为目标物之间存在灰度变化显著的边界;而对边界上的像素进行平滑滤波时,简单的选取邻域中值或均值,都会在一定程度上降低边界的灰度显著性,从而导致了图像模糊。因此,要保持图像的清晰,希望在进行平滑处理的同时,检测出景物的边界,然后只对噪声部分进行平滑处理。由于这样操作保持了边界原有的灰度特性,因此称这类操作为边界保持类平滑滤波。本节介绍几类典型的方法。

5.4.1 灰度最小方差的均值滤波器

本方法的核心思想是，设置一个模板，如果模板中的像素属于同一个区域，则模板中不包含边界像素，可以进行平滑处理；如果模板中的像素属于至少两个不同的区域，则模板中包含有边界像素，这时要对其进行保持，不进行平滑处理。

要判断模板中的像素是否属于同一个区域，一个最常用的方法是计算模板中所有像素的灰度方差，如果方差大，则表明模板像素属于不同区域的可能性大，而如果方差小，则模板中像素属于同一区域的可能性大。

考虑到景物边界的不规则性，选择如图 5.8 所示的 9 个不同形状的模板，用“○”包围的像素为当前的待处理像素。对这 9 个模板所覆盖区域中的像素，分别计算其灰度分布方差，然后选择出方差为最小的模板中的像素灰度均值替代原像素值。

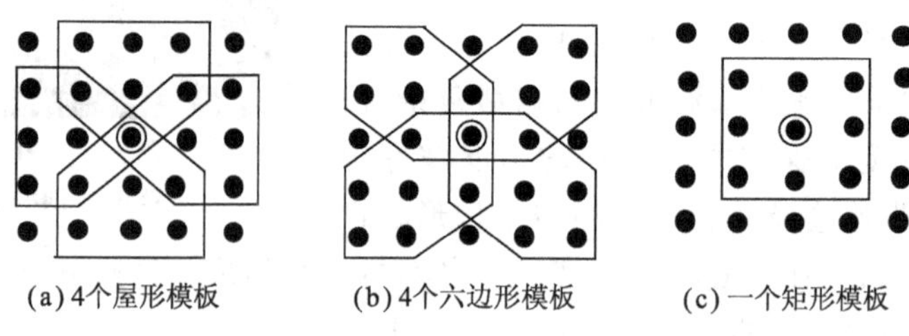

图 5.8 9 种不同形状的平滑处理模板

根据以上的设计思想，基于灰度最小方差的均值滤波器的处理步骤如下：

① 以“○”包围的像素 $f(x,y)$为中心，计算图 5.8(a)，(b)，(c)所示的 9 个模板中的所有像素的灰度分布方差 $\sigma_i^2(i=1,2,\cdots,9)$；

② 找出方差值为最小的模板位置；

③ 将所选择出的模板中像素的灰度平均值 $\bar{f}(x,y)$替代 $f(x,y)$。

④ 对图像中所有处于滤波范围内的像素点均进行相同的处理。

下面，以一个简单的例子来体会最小方差滤波器的处理方法。设检测图像数据(包含噪声干扰)为

$$
f=\begin{bmatrix} 1 & 3 & 2 & 3 & 2 & 1 & 2 \\ 1 & 2 & 1 & 4 & 3 & 3 & 2 \\ 1 & 10 & 2 & 3 & 4 & 4 & 2 \\ 5 & 2 & 6 & 18 & 8 & 7 & 3 \\ 5 & 5 & 7 & 0 & 8 & 8 & 5 \\ 5 & 6 & 7 & 8 & 9 & 9 & 8 \\ 4 & 5 & 6 & 8 & 8 & 6 & 7 \end{bmatrix}
$$

因为最小方差滤波器的模板都是在 5×5 区域范围内，所以对图像画面边框上的像素无法被模板覆盖，一般不作处理。换句话说，只对画面中间的所框出的部分进行处理。从图像数据可以看出，该图像有三个噪声点(用“○”标识)。其中一个噪声点($f(3,2)=10$)不落在模板可覆盖的区域中，无法抑制。以 $f(3,3)=2$(是一个非噪声点)为例，5×5 的模板中的像素为

$$
f_m(3,3)=\begin{bmatrix} 1 & 3 & 2 & 3 & 2 \\ 1 & 2 & 1 & 4 & 3 \\ 1 & 10 & 2 & 3 & 4 \\ 5 & 2 & 6 & 18 & 8 \\ 5 & 5 & 7 & 0 & 8 \end{bmatrix}
$$

计算得到其 9 个模板的方差为

$$
\sigma^2=[0.82 \quad 27.14 \quad 30.49 \quad 2.12 \quad 0.98 \quad 1.44 \quad 3.75 \quad 30.98 \quad 26.40]
$$

由此可知，方差最小的模板为第一个模板，因此 $\bar{f}(3,3)=(3+2+3+2+1+4+2)/7=2.42$，取整有 $\bar{f}(3,3)=2$，与原像素值相同，可以看到对非噪声点进行了保持。

再以 $f(4,4)=18$(是一个噪声点)为例，5×5 模板中的像素为

$$
f_m(4,4)=\begin{bmatrix} 2 & 1 & 4 & 3 & 3 \\ 10 & 2 & 3 & 4 & 4 \\ 2 & 6 & 18 & 8 & 7 \\ 5 & 7 & 0 & 8 & 8 \\ 6 & 7 & 8 & 9 & 9 \end{bmatrix}
$$

计算得到其 9 个模板的方差为

$$
\sigma^2=[29.14 \quad 18.98 \quad 23.84 \quad 26.41 \quad 28.69 \quad 23.37 \quad 22.11 \quad 21.19 \quad 24.17]
$$

由此可知，方差最小的模板为第二个模板，因此 $\bar{f}(4,4)=(4+4+18+8+7+8+8)/7=8.14$，取整有 $\bar{f}(4,4)=8$，可以看到对噪声点进行了抑制。经过上面的最小方差均值滤波之后的图像为

$$
\mathbf{g}=\begin{bmatrix}1 & 3 & 2 & 3 & 2 & 1 & 2\\ 1 & 2 & 1 & 4 & 3 & 3 & 2\\ 1 & 10 & 2 & 3 & 3 & 4 & 2\\ 5 & 2 & 5 & 8 & 8 & 7 & 3\\ 5 & 5 & 7 & 6 & 8 & 8 & 5\\ 5 & 6 & 7 & 8 & 9 & 9 & 8\\ 4 & 5 & 6 & 8 & 8 & 6 & 7\end{bmatrix}
$$

5.4.2 K 近邻平滑(均值、中值)滤波器

灰度最小方差滤波器是通过 9 个不同形状的模板来找出属于同一区域的像素,由此避免对边界像素的处理。该方法虽然物理概念明确,处理效果也很好,但是计算量比较大。

K 近邻(KNN:K Nearest Neighbor)平滑滤波器的核心是,在一个与待处理像素邻近的范围内,寻找出其中像素值与之最接近的 K 个邻点,将该 K 个邻点的均值(或中值)替代原像素值。

如果待处理像素为非噪声点,则通过选择像素值与之相近的邻点,可以保证在进行平滑处理时,基本上是同一个区域的像素值的计算,这样就可以保证图像的清晰度。如果待处理像素是噪声点,则因为噪声本身具有孤立点的特点,因此,与邻点进行平滑处理,可以对其进行抑制。

根据以上原理,K 近邻平滑滤波方法具体如下:

① 设 $f(x,y)$为当前待处理像素,以其为中心,构造一个 $N\times N$ 的模板(N 为奇常数,一般取 3,5 或 7);

② 在模板中的 $N\times N$ 个像素中,选择出 K 个像素值与 $f(x,y)$相近的像素(一般当 $N=3$ 时,取 $K=5$;当 $N=5$ 时,取 $K=9$;当 $N=7$ 时,取 $K=25$),这 K 个像素不包含 $f(x,y)$本身;

③ 将这 K 个像素的均值(中值)$\overline{f}(x,y)$替代原像素值 $f(x,y)$;

④ 对图像中所有处于滤波范围内的像素点均进行相同的处理。

下面,以一个简单的例子来体会最小方差滤波器的处理方法。设检测图像数据(包含噪声干扰)为

$$f=\begin{bmatrix}1&3&2&3&2&1&2\\1&2&1&4&3&3&2\\1&10&2&3&4&4&2\\5&2&6&18&8&7&3\\5&5&7&0&8&8&5\\5&6&7&8&9&9&8\\4&5&6&8&8&6&7\end{bmatrix}$$

以 $f(3,3)=2$(是一个非噪声点)为例,取 5×5 的模板为

$$f_m(3,3)=\begin{bmatrix}1&3&2&3&2\\1&2&1&4&3\\1&10&2&3&4\\5&2&6&18&8\\5&5&7&0&8\end{bmatrix}$$

找到 9 个与 $f(3,3)=2$ 像素值相近的点为 $f_m(1,3)=2, f_m(1,5)=2, f_m(2,1)=1, f_m(4,2)=2, f_m(3,1)=1, f_m(1,1)=1, f_m(1,2)=3, f_m(1,4)=3, f_m(2,1)=1$。求其均值(中值)为 $\bar{f}_m(3,3)=2$(中值 $\bar{f}_m(3,3)=2$)。显然,该非噪声点得到了保持。

再以 $f(4,4)=18$(是一个噪声点)为例,5×5 的模板为

$$f_m(4,4)=\begin{bmatrix}2&1&4&3&3\\10&2&3&4&4\\2&6&18&8&7\\5&7&0&8&8\\6&7&8&9&9\end{bmatrix}$$

找到 9 个与 $f(4,4)=18$ 像素值相近的点为 $f_m(2,1)=10, f_m(5,4)=9, f_m(5,5)=9, f_m(4,2)=7, f_m(3,4)=8, f_m(4,4)=8, f_m(4,5)=8, f_m(5,3)=8, f_m(3,5)=7$。求其均值(中值)为 $\bar{f}_m(4,4)=9.4=9$(取整)(中值 $\bar{f}_m(4,4)=8$)。可以看到对噪声点进行了抑制。K 近邻均值滤波及 K 近邻中值滤波后的图像为

$$g_{\text{mean}}=\begin{bmatrix}1&3&2&3&2&1&2\\1&2&1&4&3&3&2\\1&10&2&3&4&4&2\\5&2&5&9&8&7&3\\5&5&7&4&8&8&5\\5&6&7&8&9&9&8\\4&5&6&8&8&6&7\end{bmatrix},\quad g_{\text{mid}}=\begin{bmatrix}1&3&2&3&2&1&2\\1&2&1&4&3&3&2\\1&10&2&3&3&4&2\\5&2&6&8&8&7&3\\5&5&8&4&8&8&5\\5&6&7&8&9&9&8\\4&5&6&8&8&6&7\end{bmatrix}$$

5.4.3 对称近邻均值滤波器

对称近邻(SNN:Symmetric Nearest Neighbor)滤波器的核心思想是,在一个局部范围内,通过几对对称点像素值的比较,获得对相同区域及不同区域的判别,然后将均值计算在所判定的同一个区域内进行,这样可以使边界的保持更加灵活的同时又可以降低计算量。

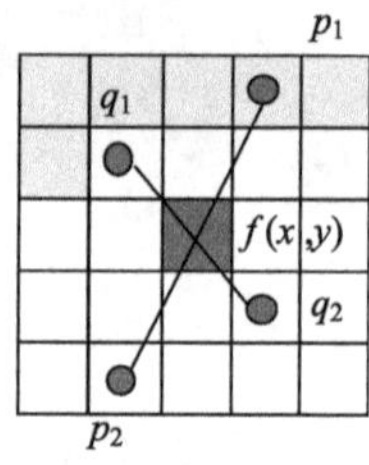

图 5.9 SNN 的模板

如图 5.9 所示,以待处理像素 $f(x,y)$为中心,构造一个$(2N+1)\times(2N+1)$的模板,这$(2N+1)\times(2N+1)$个像素,除中心点之外,可以构成 $2N\cdot(N+1)$对点,坐标为$(x-i,y-j)$及$(x+i,y+j)$(i,j=1,2,…,N),如图 5.9 中的 p_1,p_2,q_1,q_2。获得对称点对之后,在每一对对称点中选择一个像素值与$f(x,y)$接近的点。这样,将 $2N\cdot(N+1)$个选择点的灰度均值替代原像素值作为处理结果。

下面,以一个简单的例子来体会 SNN 滤波器的处理方法。设检测图像数据(包含噪声干扰)为

$$\boldsymbol{f}=\begin{bmatrix}1&3&2&3&2&1&2\\1&2&1&4&3&3&2\\1&10&2&3&4&4&2\\5&2&6&18&8&7&3\\5&5&7&0&8&8&5\\5&6&7&8&9&9&8\\4&5&6&8&8&6&7\end{bmatrix}$$

以 $f(3,3)=2$(是一个非噪声点)为例,取 5×5 的模板为

$$\boldsymbol{f}_m(3,3)=\begin{bmatrix}1&3&2&3&2\\1&2&1&4&3\\1&10&2&3&4\\5&2&6&18&8\\5&5&7&0&8\end{bmatrix}$$

找到 12 对对称点为

$(f_m(1,1),f_m(5,5))=(1,8)$,　$(f_m(1,2),f_m(5,4))=(3,0)$,

$(f_m(1,3),f_m(5,3))=(2,7)$,　$(f_m(1,4),f_m(5,2))=(3,5)$,

$(f_m(1,5),f_m(5,1))=(2,5)$,　$(f_m(2,1),f_m(4,5))=(1,8)$,

$(f_m(2,2),f_m(4,4))=(2,18)$,　$(f_m(2,3),f_m(4,3))=(1,6)$,

$$(f_m(2,4),f_m(4,2))=(4,2),\quad (f_m(2,5),f_m(4,1))=(3,5),$$
$$(f_m(3,1),f_m(3,5))=(1,4),\quad (f_m(3,2),f_m(3,4))=(10,3);$$

在这12对点中，找出与 $f(3,3)=2$ 灰度值相近的点为[1,3,2,3,2,1,2,1,2,3,1,3]；求均值得 $\bar{f}(3,3)=2$。显然，该非噪声点得到了保持。

再以 $f(4,4)=18$(是一个噪声点)为例，5×5的模板为

$$\boldsymbol{f}_m(4,4)=\begin{bmatrix}2 & 1 & 4 & 3 & 3\\ 10 & 2 & 3 & 4 & 4\\ 2 & 6 & 18 & 8 & 7\\ 5 & 7 & 0 & 8 & 8\\ 6 & 7 & 8 & 9 & 9\end{bmatrix}$$

找到12对对称点为

(2,9),(1,9),(4,8),(3,7),(3,6),(10,8),

(2,8),(3,0),(4,7),(4,5),(2,7),(6,8);

在这12对点中，找出与 $f(4,4)=18$ 灰度值相近的点为[9,9,8,7,6,10,8,3,7,5,7,8]；

求均值得 $\bar{f}(4,4)=7.25=7$(取整)。可以看到对该噪声点进行了抑制。SNN滤波后的图像为

$$\boldsymbol{g}=\begin{bmatrix}1 & 3 & 2 & 3 & 2 & 1 & 2\\ 1 & 2 & 1 & 4 & 3 & 3 & 2\\ 1 & 10 & 2 & 3 & 3 & 4 & 2\\ 5 & 2 & 6 & 7 & 7 & 7 & 3\\ 5 & 5 & 7 & 5 & 8 & 8 & 5\\ 5 & 6 & 7 & 8 & 9 & 9 & 8\\ 4 & 5 & 6 & 8 & 8 & 6 & 7\end{bmatrix}$$

图5.10是一幅经过SNN滤波处理的效果图。可以看到，边界保持类滤波器可以在保持图像清晰读的同时，达到很好的噪声抑制效果。

5.4.4 西戈玛(Σ)平滑滤波器

西戈玛平滑滤波器是根据模板中像素值的统计特性来进行边界保持平滑滤波的。该平滑滤波器的具体方法步骤如下：

① 以待处理像素 $f(x,y)$ 为中心，构造一个 $(2N+1)\times(2N+1)$ 的模板，(N 为给定的常数)；

(a) 椒盐噪声污染

(b) 图(a)的处理结果

(c) 高斯噪声污染

(d) 图(c)的处理结果

图 5.10　SNN 去噪效果

② 计算该模板中的像素值的标准差 $\sigma=\sqrt{\sigma^2}$；

③ 对模板中像素进行如下处理：

如果 $f(i,j)-\Delta\leqslant f(x,y)\leqslant f(i,j)+\Delta$，则 $\delta(i,j)=1$；否则 $\delta(i,j)=0$

其中，$f(x,y)$为模板的中心像素，$f(i,j)$是像素点(i,j)上的灰度值，$\Delta=2\sigma$；

④ 如果模板中 $\delta(i,j)=1$ 的像素不少于 K 个，则 $f(x,y)$的值用下式计算得到的 $\hat{f}(x,y)$替代。这里的 K，对于 7×7 的模板取不大于 4，对于 5×5 的模板取不大于 3；

$$\hat{f}(x,y)=\frac{\sum_{i=x-N}^{x+N}\sum_{j=y-N}^{y+N}\delta(i,j)g(i,j)}{\sum_{i=x-N}^{x+N}\sum_{j=y-N}^{y+N}\delta(i,j)} \tag{5.10}$$

⑤ 如果模板中 $\delta(i,j)=1$ 的像素少于 K 个，则表明在该模板中，$f(x,y)$是一个孤立点，这恰好满足噪声的特征，所以 $g(x,y)=\bar{f}(x,y)$，其中，$\bar{f}(x,y)$为整个模板中像素的均值。

以上，介绍了四种基本的边界保持类的平滑滤波方法。无论哪种方法，因为在平滑处理时，刻意避开了对景物边界的平滑处理，所以可大大降低对图像的模糊。

习　题

1. 请说明均值滤波器对椒盐噪声以及高斯噪声的滤波原理，并进行效果分析。
2. 设原图像为

$$f=\begin{bmatrix} 59 & 60 & 58 & 57 \\ 61 & 90 & 59 & 57 \\ 62 & 59 & 0 & 58 \\ 59 & 61 & 60 & 56 \end{bmatrix}$$

请对其进行均值滤波和中值滤波,并分析滤波结果的异同。

3. 设图像为

$$f=\begin{bmatrix} 1 & 5 & 255 & 100 & 200 & 200 \\ 1 & 7 & 254 & 101 & 10 & 9 \\ 3 & 7 & 10 & 100 & 2 & 6 \\ 1 & 0 & 8 & 7 & 2 & 1 \\ 1 & 1 & 6 & 50 & 2 & 2 \\ 2 & 3 & 9 & 7 & 2 & 0 \end{bmatrix}$$

采用下面的边界保持类的均值滤波器进行滤波,并根据结果判断图像中哪些是噪声点。

(1) 最小方差滤波器。

(2) K 近邻均值滤波器。

(3) 对称近邻均值滤波器。

(4) 西戈玛均值滤波器。

第 6 章　图像的锐化处理

图像锐化处理的主要目的是突出图像中的细节或者增强被模糊了的细节。模糊可能是由于错误操作，或者是由于图像获取方法的固有影响所导致的。例如，当图像的分辨率有限时，所获得的像素值不是一点的亮度，而是周围景物亮度的平均值。这种均值计算使图像变得模糊。因为均值处理和积分相类似，从逻辑角度可以断定，锐化处理可以用空间微分来完成。本章介绍数字微分锐化的各种定义及其实现算子。

锐化处理强度与图像在该点的突变程度有关。这样，图像微分增强了边缘和其他突变（如噪声）的信息，并削弱了灰度变化缓慢的信息。一般情况下，图像的锐化被用于景物边界的检测与提取。

6.1 图像细节的基本特征

在介绍锐化方法之前，先来分析图像中几类典型细节的灰度值分布特性。图 6.1(a) 所示是一幅包含典型细节的简单图像。图 6.1(b)是图 6.1(a)扫描线上的灰度值分布曲线。可以看到，当画面渐渐由亮变暗时，其灰度值的变化是斜坡变化的；当出现孤立点，即大多情况是噪声点时，其灰度值的变化是一个突起的尖峰；如果进入平缓变化的区域，则其灰度变化为一个平坦段；如果出现一条细线，则其灰度变化是一个比孤立点略显平缓的尖峰；当画面由黑突变到亮时，其灰度变化是一个阶跃。这些类型的灰度变化规律可以用来对图像的噪声点、细线与边缘模型化。

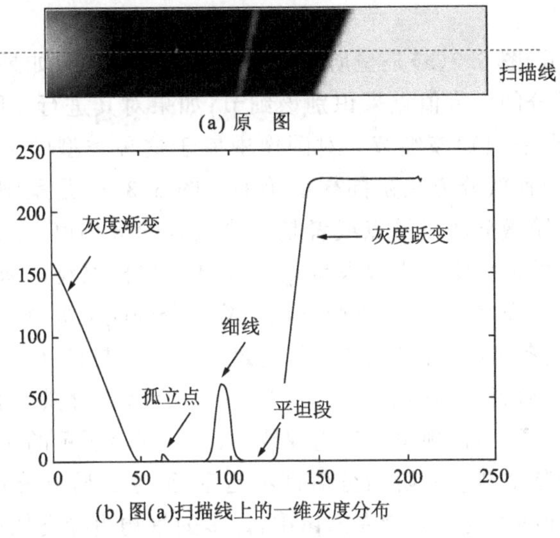

图 6.1 图像细节的灰度分布特性

从以上分析可知，图像中的细节是指画面中的灰度变化情况。反映数据变化的数学手段可以采用微分算子。

从数学的微分含义来看，"一阶微分"是描述"数据的变化率"，"二阶微分"是描述"数据变化率的变化率"。图 6.2 所示是图 6.1 所示灰度变化细节下的一阶、二阶微分的变化情况。

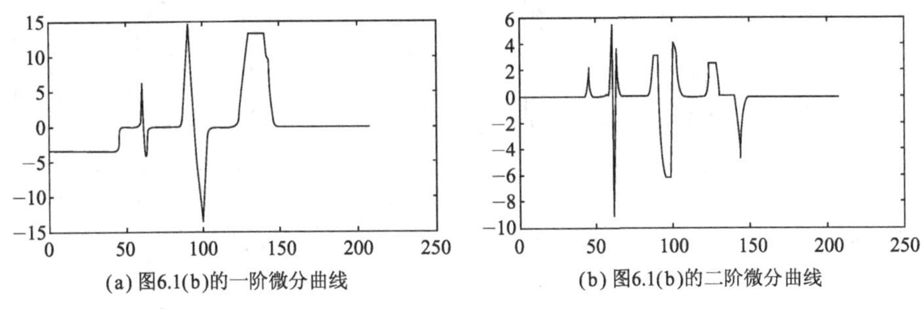

图 6.2 图像细节的微分特性

为了更便于观察，图 6.3 给出了几种典型的灰度变化模式及其相应的微分变化模式。可以看到，无论那种形式，通过一阶微分或者是二阶微分都可以进行细节的增强与检测。

如图6.3所示,图6.3(a)是呈阶跃形的灰度变化细节,如果对其进行一阶微分,可根据一阶微分的极大值点来识别该细节;如果对其进行二阶微分,则可根据二阶微分的过零点来识别该细节。对图像中属于这种类型的由暗(亮)突变到亮(暗)的边缘检测两种微分方法是同样敏感的。图6.3(b)是呈细线形的灰度变化细节,可根据其一阶微分的过零点或者是二阶微分的极小值点来识别该细节。一般情况下,图像中的孤立噪声点以及细线大多具有这样类型的灰度变化。如果是噪声,则在噪声点及周围点上,二阶微分比一阶微分的响应要强得多,当然,这是所不希望的。如果是条细线,并且这条细线的最大灰度值与孤立点相同,那么经二阶微分后的响应对于后者更强烈。最后,我们还注意到,二阶微分有一个过渡,即从正到负。在一幅图像中,该现象表现为双线。图6.3(c)所示的是斜坡渐变形的灰度变化细节,沿着整个斜坡一阶微分值都不是零,而经二阶微分后,非零值只出现在斜坡的起始处和终点处。因为在图像中,许多的景物边缘类似这种类型的过渡,由此得出结论,一阶微分产生较粗的边缘,而二阶微分得到的边缘则细得多。

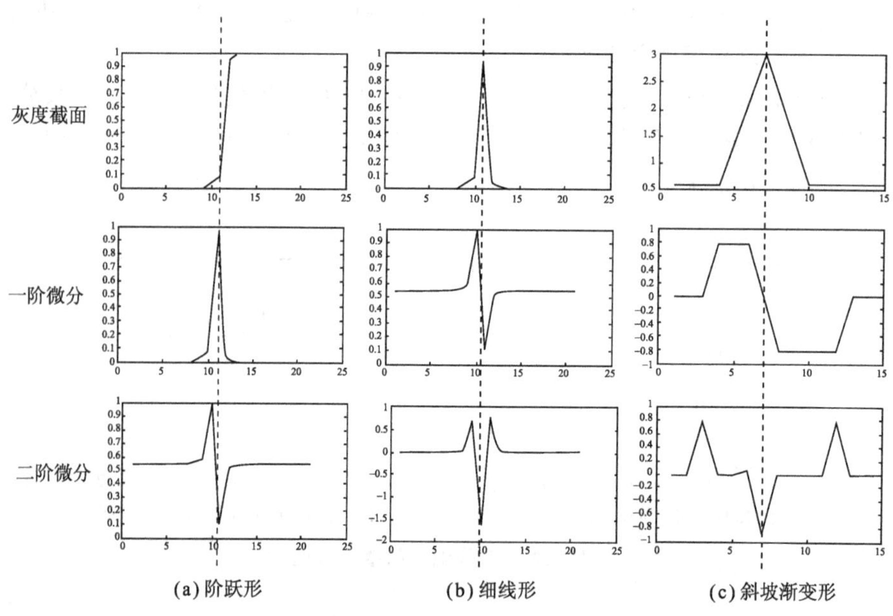

图6.3　典型的灰度变化模式与其微分变化模式

6.2 一阶微分算子

因为处理的是数字图像，数据是离散的，幅值有限，其发生的最短距离是在两相邻像素之间。因此通常在这里采用一阶差分来定义微分算子。换句话说，为了便于阐述，在这里没有区别差分和微分。对于一元函数 $f(t)$，一阶微分算子可以定义如下：

$$\nabla f(t)=f(t+1)-f(t) \tag{6.1}$$

对于二元图像（函数）$f(x,y)$，一阶微分的定义是通过梯度实现的。图像 $f(x,y)$ 在其坐标 (x,y) 上的梯度是通过一个二维列向量来定义的，即

$$\nabla \boldsymbol{f}=\begin{bmatrix} G_x \\ G_y \end{bmatrix}=\begin{bmatrix} \dfrac{\partial f}{\partial x} \\ \dfrac{\partial f}{\partial y} \end{bmatrix} \tag{6.2}$$

我们知道，一个向量不仅有大小度量，还有方向的度量。为了度量图像灰度的变化，就需要建立一种向量与数量之间的映射关系，映射关系的不同，则对应了不同的数字图像处理的一阶微分算子。在建立图像处理的一阶微分算子时，通常考虑采用像素间的拓扑结构，这样，在获得处理结果时，对其物理特性的分析就比较明确。

6.2.1 具有方向性的一阶微分算子

这类微分算子的最大特点就是可以获得图像中特定方向上的灰度变化情况。这种方法在特定的纹理分析，以及特定物体的检测等方面的应用是非常有效的。

1. 水平方向的微分算子

顾名思义，水平方向的微分算子就是要获得图像在水平方向上的变化率。水平微分算子定义如下：

$$\begin{aligned}\nabla f=&[f(x-1,y-1)-f(x+1,y-1)]+2[f(x-1,y)-f(x+1,y)]\\&+[f(x-1,y+1)-f(x+1,y+1)]\end{aligned} \tag{6.3}$$

按照图像处理的模板描述形式，式(6.3)可以表示为

$$D_{\text{level}}=\begin{bmatrix}1 & 2 & 1\\0 & 0 & 0\\-1 & -2 & -1\end{bmatrix} \tag{6.4}$$

其中,待处理像素位于模板的中心。

下面,以一个简单的例子来体会该算法。设原图像为

$$f=\begin{bmatrix}3&3&3&3&3&3\\3&5&5&5&5&3\\3&5&9&9&5&3\\3&5&9&9&5&3\\3&5&5&5&5&3\\3&3&3&3&3&3\end{bmatrix}$$

对 f 中模板罩不住的地方其处理结果令为0,其他的像素依次按照式(6.4)进行计算。例如,对 $f(2,3)$,3×3的模板下的图像子块为

$$f_m(2,3)=\begin{bmatrix}3&3&3\\5&5&5\\5&9&9\end{bmatrix}$$

计算结果为

$$g(2,3)=(3-5)+2(3-9)+(3-9)=-20$$

最终可得处理结果为

$$g=\begin{bmatrix}0&0&0&0&0&0\\0&-10&-20&-20&-10&0\\0&-4&-12&-12&-4&0\\0&4&12&12&4&0\\0&10&20&20&10&0\\0&0&0&0&0&0\end{bmatrix}$$

为了显示结果图像,最后需要将图像数据进行标准化,即通过一个简单的线性映射将$[g_{\min},g_{\max}]$映射到[0,255]。这里,对 g 的所有元素都进行+20处理,有

$$
g=\begin{bmatrix} 20 & 20 & 20 & 20 & 20 & 20 \\ 20 & 10 & 0 & 0 & 10 & 20 \\ 20 & 16 & 8 & 8 & 16 & 20 \\ 20 & 24 & 32 & 32 & 24 & 20 \\ 20 & 30 & 40 & 40 & 30 & 20 \\ 20 & 20 & 20 & 20 & 20 & 20 \end{bmatrix}
$$

2. 垂直方向的微分算子

垂直方向的微分算子就是要获得图像在垂直方向上的变化率。垂直微分算子定义如下：

$$
\begin{aligned}
\nabla f=&[f(x-1,y-1)-f(x-1,y+1)] \\
&+2[f(x,y-1)-f(x,y+1)] \\
&+[f(x+1,y-1)-f(x+1,y-1)]
\end{aligned} \tag{6.5}
$$

按照图像处理的模板描述形式，式(6.3)可以表示为

$$
\boldsymbol{D}_{\text{level}}=\begin{bmatrix} 1 & 0 & -1 \\ 2 & 0 & -2 \\ 1 & 0 & -1 \end{bmatrix} \tag{6.6}
$$

其中，待处理像素位于模板的中心。

下面，以一个简单的例子来体会该算法。设原图像为

$$
\boldsymbol{f}=\begin{bmatrix} 3 & 3 & 3 & 3 & 3 & 3 \\ 3 & 5 & 5 & 5 & 5 & 3 \\ 3 & 5 & 9 & 9 & 5 & 3 \\ 3 & 5 & 9 & 9 & 5 & 3 \\ 3 & 5 & 5 & 5 & 5 & 3 \\ 3 & 3 & 3 & 3 & 3 & 3 \end{bmatrix}
$$

对 $\boldsymbol{f}$ 中模板罩不住的地方其处理结果令为 0，其他的像素依次按照式(6.5)进行计算。例如，对例如，对 $f(2,3)$，3×3 的模板下的图像子块为

$$
\boldsymbol{f}_m(2,3)=\begin{bmatrix} 3 & 3 & 3 \\ 5 & 5 & 5 \\ 5 & 9 & 9 \end{bmatrix}
$$

计算结果为

$$
g(2,3)=(3-3)+2(5-5)+(5-9)=-4
$$

最终可得处理结果为

$$
\boldsymbol{g}=\begin{bmatrix} 0 & 0 & 0 & 0 & 0 & 0 \\ 0 & -10 & -4 & 4 & 10 & 0 \\ 0 & -20 & -12 & 12 & 20 & 0 \\ 0 & -20 & -12 & 12 & 20 & 0 \\ 0 & -10 & -4 & 4 & 10 & 0 \\ 0 & 0 & 0 & 0 & 0 & 0 \end{bmatrix}
$$

为了显示结果图像，最后需要将图像数据进行标准化，即通过一个简单的线性映射将$[g_{\min}, g_{\max}]$映射到$[0,255]$。这里，对 g 的所有元素都进行＋20 处理，有

$$
\boldsymbol{g}=\begin{bmatrix} 20 & 20 & 20 & 20 & 20 & 20 \\ 20 & 10 & 16 & 24 & 30 & 20 \\ 20 & 0 & 8 & 32 & 40 & 20 \\ 20 & 0 & 8 & 32 & 30 & 20 \\ 20 & 10 & 16 & 24 & 30 & 20 \\ 20 & 20 & 20 & 20 & 20 & 20 \end{bmatrix}
$$

图 6.4 所示是一幅实拍图像的处理效果。可以看到，通过水平锐化和垂直锐化之后，可以将图像中建筑物的水平方向的结构及垂直方向的结构清晰地表现出来。由于自然中景物的边缘往往是呈不规则形状，因此，本方法适用于对人造物体细节结构的检测。

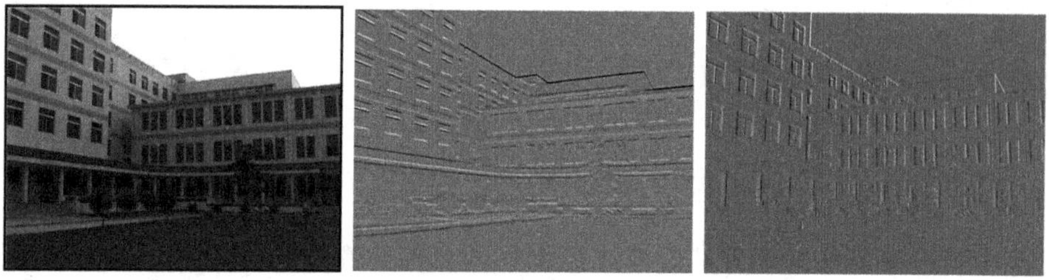

(a) 原　图

(b) 水平锐化

(c) 垂直锐化

图 6.4　具有方向性的一阶微分算子的处理结果

6.2.2 Roberts 交叉微分算子

前一节中所介绍的具有方向性的微分算子，实际上是只求出特定一个方向上的细节信息。但是，对于大多数的景物来说，求出其细节轮廓是一个非常重要的部分，而往往遇到的绝大部分景物的细节是不规则的，所以需要在二维图像的两个方向上来考虑锐化微分的计算。换句话说，需要设计各向同性的微分算子。

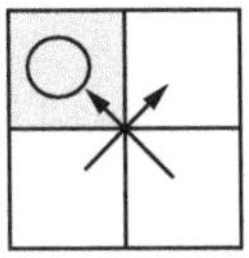

图 6.5 交叉微分的作用模板

交叉微分算子作用模板的示意图如图 6.5 所示，这是一个2×2 的模板，用"○"标识的是当前待处理像素 $f(x,y)$，则交叉微分算子定义如下：

$$\nabla f=|f(x+1,y+1)-f(x,y)|+|f(x+1,y)-f(x,y+1)| \tag{6.7}$$

按照图像处理的模板描述形式，式(6.7)可以表示为

$$\boldsymbol{D}_1=\begin{bmatrix}-1 & 0\\ 0 & 1\end{bmatrix},\quad \boldsymbol{D}_2=\begin{bmatrix}0 & -1\\ 1 & 0\end{bmatrix}$$

$$\delta_1=\boldsymbol{D}_1(f(x,y)),\quad \delta_2=\boldsymbol{D}_2(f(x,y)) \tag{6.8}$$

$$\nabla f(x,y)=|\delta_1|+|\delta_2|$$

图 6.6 交叉微分算子的处理效果

图 6.6 所示是对图 6.4(a)用 Roberts 交叉微分算子进行处理后的结果。可以看到，同样的建筑物，与图 6.4 相比，该微分算子可以提取出建筑物的细节轮廓。下面，以一个简单的例子来体会该算法。

设原图像为

$$\boldsymbol{f}=\begin{bmatrix}3 & 3 & 3 & 3 & 3\\ 3 & 8 & 7 & 6 & 3\\ 3 & 6 & 0 & 5 & 3\\ 3 & 7 & 8 & 4 & 3\\ 3 & 8 & 3 & 3 & 3\end{bmatrix}$$

对 $\boldsymbol{f}$ 中模板罩不住的地方其处理结果令为 0，其他的像素依次按照式(6.7)或式(6.8)进行计算。例如，对 $f(2,2)$，2×2 的模板下的图像子块为

$$\boldsymbol{f}_m(2,2)=\begin{bmatrix}8 & 7\\ 6 & 0\end{bmatrix}$$

计算结果为

$$g(2,2)=|0-8|+|6-7|=9$$

最终可得处理结果为

$$\boldsymbol{g}=\begin{bmatrix}0&0&0&0&0\\0&9&8&5&0\\0&9&7&3&0\\0&9&6&1&0\\0&0&0&0&0\end{bmatrix}$$

6.2.3 Sobel 微分算子

前面介绍的交叉微分算子可以获得景物细节的轮廓，因为其作用模板小，所以相对计算量也小。但是由于模板的尺寸是偶数，所以待处理像素不能放在模板的中心位置，这样处理的结果就会有半个像素的错位。Sobel 微分算子是一种奇数大小(3×3)的模板下的全方向微分算子。

Sobel 微分算子定义如下：

$$\begin{cases}\boldsymbol{D}_x=[f(x+1,y-1)-f(x-1,y-1)]\\ \qquad +2[f(x+1,y)-f(x-1,y)]\\ \qquad +[f(x+1,y+1)-f(x-1,y+1)]\\ \boldsymbol{D}_y=[f(x-1,y+1)-f(x-1,y-1)]\\ \qquad +2[f(x,y+1)-f(x,y-1)]\\ \qquad +[f(x+1,y+1)-f(x+1,y-1)]\end{cases} \tag{6.9}$$

$$\nabla f=\sqrt{\boldsymbol{D}_x^2+\boldsymbol{D}_y^2} \tag{6.10}$$

如果用图像处理的模板来表示，则有

$$\boldsymbol{D}_x=\begin{bmatrix}-1&-2&-1\\0&0&0\\1&2&1\end{bmatrix},\quad \boldsymbol{D}_y=\begin{bmatrix}-1&0&1\\-2&0&2\\-1&0&1\end{bmatrix} \tag{6.11}$$

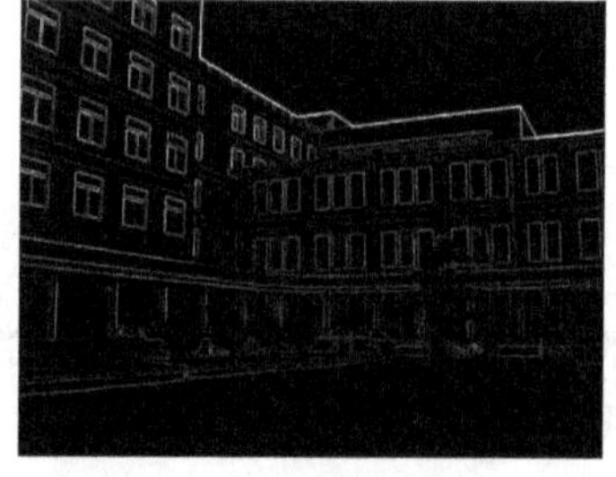

图 6.7　Sobel 微分算子的处理效果

图 6.7 所示是图 6.4(a)用 Sobel 滤波器进行处理的结果，与图 6.6 相比，在视觉上只能感觉到该微分算子所提取出的细节轮廓相对明显一些。

下面,以一个简单的例子来体会该算法。设原图像为

$$\boldsymbol{f}=\begin{bmatrix} 3 & 3 & 3 & 3 & 3 \\ 3 & 8 & 7 & 6 & 3 \\ 3 & 6 & 0 & 5 & 3 \\ 3 & 7 & 8 & 4 & 3 \\ 3 & 8 & 3 & 3 & 3 \end{bmatrix}$$

对 $\boldsymbol{f}$ 中模板罩不住的地方其处理结果令为 0,其他的像素依次按照式(6.9)进行计算。例如,对 $f(2,2)$,3×3 的模板下的图像子块为

$$\boldsymbol{f}_m(2,2)=\begin{bmatrix} 3 & 3 & 3 \\ 3 & 8 & 7 \\ 3 & 6 & 0 \end{bmatrix}$$

计算结果为

$$\begin{aligned} g(2,2) &= \sqrt{[(3-3)+2(6-3)+(0-3)]^2+[(3-3)+2(7-3)+(0-3)]^2} \\ &= 5.83 = 6(\text{取整}) \end{aligned}$$

最终可得处理结果为

$$\boldsymbol{g}=\begin{bmatrix} 0 & 0 & 0 & 0 & 0 \\ 0 & 6 & 5 & 5 & 0 \\ 0 & 3 & 7 & 4 & 0 \\ 0 & 8 & 7 & 7 & 0 \\ 0 & 0 & 0 & 0 & 0 \end{bmatrix}$$

6.2.4 Priwitt 微分算子

Priwitt 微分算子的思路与 Sobel 微分算子的思路类似,是在一个奇数大小的模板中定义其微分运算。

Priwitt 微分算子定义如下:

$$\begin{aligned} \boldsymbol{D}_x &= [f(x+1,y-1)-f(x-1,y-1)]+[f(x+1,y)-f(x-1,y)] \\ &\quad +[f(x+1,y+1)-f(x-1,y+1)] \\ \boldsymbol{D}_y &= [f(x-1,y+1)-f(x-1,y-1)]+[f(x,y+1)-f(x,y-1)] \\ &\quad +[f(x+1,y+1)-f(x+1,y-1)] \end{aligned} \tag{6.12}$$

$$\nabla f=\sqrt{\boldsymbol{D}_x^2+\boldsymbol{D}_y^2} \tag{6.13}$$

如果用图像处理的模板来表示,则有

图 6.8　Priwitt 微分算子的处理效果

$$D_x=\begin{bmatrix}-1 & -1 & -1\\ 0 & 0 & 0\\ 1 & 1 & 1\end{bmatrix},$$

$$D_y=\begin{bmatrix}-1 & 0 & 1\\ -1 & 0 & 1\\ -1 & 0 & 1\end{bmatrix} \tag{6.14}$$

图 6.8 所示是 Priwitt 微分算子的处理效果，从肉眼几乎无法区别与 Sobel 微分算子处理效果的差异。但是由于其模板系数的改变，与 Sobel 算子相比可以一定程度地增加抗干扰性。

6.3 二阶微分算子

在 6.1 节中，曾经对图像细节的一阶微分及二阶微分作用做了详细的分析，从图 6.3 也可以看到，二阶微分有着比一阶微分更加敏感的特性，尤其是对斜坡渐变的细节。本节对各向同性的二阶微分算子进行介绍。

6.3.1 Laplacian 微分算子

最简单的各向同性微分算子是拉普拉斯微分算子，一个二维图像 $f(x,y)$ 的拉普拉斯微分算子定义为

$$\nabla^2 f=\frac{\partial^2 f}{\partial x^2}+\frac{\partial^2 f}{\partial y^2} \tag{6.15}$$

$$\begin{aligned}\frac{\partial^2 f(x,y)}{\partial x^2}&=\frac{\partial f_x(x,y)}{\partial x}-\frac{\partial f_x(x+1,y)}{\partial x}\\&=[f(x,y)-f(x-1,y)]-[f(x+1,y)-f(x,y)]\\ \frac{\partial^2 f(x,y)}{\partial y^2}&=\frac{\partial f_y(x,y)}{\partial y}-\frac{\partial f_y(x,y+1)}{\partial y}\\&=[f(x,y)-f(x,y-1)]-[f(x,y+1)-f(x,y)]\end{aligned} \tag{6.16}$$

将式(6.16)代入式(6.15)，得

$$\begin{aligned}\nabla^2 f=&4f(x,y)-f(x-1,y)-f(x+1,y)\\&-f(x,y-1)-f(x,y+1)\end{aligned} \tag{6.17}$$

将(6.17)写成图像处理运算模板的形式，有

$$L_0=\begin{bmatrix} 0 & -1 & 0 \\ -1 & 4 & -1 \\ 0 & -1 & 0 \end{bmatrix} \tag{6.18}$$

图 6.9 所示是由式(6.18)给出的模板对图 6.4(a)进行处理后的效果。可以看到，由该二阶微分算子所提取出的细节较前一节中给出的一阶微分算子提出的细节多，表明了二阶微分算子在对图像细节的敏感性。

图 6.9 拉普拉斯算子的处理效果

下面，以一个简单的例子来体会该算法。设原图像为

$$\boldsymbol{f}=\begin{bmatrix} 3 & 3 & 3 & 3 & 3 \\ 3 & 8 & 7 & 6 & 3 \\ 3 & 6 & 0 & 5 & 3 \\ 3 & 7 & 8 & 4 & 3 \\ 3 & 8 & 3 & 3 & 3 \end{bmatrix}$$

对 $\boldsymbol{f}$ 中模板罩不住的地方其处理结果令为 0，其他的像素依次按照式(6.18)进行计算。例如，对 $f(2,2)$，3×3 的模板下的图像子块为

$$\boldsymbol{f}_m(2,2)=\begin{bmatrix} 3 & 3 & 3 \\ 3 & 8 & 7 \\ 3 & 6 & 0 \end{bmatrix}$$

计算结果为

$$g(2,2)=4\times8-3-6-3-7=13$$

最终可得处理结果为

$$\boldsymbol{g}=\begin{bmatrix} 0 & 0 & 0 & 0 & 0 \\ 0 & 13 & 11 & 6 & 0 \\ 0 & 6 & -26 & 7 & 0 \\ 0 & 8 & 18 & -3 & 0 \\ 0 & 0 & 0 & 0 & 0 \end{bmatrix}$$

要对其结果进行显示，则对 g 进行标准化处理($g(x,y)=g(x,y)+26$)，得

$$g=\begin{bmatrix} 26 & 26 & 26 & 26 & 26 \\ 26 & 39 & 37 & 32 & 26 \\ 26 & 32 & 0 & 33 & 26 \\ 26 & 34 & 44 & 23 & 26 \\ 26 & 26 & 26 & 26 & 26 \end{bmatrix}$$

式(6.18)给出的是在 90°旋转意义下的各向同性。如果再考虑对角线方向，则有如下所示的两个变形拉普拉斯算子：

$$\boldsymbol{L}_1=\begin{bmatrix} -1 & -1 & -1 \\ -1 & 8 & -1 \\ -1 & -1 & -1 \end{bmatrix},\boldsymbol{L}_2=\begin{bmatrix} 1 & -2 & 1 \\ -2 & 4 & -2 \\ 1 & -2 & 1 \end{bmatrix} \tag{6.19}$$

图 6.10 所示是式(6.19)给出两种变形拉普拉斯算子的处理效果。从图(a)可知，肉眼基本上看不出与基本拉普拉斯算子处理效果的不同，但是从图(b)可知，$\boldsymbol{L}_2$ 算子获得的细节信息较弱。

(a) $\boldsymbol{L}_1$的锐化效果

(b) $\boldsymbol{L}_2$的锐化效果

图 6.10　变形拉普拉斯算子的处理效果

下面，以上面给出的简单例子的处理结果数据对这三个算子进行分析。原图像为

$$f=\begin{bmatrix} 3 & 3 & 3 & 3 & 3 \\ 3 & 8 & 7 & 6 & 3 \\ 3 & 6 & 0 & 5 & 3 \\ 3 & 7 & 8 & 4 & 3 \\ 3 & 8 & 3 & 3 & 3 \end{bmatrix}$$

$\boldsymbol{L}_0$，$\boldsymbol{L}_1$，$\boldsymbol{L}_2$ 的计算结果分别为

$$g_0=\begin{bmatrix}0&0&0&0&0\\0&13&11&6&0\\0&6&-26&7&0\\0&8&18&-3&0\\0&0&0&0&0\end{bmatrix},\quad g_1=\begin{bmatrix}0&0&0&0&0\\0&36&22&21&0\\0&9&-51&6&0\\0&27&33&4&0\\0&0&0&0&0\end{bmatrix},$$

$$g_2=\begin{bmatrix}0&0&0&0&0\\0&3&11&-3&0\\0&9&-27&15&0\\0&-3&21&-13&0\\0&0&0&0&0\end{bmatrix}$$

计算所得结果数据的方差分别为$\sigma_0=11.06$,$\sigma_1=19.83$,$\sigma_2=9.70$。从方差结果可以看到,$\boldsymbol{L}_1$ 的处理效果为最强。

由于拉普拉斯是一种微分算子,它的应用强调图像中灰度的突变及降低灰度慢变换的区域。这将产生一幅把图像中的浅灰色边线和突变点叠加到暗背景中的图像。将原始图像和拉普拉斯图像叠加在一起的简单方法可以保护拉普拉斯锐化处理的效果,同时又能复原背景信息。

设原图为 $f(x,y)$,处理后的图像为 $g(x,y)$,则有

$$g(x,y)=f(x,y)+\nabla f(x,y) \tag{6.20}$$

用运算模板的形式表示即为

$$\boldsymbol{L}_3=\begin{bmatrix}0&-1&0\\-1&5&-1\\0&-1&0\end{bmatrix},\quad \boldsymbol{L}_4=\begin{bmatrix}-1&-1&-1\\-1&9&-1\\-1&-1&-1\end{bmatrix} \tag{6.21}$$

图 6.11(b)所示是采用该方法所得到的锐化结果,与原图相比,经过处理之后建筑物表面的纹理比原图清晰。

(a)原　图

(b) $\boldsymbol{L}_3$的处理效果

图 6.11　背景保持锐化效果

6.3.2 Wallis 微分算子

在第 3 章中曾经提到，因为人眼对画面信号的处理过程中有一个近似的对数运算环节，因此，通过对数运算构成非线性动态范围调整，可以得到图像的增强。

根据这个思路，Wallis 微分算子实际上就是结合拉普拉斯算子与对数算子构造出来的一种锐化算子。定义如下：

$$\nabla f(x,y)=4\log(f(x,y))-[\log(f(x-1,y))-\log(f(x+1,y)) \\ -\log(f(x,y-1))-\log(f(x,y+1))] \tag{6.22}$$

图 6.12 Wallis 微分算子的处理效果

图 6.12 所示是用 Wallis 微分算子对图 6.4(a)进行锐化处理后的结果。与图 6.9 的拉普拉斯算子处理效果相比可以看出，拉普拉斯算子对画面下部比较暗的部分的锐化比较弱，而 Wallis 算子则不存在这个问题，整个画面的锐化效果比较均衡。比较图 6.12 与图 6.9 的画面下方的灌木轮廓的提取效果，就可知 Wallis 算子对弱信息比拉普拉斯算子更敏感。

6.4 微分算子在边缘检测中的应用

从前面的讨论可知，微分算子可以提取出图像中的细节信息，景物边缘是细节信息中最具描述景物特征的部分，也是图像分析中的一个不可缺少的部分。

下面，以 Sobel 算子为例对微分算子在边缘检测中的应用进行说明。如图 6.13 所示，如果对采用 Sobel 锐化算子处理过的图像(图 6.13(a))进行判别，将图中为 0 的点(即原图中灰度没有变化的点，也就是可以肯定为非边界点)置为黑，将图中不为 0 的点置为白，则得到的结果为图 6.13(b)，可以看到画面中以白色的点为主，说明经过 Sobel 锐化处理之后，提取出了许多细节，除了景物边缘之外，还包括画面中因光照变化，或者是硬件设备带来的各种影响。显然，图 6.13(b)没有带给我们任何有用的信息。

(a) Sobel锐化结果图

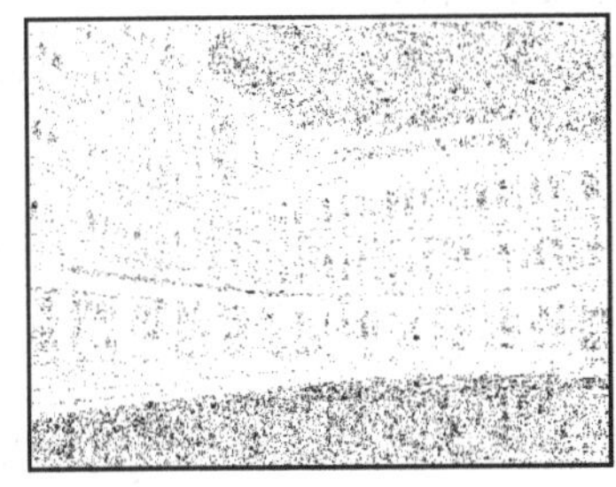

(b) 图(a)的所有细节

(c) 细节中的边界

图 6.13 基于 Sobel 锐化的边缘检测

(a) 交叉微分算子的结果

(b) sobel算子的结果

(c) Laplacian算子的结果

(d) Wallis算子的结果

图 6.14 基于微分算子的边缘检测效果比较

分析图 6.13(a),之所以可以从图 6.13(a)中看到建筑物的轮廓,是因为建筑物轮廓部分的信息较强,因此,如果设定一个阈值 Th,将图中小于 Th 的点(即原图中灰度变化较弱的点,被认为是非边界点)置为黑,将图中大于 Th 的点置为白,则得到的结果为图 6.13(c),图 6.13(c)就将建筑物的边缘信息提取出来了。

同理,对不同锐化算子处理后的图像进行相应的阈值处理,就可以获得景物的边界。图 6.14 所示是四种典型微分算子的边缘检测结果的比较。图 6.14(a),(b)是一阶微分算子的检测结果,图 6.14(c),(d)是二阶微分算子的检测结果。可以看到,二阶微分算子检测出边界的细节信息比较多,特别是图 6.14(d)将画面下部的树木轮廓都检测出来,而一阶微分算子检测出的轮廓比较粗略,但是检测出的轮廓比较清晰。

6.5 Canny 算子

从前一节的讨论可知,基于微分算子的边缘提取存在的一个比较麻烦的问题就是如何选择合适的阈值,可以使边缘从细节当中提取出来。阈值的选择不同,所提取出的边界信息就不同。如图 6.15 所示,在两个不同阈值下,采用 Sobel 锐化算子均可以提取出图 6.4(a)建筑物的边缘,但是两者有比较大的区别。这样,在边缘提取中就存在着对提取效果好坏的评价。

(a) 较大阈值下的边缘提取

(b) 较小阈值下的边缘提取

图 6.15　不同阈值下的基于 Sobel 算子的边缘提取效果比较

针对这一问题,根据边缘检测的有效性和定位的可靠性,Canny 研究了最优边缘检测器所需的特性,给出了评价边缘检测性能优劣的三个指标:

① 好的信噪比,即将非边缘点判为边缘点的概率要低,将边缘点判为非边缘

点的概率要低；

② 好的定位性能，即检测出的边缘点要尽可能在实际边缘的中心；

③ 对单一边缘仅有惟一响应，即单个边缘产生多个响应的概率要低，并且虚假响应边界应得到最大抑制。

用一句话说，就是希望在提高对景物边缘的敏感性的同时，可以抑制噪声的方法才是好的边缘提取方法。

值得庆幸的是，有一个线性算子可以在抵抗噪声与边缘检测之间获得一个最佳的折中，这个算子就是高斯函数的一阶导数。高斯函数与原图的卷积达到了抵抗噪声的作用，而求导数，则是检测景物边缘的手段。

对于阶跃形的边缘，Canny 推导出的最优边缘检测器的形状与高斯函数的一阶导数类似，因此 Canny 边缘检测器就是由高斯函数的一阶导数构成的。我们知道，高斯函数是圆对称的，因此，Canny 算子在边缘方向上是对称的，在垂直于边缘的方向上是反对称的。这就意味着该算子对最急剧变化方向上的边缘特别敏感，但在沿边缘方向上是不敏感的。

设二维高斯函数为

$$G(x,y)=\frac{1}{2\pi\sigma^2}\exp\left(-\frac{x^2+y^2}{2\sigma^2}\right) \tag{6.23}$$

其中，σ 是高斯函数的分布参数，可用以控制对图像的平滑程度。

最优阶跃边缘检测算子是以卷积 $\nabla G * f(x,y)$ 为基础的，边缘强度为 $|\nabla G * f(x,y)|$，而边缘方向为 $\rho=\nabla G * f(x,y)/|\nabla G * f(x,y)|$。

从高斯函数的定义可知，该函数是无限拖尾的，在实际应用中，一般情况下是将原始模板截断到有限尺寸 N。实验表明，当 $N=b\sqrt{2}\sigma+1$ 时，能够获得较好的边缘检测结果。

下面给出 Canny 算子的具体实现。

利用高斯函数的可分性，将 ∇G 的两个滤波卷积模板分解为两个一维的行列滤波器：

$$\frac{\partial G}{\partial x}=kx\exp\left(-\frac{x^2}{2\sigma^2}\right)\exp\left(-\frac{y^2}{2\sigma^2}\right)=h_1(x)h_2(y) \tag{6.24}$$

$$\frac{\partial G}{\partial y}=ky\exp\left(-\frac{y^2}{2\sigma^2}\right)\exp\left(-\frac{x^2}{2\sigma^2}\right)=h_1(y)h_2(x) \tag{6.25}$$

其中

$$h_1(x)=\sqrt{k}x\exp\left(-\frac{x^2}{2\sigma^2}\right),\ h_1(y)=\sqrt{k}y\exp\left(-\frac{y^2}{2\sigma^2}\right),$$

$$h_2(x)=\sqrt{k}\exp\left(-\frac{x^2}{2\sigma^2}\right),\ h_2(y)=\sqrt{k}\exp\left(-\frac{y^2}{2\sigma^2}\right),$$

$$h_1(x)=xh_2(x),\ h_1(y)=yh_2(y),\ k\text{ 为常数。}$$

将式(6.24)和式(6.25)分别与图像 $f(x,y)$卷积,得到输出

$$E_x=\frac{\partial G}{\partial x}*f(x,y),\ E_y=\frac{\partial G}{\partial y}*f(x,y) \tag{6.26}$$

令

$$A(i,j)=\sqrt{E_x^2(i,j)+E_y^2(i,j)},\ \alpha(i,j)=\arctan\left[\frac{E_y(i,j)}{E_x(i,j)}\right] \tag{6.27}$$

则 $A(i,j)$反映了图像上(i,j)点处的边缘强度,$\alpha(i,j)$是图像的点(i,j)处的法向矢量(正交于边缘方向的方向)。

根据 Canny 的定义,中心边缘点为算子 G_n 与图像 $f(x,y)$的卷积在边缘梯度方向上的区域中的最大值。这样,就可以在每一点的梯度方向上判断此点强度是否为其领域的最大值来确定该点是否为边缘点。当一个像素满足以下三个条件时,则被认为是图像的边缘点。

① 该点的边缘强度大于沿该点梯度方向的两个相邻像素点的边缘强度;

② 与该点梯度方向上相邻两点的方向差小于 45°;

③ 以该点为中心的 3×3 领域中的边缘强度极大值小于某个阈值。

此外,如果①和②同时被满足,那么在梯度方向上的两相邻像素就从候选边缘点中取消,条件③相当于区域梯度最大值组成的阈值图像与边缘点进行匹配,这一过程消除了许多虚假的边缘点。

综上所述,Canny 算子的具体算法步骤如下:

① 用高斯滤波器对图像进行滤波,去除图像中的噪声;

② 用高斯算子的一阶微分对图像进行滤波,得到每个图像的梯度强度和方向;

4	3	2
1	x	1
2	3	4

图 6.16　邻近像素关系示意图

③ 对梯度进行“非极大抑制”:梯度的方向可以被定义为如图 6.16 所示的,标识为 1,2,3,4 的属于四个区之一,各个区用不同的邻近像素用来进行比较,以决定局部极大值。例如,如果中心像素 x 的梯度方向属于第 4 区,则把 x 的梯度值与它左上和右下相邻像素的梯度值比较,看 x 的梯度值是否是局部极大值。如果不是,就把像素 x 的灰度设为 0。这个过程称为“非极大抑制”。

④ 对梯度取两次阈值,即取阈值 Th_1 和 Th_2,两者关系为 $Th_1=$

0.4Th_2。我们把梯度值小于 Th_1 的像素的灰度值设为 0，得到图像 1。然后把梯度值小于 Th_2 的像素的灰度设为 0，得到图像 2。由于图像 2 的阈值较高，去除大部分噪声，但同时也损失了有用的边缘信息。而图像 1 的阈值较低，保留了较多的信息。我们可以以图像 2 为基础，以图像 1 为补充来连接图像的边缘。

⑤ 链接边缘的具体步骤如下：

• 对图像 2 进行扫描，当遇到一个非零灰度的像素 P 时，跟踪以 P 为开始点的轮廓线，直到轮廓线的终点 Q。

• 考察图像 1 中与图像 2 中 Q 点位置对应的点 Q′的 8 邻近区域。如果在 Q′点的 8 邻近区域中有非零像素 R′存在，则将其包括到图像 2 中，作为 R 点。从 R 开始，重复第一步，直到我们在图像 1 和图像 2 中都无法继续为止。

• 当完成对包含 P 的轮廓线的连接之后，将这条轮廓线标记为已访问。回到第①步，寻找下一条轮廓线，重复第①步、第②步、第③步，直到图像 2 中找不到新轮廓线为止。

至此，完成 canny 算子的边缘检测。

图 6.17 所示是对两幅国际标准测试图像用 Canny 算子处理的效果。

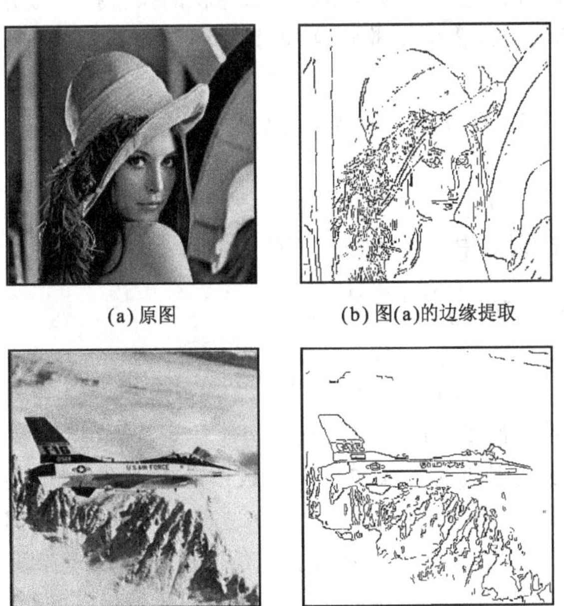

(a) 原图　　(b) 图(a)的边缘提取

(c) 原图　　(d) 图(c)的边缘提取

图 6.17　Canny 算子的边缘提取效果

6.6 LOG 滤波方法

LOG(Laplacian of Gaussian)算子是根据图像的信噪比来求出检测边缘的最优滤波器。换句话说,该方法是在对噪声的抑制和对边缘的检测两个方面综合考虑来设计的。

该方法首先采用高斯函数对图像进行平滑处理,然后采用拉普拉斯算子,根据二阶导数的过零点来检测图像的边界。LOG 算子与视觉生理中的数学模型相似,因此在图像处理领域中得到了广泛的应用。

用高斯函数

$$G(x,y,\sigma)=\frac{1}{2\pi\sigma^2}\exp\left(-\frac{1}{2\sigma^2}(x^2+y^2)\right)$$

与图像函数 $f(x,y)$进行卷积,可以得到一个平滑的图像 $f_s(x,y)$,其平滑作用可通过 σ 来控制。

因为从数学上可以证明,下面两种方法在数学意义上是等价的。

① 求图像与高斯函数的卷积,然后再求卷积的拉普拉斯微分;

② 求高斯函数的拉普拉斯微分,再求其与图像的卷积。

即

$$f(x,y)*\nabla^2 G(x,y,\sigma)=\nabla^2[f(x,y)*G(x,y,\sigma)] \tag{6.28}$$

如果采用

$$g(x,y)=f(x,y)*\nabla^2 G(x,y,\sigma) \tag{6.29}$$

来进行 LOG 滤波,则式中$\nabla^2 G$ 称为 LOG 滤波器:

$$\begin{aligned}\nabla^2 G(x,y,\sigma)&=\frac{\partial^2 G}{\partial x^2}+\frac{\partial^2 G}{\partial y^2}\\&=\frac{1}{\pi\sigma^4}\left(\frac{x^2+y^2}{2\sigma^2}-1\right)\exp\left(-\frac{1}{2\sigma^2}(x^2+y^2)\right)\end{aligned} \tag{6.30}$$

上式就是马尔和希尔德雷斯所提出的最佳边缘检测算子(简称 M-H 算子)。

图像中强度缓变形成的边缘在一阶导数中产生一个峰,二阶导数中则等价于产生的一个零交叉(二阶导数值符号变化穿过零值的位置),并且强度的变化是以不同尺度出现的。因此,用来检测强度变化的滤波器应该具有以下两个特点:

① 它应当是一个能对图像做一阶或二阶空间导数运算的微分算子;

② 它应当是可调的,能在任何需要的尺度上进行工作。这样,大尺度滤波器可用来检测图像的模糊边缘,小尺度滤波器可用来检测聚焦良好的图像细节。

由式(6.30)可以看出,LOG 滤波器由正和负两个分量组成,它类似于神经生理学所解释的激励和抑制的效应。它具有以下两个显著的特点:

① 该滤波器的高斯函数部分 G 能把图像变模糊,有效地消除一切尺度远小于高斯分布常数 σ 的图像强度变化。之所以选择高斯函数来模糊图像,是因为它在空域和频域内都是平滑、定域的,因而引入任何在原始图像中未曾出现过的变化的可能性最小;

② 该滤波器采用拉普拉斯算子∇^2可以减少计算量。

所以,找出图像中以任一给定尺度发生的强度变化的最恰当的方法是:先用算子$\nabla^2 G$对图像进行滤波,再确定滤波处理后的图像零交叉点的位置。

$\nabla^2 G$有无限长拖尾,在具体实现卷积的时候,应取一个 $N\times N$ 的窗口,在窗内进行卷积。为了避免过多地截去$\nabla^2 G$的拖尾,N 应该取得较大。通常,$N\approx 3\sigma$ 时,检测效果最好。

图 6.18 给出了对两幅国际标准测试图像应用 LOG 滤波算法进行边缘检测的实验结果。由图中可以看出,该方法能很好地检测出边缘,抗干扰能力强,边界定

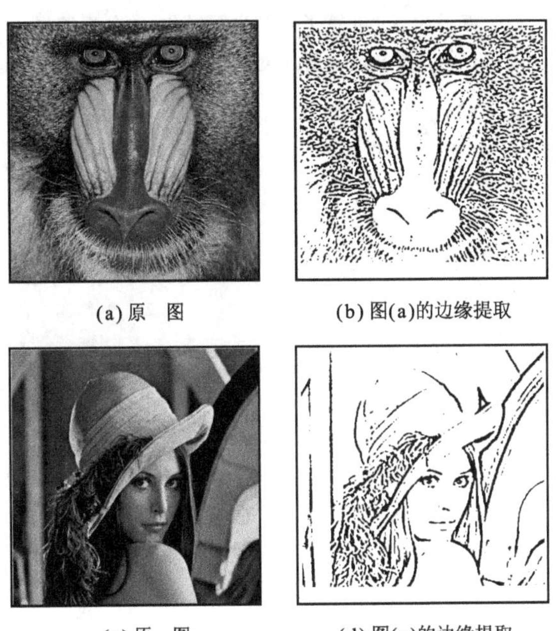

(a) 原　图　　(b) 图(a)的边缘提取

(c) 原　图　　(d) 图(c)的边缘提取

图 6.18　LOG 滤波方法的边缘检测效果

位精度较高，边缘连续性好，且能提取对比度弱的边界。

习　题

1. 图像中的细节特征大致有哪些？一般细节反映在图像中的什么地方？

2. 一阶微分算子与二阶微分算子在提取图像的细节信息时，有什么异同？

3. 如果一幅图像经过均值滤波之后变得模糊了，问采用锐化算法对该模糊图像进行处理，是否可以使图像变的清晰一些？为什么？请说明你的观点。

4. 设图像为

$$f=\begin{bmatrix} 1 & 5 & 255 & 100 & 200 & 200 \\ 1 & 7 & 254 & 101 & 10 & 9 \\ 3 & 7 & 10 & 100 & 2 & 6 \\ 1 & 0 & 8 & 7 & 2 & 1 \\ 1 & 1 & 6 & 50 & 2 & 2 \\ 2 & 3 & 9 & 7 & 2 & 0 \end{bmatrix}$$

(1) 分别采用 Roberts 算子和 Sobel 算子对其进行锐化，并分析结果。

(2) 分别采用 Laplacian 算子和 Wallis 算子对其进行锐化，并分析结果。

第 7 章　图像分割

在图像分析中，通常需要将所关心的目标从图像中提取出来，这种从图像中将某个特定区域与其他部分进行分离并提取出来的处理，就是图像分割。因为图像分割处理实际上就是区分图像中的“前景目标”和“背景”，所以通常又称之为图像的二值化处理。图像分割在图像分析、图像识别、图像检测等方面占有非常重要的地位。本章就一些典型的、基本的图像分割方法进行介绍。

图像分割方法依照分割时所依据的图像特性不同，大致可以分为三大类。第一类是阈值方法，这种方法是根据图像的灰度值的分布特性确定某个阈值来进行图像分割的；第二类为边界分割方法，这类方法是通过检测出封闭某个区域的边界来进行图像分割的。通俗地讲，这类方法实际上是沿着闭合的边缘线将其包围的区域剪切出来；第三类方法是区域提取方法，这类方法的特点是根据特定区域与其他背景区域特性上的不同来进行图像分割的。

7.1 基于图像灰度分布的阈值方法

所谓阈值方法就是确定某个阈值 Th，根据图像中每个像素的灰度值大于或小于该阈值 Th，来进行图像分割。阈值方法的数学模型如下：

设原图像为 $f(x,y)$，经过分割处理后的图像为 $g(x,y)$，$g(x,y)$ 为二值图像，则有

$$g(x,y)=\begin{cases}1, & f(x,y)\geqslant \mathrm{Th} \\ 0, & f(x,y)<\mathrm{Th}\end{cases} \tag{7.1}$$

根据式(7.1)可知，阈值方法的核心就是阈值 Th 的确定方法。

7.1.1 基于灰度直方图的峰谷方法

当图像的灰度直方图为双峰分布时，如图 7.1(b)所示，表明图像的内容大致为两个部分，分别为灰度分布的两个山峰的附近。例如，分析图 7.1(a)，(b)，直方图的左侧峰为亮度较低的部分，这部分恰好对应于画面中较暗的背景部分；直方图的右侧峰为亮度较高的部分，在这里恰好对应于画面中花的部分，选择阈值为两峰间的谷底点，按照式(7.1)，如图 7.1(c)所示，即可将花从原图中分割出来。

(a) 原　图

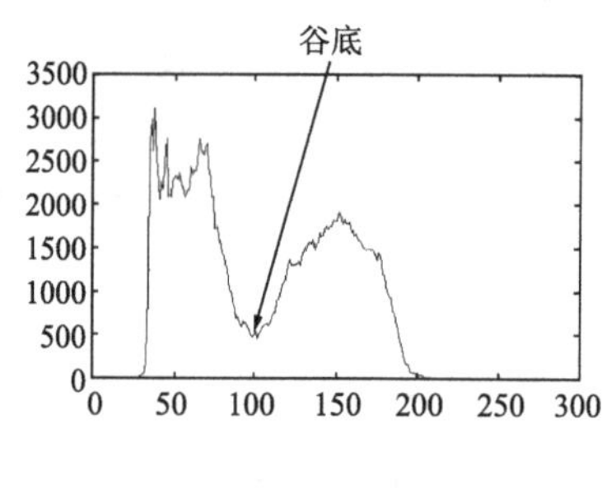

(b) 图(a)的灰度直方图

(c) 图像分割结果

图 7.1　峰谷法的图像分割效果

显然，灰度直方图的峰谷阈值方法是一种有效且非常简单的阈值方法，但是该方法有一个局限性，就是要求图像的灰度直方图必须具有双峰性。

7.1.2 p-参数法

p-参数法是针对预先已知图像中目标物所占比例的情况下，所采用的一种简单且有效的方法。p-参数法的基本思路是，选择一个值 Th，使前景目标物所占的比例为 p，背景所占比例为 $1-p$。

根据上面的原理，p-参数法的具体步骤如下：

① 首先获得理想状态下的目标物所占画面的比例 p。

$$p=\frac{N_{\text{object}}}{N_{\text{image}}} \tag{7.2}$$

其中，N_{object}为目标物的像素点数；N_{image}为图像的总像素点数。

② 计算图像的灰度分布 $p_i(i=0,1,2,\cdots,255)$。

$$p_i=\frac{N_i}{N_{\text{image}}} \tag{7.3}$$

其中，N_i 为图像中灰度值为 i 的像素个数。

③ 计算累计分布 $P_k(k=0,1,2,\cdots,255)$。

$$P_k=\sum_{i=0}^{k} p_i \tag{7.4}$$

④ 计算阈值 Th。

$$\text{Th}=\{k\,|\,\min_k|P_k-p|\} \tag{7.5}$$

图 7.2 所示是一个采用 p-参数法对两幅印章图像(图 7.2(a)，图 7.2(d))进行图像分割的例子。在进行印章的真伪自动鉴别中，一个最关键的步骤就是对印章的提取。因为盖印条件的差异，即使是相同的印章，也不能采用固定的阈值来进行图像的分割。如图 7.2(b)，7.2(e)所示，灰度分布的两峰之间的谷底是一个很宽的平坦段，要采用峰谷法很难确定适当的阈值。在这个例子中，事先可以从理想的印章中获得印章在图像中所占的像素比为 $p=15.07\%$，按照式(7.2)～式(7.5)计算得到两幅印章图像的阈值分别为 Th(a)=212(见图 7.2(a))，Th(d)=230(见图 7.2(d))。从图 7.2(c)，(f)可以看到，采用该方法可以获得好的图像分割效果。

7.1.3 均匀性度量法

均匀性度量方法的设计思想是，假设当图像被分为目标物和背景两个类别时，属于同一类别内的像素值分布应该具有均匀性。

在这里采用方差来度量像素间的均匀性。设原图像为 $f(x,y)$，结果图像为

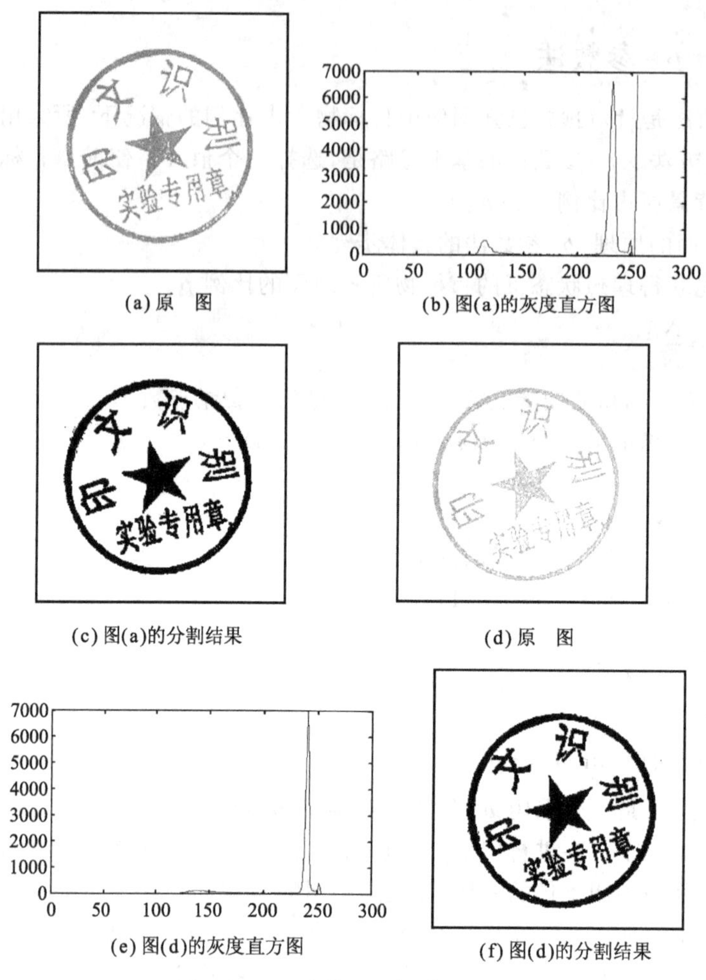

(a) 原 图
(b) 图(a)的灰度直方图
(c) 图(a)的分割结果
(d) 原 图
(e) 图(d)的灰度直方图
(f) 图(d)的分割结果

图 7.2 *p*-参数法的图像分割效果

$g(x,y)$。通过图像分割将原图像分为 C_1 和 C_2(即背景与目标)两类,则算法步骤如下:

① 给定一个初始阈值 $\mathrm{Th}=\mathrm{Th}_0$,将图像分为 C_1 和 C_2 两类;

② 分别计算两类中的方差 σ_1^2 和 σ_2^2;

$$\sigma_i^2=\sum_{(x,y)\in C_i}(f(x,y)-\mu_i)^2 \tag{7.6}$$

$$\mu_i = \frac{1}{N_{C_i}} \sum_{(x,y)\in C_i} f(x,y) \quad (i=1,2) \tag{7.7}$$

其中，N_{C_i} 为第 i 类中的像素个数。

③ 分别计算两类在图像中的分布概率 p_1 和 p_2；

$$p_i = \frac{N_{C_i}}{N_{\text{image}}} \quad (i=1,2) \tag{7.8}$$

其中，N_{image} 为图像中的总像素数。

④ 选择最佳的阈值 Th＝Th*，使得图像按照该阈值分为 C_1 和 C_2 两类后，满足

$$[p_1 \cdot \sigma_1^2 + p_2 \cdot \sigma_2^2]|_{\text{Th}=\text{Th}^*} = \min\{p_1 \cdot \sigma_1^2 + p_2 \cdot \sigma_2^2\} \tag{7.9}$$

图 7.3 所示是采用该方法对一幅国际标准测试图像进行处理的结果，经过计算得到该图例的分割阈值为 Th*＝82。

(a) 原图

(b) 图像分割结果

图 7.3 均匀性度量法的图像分割效果

7.1.4 类间最大距离法

类间最大距离方法的设计思想是，在某个适当的阈值下，图像分割后的前景目标与背景两个类之间的差异最大为最佳分割。在这里两个类别（目标与背景）的差异，用两个类别中心与阈值之间的距离差来度量。

根据以上的思想，该方法的具体步骤如下：

① 给定一个初始阈值 Th＝Th$_0$，将图像分为 C_1 和 C_2 两类；

② 分别按照式(7.7)计算两类中的灰度均值 μ_1 和 μ_2；

③ 计算相对距离度量值 S：

图 7.4　类间最大距离法的处理效果

$$S=\frac{(\mu_2-\text{Th})\cdot(\text{Th}-\mu_1)}{(\mu_2-\mu_1)^2} \tag{7.10}$$

④ 选择最佳的阈值 $\text{Th}=\text{Th}^*$，使得图像按照该阈值分为 C_1 和 C_2 两类后，满足

$$S|_{\text{Th}=\text{Th}^*}=\max\{S\} \tag{7.11}$$

图 7.4 所示是采用该方法对一幅国际标准测试图像进行处理的结果，经过计算得到该图例的分割阈值为 $\text{Th}^*=88$。

7.1.5 最大熵方法

熵　是信息论中对不确定性的度量，是对数据中所包含信息量大小的度量。熵取最大值时，就表明获得的信息量为最大。

在介绍本方法之前，先简单对熵的数学定义进行论述。

设一些事件以概率 $p_1,p_2,\cdots,p_s$ 发生，则这些事件发生的信息量，即熵定义为

$$E_i=-p_i\cdot\ln p_i\quad(i=1,2,\cdots,s) \tag{7.12}$$

由于 $p_1+p_2+\cdots+p_s=1$，所以可以证明当 $p_1=p_2=\cdots=p_s$ 时熵取最大值，也就是说，得到的信息量最大。

最大熵方法的设计思想是，选择适当的阈值将图像分为两类，两类的平均熵之和为最大时，可从图像中获得最大信息量，以此来确定最佳阈值。

根据上面的原理，最大熵方法的具体步骤如下：

① 求出图像中的所有像素的分布概率 $p_0,p_1,\cdots,p_{255}$（图像的灰度分布范围为[0,255]）；

$$p_i=\frac{N_i}{N_{\text{image}}}\quad(i=0,1,\cdots,255) \tag{7.13}$$

其中，N_i 为灰度值为 i 的像素个数；N_{image} 为图像的总像素数。

② 给定一个初始阈值 $\text{Th}=\text{Th}_0$，将图像分为 C_1 和 C_2 两类；

③ 分别计算两个类的平均相对熵

$$E_1=-\sum_{i=0}^{\text{Th}}(p_i/p_{\text{Th}})\cdot\ln(p_i/p_{\text{Th}}),$$

$$E_2=-\sum_{i=\text{Th}+1}^{255}(p_i/(1-p_{\text{Th}}))\cdot\ln(p_i/(1-p_{\text{Th}})) \tag{7.14}$$

其中，$p_{\mathrm{Th}}=\sum_{i=0}^{\mathrm{Th}} p_i$。

④ 选择最佳的阈值 Th=Th*，使得图像按照该阈值分为 C_1 和 C_2 两类后，满足

$$[E_1+E_2]|_{\mathrm{Th}=\mathrm{Th}^*}=\max\{E_1+E_2\} \tag{7.15}$$

图 7.5 所示是采用该方法对一幅国际标准测试图像进行处理的结果，经过计算得到该图例的分割阈值为 Th* =125。

图 7.5 最大熵法的处理效果

7.1.6 最大类间、类内方差比法

从统计意义上讲，方差是表征数据分布不均衡性的统计量，要通过阈值对两类问题进行分割，显然，适当的阈值使得两类数据间的方差越大越好，表明该阈值的确将两类不同的问题区分开了，同时希望属于同一类问题的数据之间的方差越小越好，表明同一类问题具有一定的相似性。因此可以采用类内、类间方差比来作为选择阈值的评价参数。

根据以上的设计思想，该方法的具体步骤如下：

① 求出图像中的所有像素的分布概率 $p_0,p_1,\cdots,p_{255}$（根据式(7.13)）；

② 给定一个初始阈值 Th=Th$_0$，将图像分为 C_1 和 C_2 两类；

③ 根据式(7.6)计算两类的方差 σ_1^2 和 σ_2^2，灰度均值 μ_1 和 μ_2，以及图像的总体灰度均值 μ；

$$\mu=\frac{1}{N_{\mathrm{image}}}\sum_{i=1}^{m}\sum_{j=1}^{n} f(i,j) \tag{7.16}$$

其中，N_{image} 为图像的总像素数。

④ 计算两类问题的发生概率 P_1 和 P_2；

$$P_1=\sum_{i=0}^{\mathrm{Th}} p_i,\ P_2=1-P_1 \tag{7.17}$$

⑤ 计算类间方差 σ_b^2，类内方差 σ_{in}^2；

$$\sigma_b^2=P_1\cdot(\mu_1-\mu)^2+P_2(\mu_2-\mu)^2 \tag{7.18}$$

$$\sigma_{in}^2=P_1\cdot\sigma_1^2+P_2\cdot\sigma_2^2 \tag{7.19}$$

⑥ 选择最佳阈值 Th=Th*，使得图像按照该阈值分为 C_1 和 C_2 两类后，满足

$$\eta|_{\mathrm{Th}^*}=\max\left\{\frac{\sigma_b^2}{\sigma_{in}^2}\right\} \tag{7.20}$$

图 7.6 最大类间、类内方差比方法的图像分割结果

图 7.6 所示是采用该方法对一幅国际标准测试图像进行处理的结果，经过计算得到该图例的分割阈值为 $Th^* = 84$。

7.1.7 聚类方法

所谓聚类方法，是采用模式识别中的聚类思想，以类内保持最大相似性以及类间保持最大距离为目标，通过迭代优化获得最佳的图像分割阈值。

根据以上的设计思想，该方法的具体步骤为

① 给定一个初始的代表两个类别 C_1 和 C_2 的中心灰度值 μ_1 和 μ_2，两类的方差 σ_1^2 和 σ_2^2；

② 进行分类处理，对某个像素，若 $|f(x,y)-\mu_1| \leqslant |f(x,y)-\mu_2|$，则 $f(x,y) \in C_1$，否则，$f(x,y) \in C_2$；

③ 对 C_1 和 C_2 中的所有像素分别重新计算其中心点的值 $\hat{\mu}_1$ 和 $\hat{\mu}_2$，中心点的值取每个类的均值，按照式(7.7)计算，同时计算两类的方差 $\hat{\sigma}_1^2$ 和 $\hat{\sigma}_2^2$；

④ 如果 $\hat{P}_1 \cdot \hat{\sigma}_1^2 + \hat{P}_2 \cdot \hat{\sigma}_2^2 < \hat{P}_1 \cdot \hat{\sigma}_1^2 + \hat{P}_2 \cdot \hat{\sigma}_2^2$，则返回②，否则

将该分类结果作为最终结果输出。

其中，$\hat{P}_1, \hat{P}_2$ 为新分类中的两类像素分布概率；P_1, P_2 为前一次分类中的两类像素分布概率，按式(7.17)计算。

图 7.7 聚类方法的分割效果

图 7.7 所示是采用该方法对一幅国际标准测试图像进行处理的结果，经过计算得到该图例的分割阈值为 $Th^* = 91$。

7.1.8 局部阈值方法

前面给出了七种常用的阈值方法，对于较为简单的图像(即目标与背景比较容易区分)，上面的方法简单且有效。但是，对于较为复杂的图像，则往往会产生一些问题。

图 7.8 给出了一个提取水中气泡的示例[43,52]。如图 7.8(a)所示，因为光照不均(光源位于画面的左侧)的缘故，如果采用单一阈值(即使是前面所介绍的最佳阈值方法)进行分割，如图 7.8(b)所示，会导致远离光源的右侧的气泡区域，提取出的面积远远小于实际面积，这样，就会影响后续进行定量分析的结果。但是，如果

将图像进行一定的等分，在每个子块上，光照不均的影响就可以忽略不计，这时，在每个子块上采用前面给出的阈值方法，最终，如图 7.8(c)所示，就可以达到理想的效果。

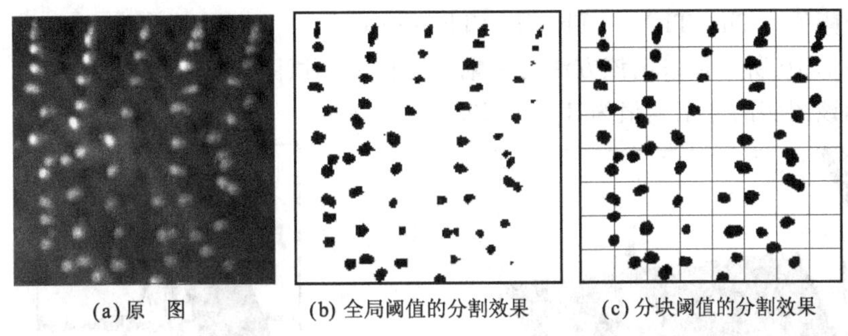

(a) 原　图　　(b) 全局阈值的分割效果　　(c) 分块阈值的分割效果

图 7.8　分块局部阈值的分割效果

7.2　基于图像灰度空间分布的阈值方法

前一节中所采用的阈值可以称作为全局阈值(或者是单一阈值)，即对整个图像采用一个被确定为最佳的单一阈值进行分割处理。因此这类方法只对比较简单的图像有效。

我们知道，图像之所以可以呈现给大家景物的概念，是因为像素与像素之间存在着一定的相关性，如果在确定阈值时，除了当前像素本身的灰度值外，再考虑其与邻近像素之间的关系，就可以获得更加科学的判别分割。

7.2.1　灰度-局部灰度均值散布图法

在前面的边界保持类平滑滤波器的讨论中曾经提到，如果某个像素与其周围邻域中的均值偏差大，则说明该点是边界上的点或者是噪声点。依据这个原理，灰度-局部灰度均值散布图法的设计思想是，以图像的灰度为横轴，局部灰度均值(如 3×3 模板下的均值)为纵轴，构造一个图像分布的散布图，如图 7.9 所示，是图 7.3(a)的灰度-局部灰度均值散布图。对于对角线上的点分布，对应于目标或者背景内部的点，对于离开对角线的点，则对应于区域边界上的点。

根据以上的分析,下面给出该方法的具体步骤:

① 给定一个初始阈值 $Th=Th_0=(Th_0(x),Th_0(y))$,将图像分为 C_1 和 C_2 两类;

② 按照均匀性度量方法(注:也可以是任何一种灰度分布阈值的评价方法)获得最佳阈值。$Th=Th^*=(Th^*(x),Th^*(y))$。

图7.10所示是采用该方法对一幅国际标准测试图像进行处理的结果,经过计算得到该图例的分割阈值为 $Th^*=(93,93)$。

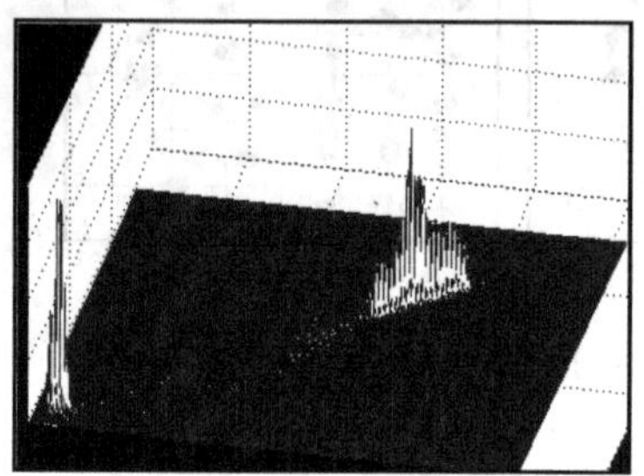

图7.9 灰度-局部灰度均值散布图

图7.10 灰度-局部灰度均值散布图法处理效果

7.2.2 二维熵法

二维熵法方法的设计思想是,采用二维熵来度量像素以及其邻域中像素之间的信息相关性。度量邻域相关信息,最简单有效的方法是以其一定大小模板(如3×3模板)中的像素灰度均值来描述。这样,当空间相关信息量为最大时,认为为最佳阈值。

根据以上的设计思想,二维熵方法的具体步骤如下:

① 对每一个像素计算其联合概率 $p(i,j)$;

$$p(i,j)=\frac{N_{ij}}{N_{\text{image}}}\quad(i=0,1,\cdots,255,j=0,1,\cdots,255)\tag{7.21}$$

其中,N_{ij} 为图像中,像素灰度值为 i,模板中像素均值为 j 的像素个数;N_{image} 为图像的总像素数。

② 给定一个初始阈值 $Th_{st}=Th_{st}(0)$,将图像分为 C_1 和 C_2 两类;

③ 分别计算两个类的平均相对二维熵

$$E_1=-\sum_{i=1}^{s}\sum_{j=1}^{t}(p_{ij}/p_{st})\cdot\ln(p_{ij}/p_{st}),$$

$$E_2 = -\sum_{i=s+1}^{255}\sum_{j=t+1}^{255}(p_{ij}/(1-p_{st}))\cdot\ln(p_{ij}/(1-p_{st})) \tag{7.22}$$

其中，$p_{st}=\sum_{i=1}^{s}\sum_{j=1}^{t}p_{ij}$；

④ 选择最佳的阈值 $Th_{st}=Th_{st}^*$，使得图像按照该阈值分为 C_1 和 C_2 两类后，满足

$$[E_1+E_2]|_{Th_{st}=Th_{st}^*}=\max\{E_1+E_2\} \tag{7.23}$$

图 7.11 二维熵方法的图像分割效果

如图 7.11 所示是采用该方法对一幅国际标准测试图像进行处理的结果，经过计算得到该图例的分割阈值为 $Th^*=(88,94)$。

7.3 边缘检测法

关于边缘检测类的阈值方法，在前一章中的边缘检测一节中已经介绍了 Canny 算子以及 LOG 滤波方法下的边缘检测。这些方法都是通过对边缘变化率的分析而获得的。

本节介绍在另外思路下的边缘检测类的阈值方法。

7.3.1 梯度直方图法

用梯度算子(即微分算子)作用于原图像，计算出像素的梯度值。由于目标和背景内部的像素具有较低的梯度值，而其边界具有较高的梯度值，因此，可以通过对图像中梯度值的统计来进行阈值的选取。

图 7.12(a)所示是对图 7.3(a)进行 Sobel 锐化后得到的梯度图的梯度值统计直方图。显然，由于图像中像素间的相关性较强，所以低梯度(接近 0 处)的像素个数为大多数，从该直方图没办法获得直接选择阈值的提示信息。为此，对该直方图进行修正，获得一个加权梯度直方图。

加权梯度直方图的设计方法是，通过对梯度分布进行加权修正，增大直方图的分布细节，一般采用的方法是，对高梯度区加较大的权值，以减小均匀区域内像素点对直方图的贡献，增加边界上的点对直方图的贡献。如图 7.12(b)所示，通过这样的处理之后，选择第一个峰值为最佳阈值点即可。

图 7.12(c)所示，是采用该方法对一幅国际标准测试图像进行处理的结果，经过计算得到该图例的分割阈值为 $Th^*=19$。

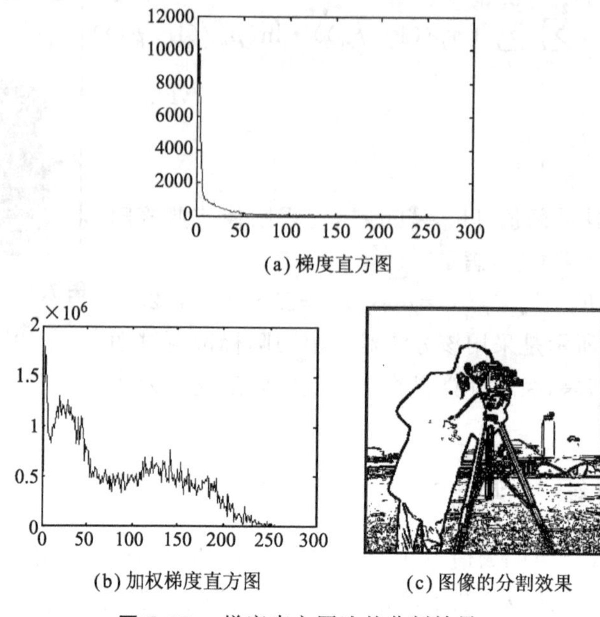

(a) 梯度直方图

(b) 加权梯度直方图 (c) 图像的分割效果

图 7.12 梯度直方图法的分割效果

7.3.2 复差分法

无论是梯度直方图法，还是 LOG 算法，Canny 算法，对于复杂图像来说，都很难进行理想处理。特别是对于医学图像，由于人体组织的复杂性，使得这些经典的算法往往难以奏效。本节以肾小球组织切片图像为例，介绍一种较为复杂的处理方法。当然，考虑到篇幅所限，在这里只将方法的核心思想进行介绍，读者如果有需要，可以参考相关的参考文献[20～24]。

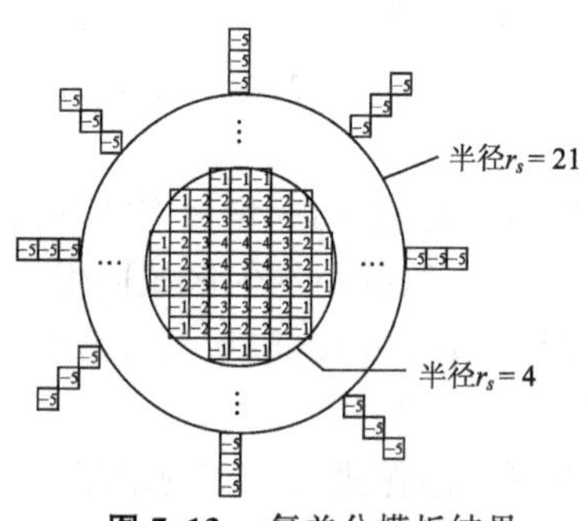

图 7.13 复差分模板结果

对于如图 7.14(a)所示的肾组织切片图像，可以看到，因为肾小球的生理组织特性，一般情况下，围绕肾小球的空腔部分，经过切片染色成像之后，在图像中形成了一个较亮的环形带，为了将该环形带作为肾小球区域的边界提取出来，以如图 7.13 所示的模板对原图进行锐化处理。因为根据模板结构对一个像素可以获得 84 个差分值，因而被定义为复差分方法。

由于这84个差分值构成了一个84维的特征向

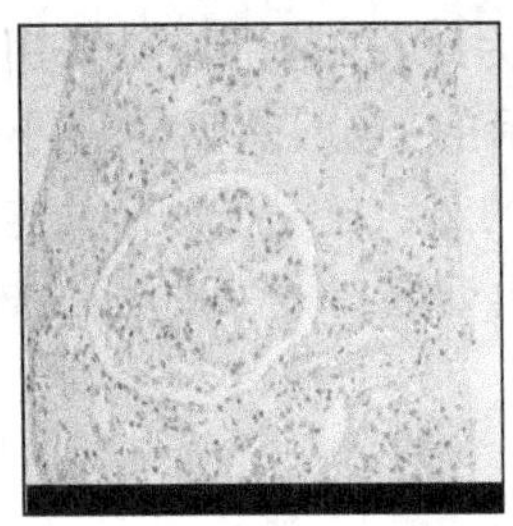

(a) 原　图

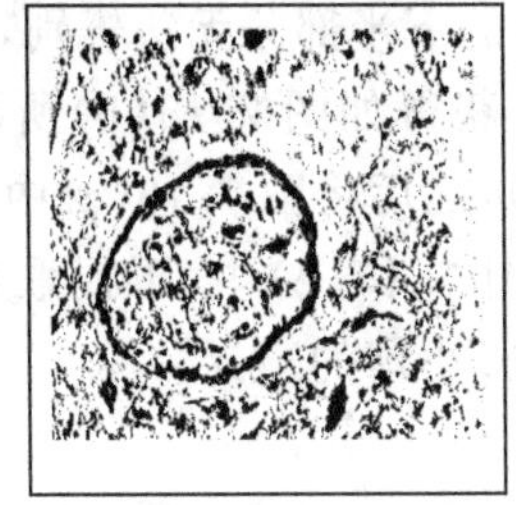

(b) 肾囊壁二值化

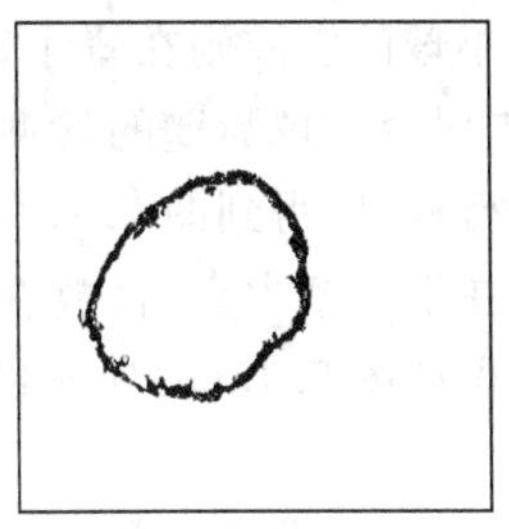

(c) 提取出的肾小球边缘

图 7.14　复梯度方法的图像分割效果

量，因此只有通过神经元网络进行学习，才能获得对边界与非边界的判别，如图 7.14(b)所示，在得到图 7.14(b)之后，就很方便获得包围肾小球的闭合边界如图 7.14(c)所示。

7.3.3 综合边缘检测法

所谓综合边缘检测法，实际上就是通过两种以上的方法获得不同的边界信息，通过对不同边界信息的综合，最终获得所需要的结果。这里，也以一个肾小球边界的检测为例，对该类算法的核心思想进行说明。

如图 7.15(a)所示，肾小球的上半部分的肾小球囊壁已经在图中看不见了，而

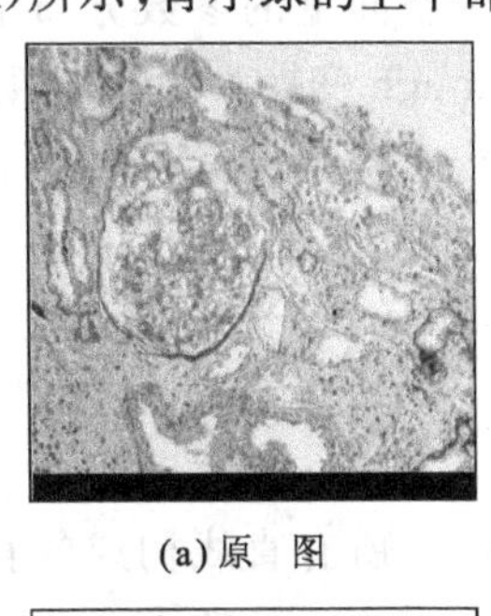

(a) 原　图

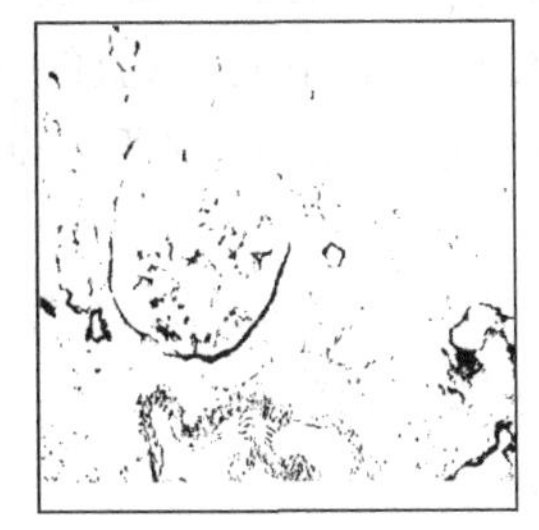

(b) 肾小球囊壁二值化

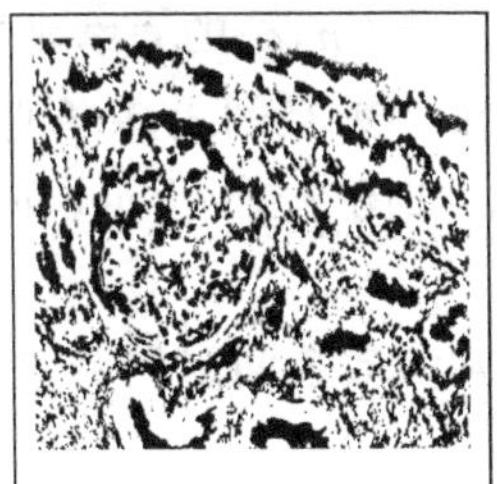

(c) 空腔二值化

(d) 边缘的提取

图 7.15　综合边缘检测方法的图像分割效果

围绕肾小球的空腔则在肾小球的下半部分无法辨别，为此，在这里可以采用两种方法，首先对肾小球囊壁的检测，获得如图 7.15(b)所示的部分，然后对肾小球空腔部分进行检测，得到图 7.15(c)，之后将图 7.15(c)中的最大连通域(有关连通域的概念将在下一章中介绍)放在图 7.15(b)中，再提取出两者综合后的最大连通域，即可获得如图 7.15(d)所示的肾小球的边界。

7.4 区域提取方法

区域提取方法是根据特定区域的特性，将该区域从图像中分割出来。显然，这类方法的核心，就是如何对区域的特性进行恰当的描述，以及如何根据该特性进行区域分割。

7.4.1 已知形状的曲线检测

如果要对图像中已知的直线、曲线、圆等形状曲线进行检测，一种非常有效的方法是 Hough 变换方法。

Hough 变换的核心思想是建立一种点-线的对偶性关系，使得图像在变换前为图像空间，而变换后为参数空间，通过对参数空间上的参数分布情况的分析，对已知形状的曲线进行检测。下面，以直线的 Hough 变换为例，对其原理进行描述。

在图像空间中，过点(x,y)的所有直线构成的直线簇，可由下面的方程式表示：

$$y=mx+c \tag{7.24}$$

(x,y)是图像空间上的点，(m,c)为参数空间上的点。

将式(7.24)变形后，有

$$c=-xm+y \tag{7.25}$$

由式(7.25)知，在图像空间中过点(x,y)的所有直线构成的直线簇，在参数空间上是一条直线。同理，在参数空间上所有过点(m,c)的直线所构成的直线簇，对应了图像空间上的一条直线。这样，通过求出参数空间上多条直线的交点(m,c)，即可检测出空间上由式(7.24)表示的直线。如图 7.16 所示，即为 Hough 变换的点、线对应关系，这种对应关系具有对偶性。

为了避免垂直直线检测时出现问题，通常参数空间采用极坐标系的形式，即

$$\rho=x\cos\theta+y\sin\theta \tag{7.26}$$

根据以上给出的 Hough 变换的原理，给出检测直线的算法具体步骤如下：

① 假设原图为二值图像，如图 7.17 所示，扫描图中的每一个像素点，如果当

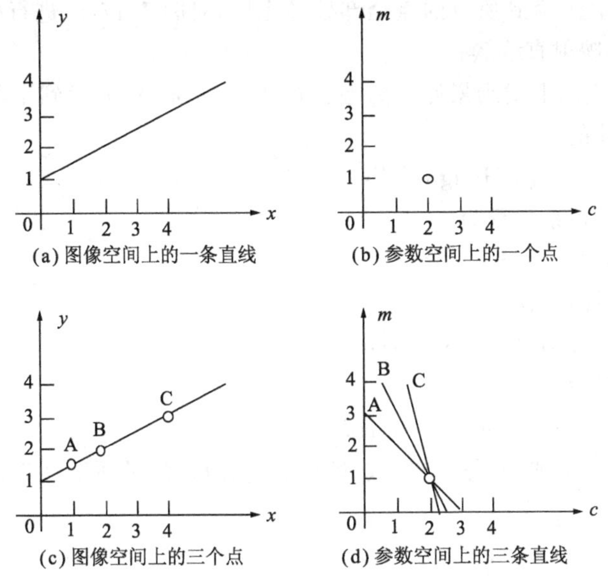

(a) 图像空间上的一条直线　(b) 参数空间上的一个点

(c) 图像空间上的三个点　(d) 参数空间上的三条直线

图 7.16　图像空间与参数空间的对应关系示意图

前点为背景点(图 7.17 中白色的像素点),则不作任何处理,进行下一点的扫描。如果当前点为目标点(图 7.17 中的黑色像素点),则按照式(7.25)获得参数空间上的一条直线;

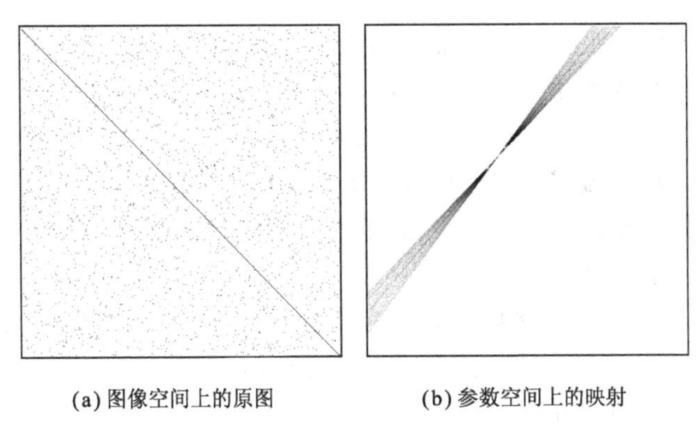
(a) 图像空间上的原图　(b) 参数空间上的映射

图 7.17　Hough 变换检测直线

② 给参数空间上获得的直线上的值累加 1;

③ 循环①,②,直到所有的点全部处理完毕,对图 7.17(a)进行处理,即可的图 7.17(b)所示的映射直线簇;

④ 在参数空间上找到累计值为最大的点(c^*,m^*),即找到了与之对应的,由式(7.24)所描述的直线。

下面来看一下圆的 Hough 变换。

圆的直角坐标系方程为

$$(x-x_0)^2+(y-y_0)^2=r^2 \tag{7.27}$$

在极坐标系的方程为

$$x=x_0+r\cos\theta,\ y=y_0+r\sin\theta \tag{7.28}$$

则圆的参数方程为

$$x_0=x-r\cos\theta,\ y_0=y-r\sin\theta \tag{7.29}$$

显然,确定一个圆需要三个参数,即(x_0,y_0,r)。为了便于计算,对式(7.29)进行整理有

$$y_0=x_0\tan\theta-x\tan\theta+y \tag{7.30}$$

通过式(7.30)即可得到圆在参数空间上的映射。角度 θ 当前点的梯度角。

根据以上原理,基于 Hough 变换的圆检测算法的具体步骤如下:

① 求原图的梯度及梯度方向,这里给出一种计算方法。

1	8	7
2	○	6
3	4	5

图 7.18 梯度模板示意图

计算梯度时,可采用如图 7.18 所示的模板。首先用中心像素(即当前的待处理像素)与其周围的 8 个像素分别求差分,然后取绝对值为最大的一点为当前点的梯度值,因为式(7.30)中只有正切函数值,所以只需存储相应方向的正切函数值即可。换句话说,当最大值处在 1 或 5 的位置上,值为 −1($\tan(135°)=\tan(315°)=-1$),同理,2 或 6 的位置上值为 0,3 和 7 的位置上值为 1,考虑到 $\tan(90°)=\tan(270°)=\infty$,再考虑到图像中去掉若干个点不影响对圆的检测,对 4 和 8 位置上的点,其梯度值及角度的正切值同时置为 0,表明该点不参加运算。

② 按照式(7.30)获得参数空间上的直线,对直线上的点累计值加 1。

③ 循环①,②,直到所有的点全部处理完毕,对图 7.19(a)进行处理,即可得图 7.19(b)所示的映射直线簇;

④ 在参数空间上找到累计值为最大的点(x_0^*,y_0^*),即找到了与之对应的,由式(7.30)所描述的圆的圆心。

⑤ 获得圆心坐标之后,代入图像空间的方程式(7.27),即可得到圆的半径。

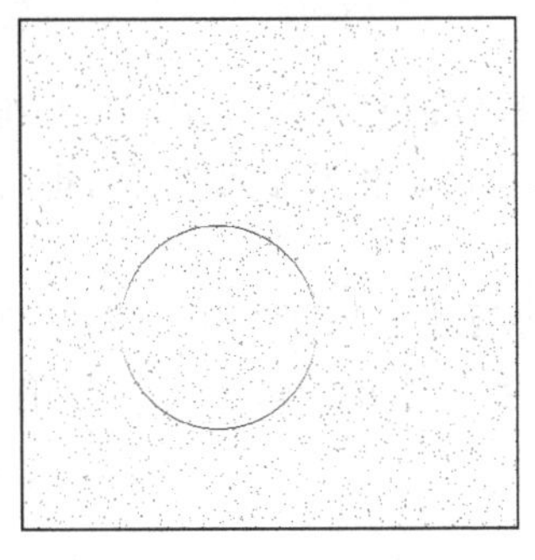

(a) 图像空间上的原图

(b) 参数空间上的映射

图 7.19 Hough 变换检测圆

7.4.2 区域生长法

上一节已给出了已知形状曲线的检测方法,但是,大多数的区域分割都是非规则图形,因此本节介绍一种基于区域整体特性的图像分割方法。

我们知道,图像分割的目的是要把一幅图像划分成一些区域,最直接的方法就是把点组成区域。要实现这一目的,首先要确定区域的数目,其次要确定一个区域与其他区域相区别的特征,最后要产生有意义分割的相似性判据。由此,假定已知要划分的区域数目以及每个区域内某一点的位置,就可以推导出图像分割的一种算法即区域生长法。

区域生长的基本思想是将具有相似性质的像素集合起来构成区域。首先,对每个要分割的区域找一个种子点,然后将种子像素周围邻域中与种子像素有相同或相似性质的像素合并到种子像素所在的区域中。将这些新像素当作新的种子点继续进行上面的过程,直到没有满足条件的像素点时停止生长。其中相似性准则可以是灰度级、彩色、组织、梯度或其他特性。相似性的测度可以由所确定的阈值来决定。

图 7.20 所示是区域生长方法的原理示意图。假设原图(图 7.20(a)中标记为灰色)的(3,3)为种子点,生长准则为相邻点的灰度级与种子点的灰度级之差小于 3。根据这一准则获得的区域生长的结果如图 7.20(b)所示。

从上面的简单例子可以知道,区域生长方法的实现有三个关键点,①种子点的选取;②生长准则的确定;③区域生长停止的条件。

选取的种子点可以是单个像素,也可以是包括若干个像素的子区域,原则上是待提取区域的具有代表性的点。

生长准则原则上是评价与种子点相似程度的相似性度量。生长准则大多采用的是与种子点的距离度量。种子点可以随着区域的生长而变化,也可以设定为一个固定的数值。

区域生长的停止条件,对于渐变区域进行生长时的停止判断非常重要。一般是结合生长准则来进行合理的设定。判定生长停止的阈值可以是确定的值,也可以是随生长而变化的值。

1	0	4	6	5	1
1	0	4	6	6	2
0	1	5	5	5	1
0	0	5	6	5	0
0	0	1	6	0	1
1	0	1	2	1	1

(a) 原 图

1	0	5	5	5	1
1	0	5	5	5	2
0	1	5	5	5	1
0	0	5	5	5	0
0	0	1	5	0	1
1	0	1	2	1	1

(b) 区域生长后的区域

图 7.20 区域生长原理示意图

下面,从一个印章识别中的印文区域分割例子来具体介绍一种区域生长的方法。

如图 7.21(a)所示,由于盖印时油墨、下垫物等,以及人手用力不均匀,盖出的印章深浅是不相同的。如果用单一阈值进行分割,则会出现对盖印条件过于敏感等问题。如果采用区域生长法,首先选择红色的点为种子点(假设采用红色的印章油墨盖印),然后确定生长准则。如果采用灰度差准则,则是判断当前点与种子点之间的灰度差,如果小于设定的阈值,就确认为印章点,否则认为是背景点。这样,如图 7.21(b)所示,对于盖印较浅的部分,就会产生严重的缺损。

如果采用一致性准则,如图 7.21(c)所示,可以一定程度地抵抗盖印不均所带来的影响。这里所谓一致性准则是,首先选择若干的红色点为种子点,计算这些点所组成的点集合的灰度均值和方差,然后在判断某个点是否为同一区域时,判断其灰度值与该均值的差,以及该点与种子点之间的方差,如果小于设定阈值,则表明该点与种子点具有一致性,将其判定为印章区域的点。之后,计算增加一个点后的

(a) 原 图

(b) 基于灰度差准则的结果

(c) 基于一致性准则的结果

图 7.21 基于区域生长方法的图像分割示例

点集合的灰度均值与方差，再进行下一个点的判断。

7.4.3 区域合并、分裂方法

前面介绍了区域生长法，该方法最关键的一步，就是需要根据先验知识选取种子点，这就给一些无法获得先验知识的自动分割的课题带来许多的困难。

区域合并、分裂方法的核心思想是，将图像分成若干的子块，对每个子块的属性进行计算，当属性表明该子块包含不同区域的像素，则该子块再分裂成若干子块。如果几个子块的属性相似，则这几个相似属性的子块合并成一个大的区域。根据这样的方法可以完成对图像的分割。

图 7.22 区域合并、分裂示意图

根据图 7.22 给出一种区域合并、分裂方法的具体步骤如下：

① 首先将原图分类成四个相等的子块，即得到 R_{11}，R_{12}，R_{13}，R_{14}。计算该四个子块的属性值，属性值一般可以用子块区域的灰度均值和方差来度量。

② 如果子块的属性值超出设定的阈值，例如，方差大于设定的方差阈值，则表明该子块包含的内容为多个区域的内容，对该子块进行下一层的分裂，并分别计算其属性值。

③ 如果子块的属性值在设定的阈值以内，例如，方差小于设定的方差阈值，则表明该子块具有一致性，不再进行分裂。

④ 对当前的各个判断为不需要进行下一步分裂的子块属性值进行比较，如果相邻子块的属性值相似，例如，灰度均值相似，则将该两个子块进行合并。

⑤ 重复上面的操作，直到没有可合并、分裂的子块为止。

如图7.22所示，经过第一层分裂之后，R_{12}，R_{13}，R_{14}不再继续分裂，而R_{11}还需要进行下一层的分裂。判别R_{12}，R_{13}，R_{14}三个子块，R_{12}和R_{13}可合并。依次类推。

下面，以一个简单的例子来体会区域合并、分裂方法。

设原图为

$$\boldsymbol{f}=\begin{bmatrix}1 & 3 & 7 & 8\\ 1 & 2 & 8 & 9\\ 2 & 1 & 2 & 7\\ 3 & 8 & 8 & 9\end{bmatrix}$$

将其分裂为四个子块为

$$\boldsymbol{f}_{11}=\begin{bmatrix}1 & 3\\ 1 & 2\end{bmatrix},\quad \boldsymbol{f}_{12}=\begin{bmatrix}7 & 8\\ 8 & 9\end{bmatrix}$$

$$\boldsymbol{f}_{13}=\begin{bmatrix}2 & 1\\ 3 & 8\end{bmatrix},\quad \boldsymbol{f}_{14}=\begin{bmatrix}2 & 7\\ 8 & 9\end{bmatrix}$$

分别计算该四个子块的灰度均值与方差为

$\mu_{11}=1.75$，$\sigma_{11}=0.96$，$\mu_{12}=8$，$\sigma_{12}=0.82$，

$\mu_{13}=3.5$，$\sigma_{13}=3.11$，

$\mu_{14}=6.5$，$\sigma_{14}=3.11$

根据σ的值进行判别，如果设定阈值为$\sigma_{\text{Th}}=1$，可知f_{11}，f_{12}不再分裂，而f_{13}和f_{14}进行下一层的分裂，刚好分裂到最小单位为单个像素

$$f=\left[\begin{array}{cc|cc}1 & 3 & 7 & 8\\ 1 & 2 & 8 & 9\\ \hline 2 & \multicolumn{1}{|c|}{1} & 2 & \multicolumn{1}{|c}{7}\\ \hline 3 & \multicolumn{1}{|c|}{8} & 8 & \multicolumn{1}{|c}{9}\end{array}\right]$$

然后，以灰度差小于$\mu_{\text{Th}}=2$为基准进行合并，可以得到下面的图像分割结果。

$$f=\begin{bmatrix}1 & 3 & 7 & 8\\ 1 & 2 & 8 & 9\\ 2 & 1 & 2 & 7\\ 3 & 8 & 8 & 9\end{bmatrix}$$

图 7.23 所示是采用区域合并、分裂方法对印章图像进行分割的示例。图 7.23(a)为原图，对其进行三层分裂之后，如图 7.23(b)所示，获得 6 个不再需要继续分裂的子块，这 6 个子块不相邻因此暂时无法合并。而其他的子块则需要进行下层的分裂。经过五层分裂与合并之后，得到如图 7.23(c)所示的结果。再继续进行分裂与合并，最终得到图 7.23(d)所示结果。显然，将该印章图像分割为印文部分与非印文部分两类区域。对印文区域进行后续处理则可以对非印文部分的噪声进行最大程度的抑制。

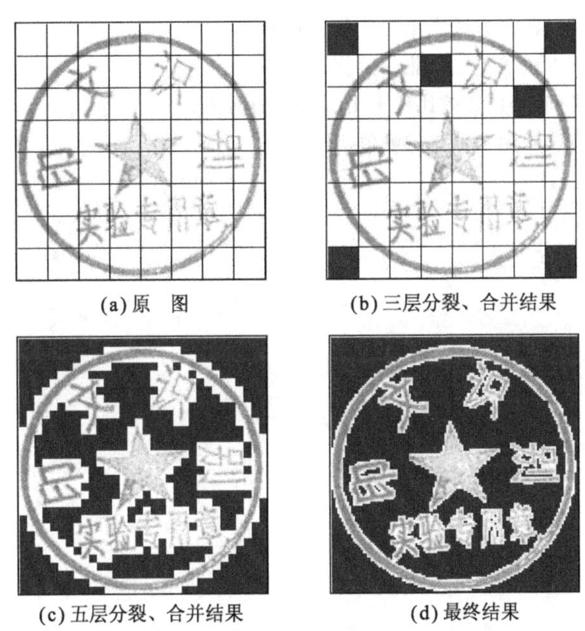

(a) 原　图　　(b) 三层分裂、合并结果

(c) 五层分裂、合并结果　　(d) 最终结果

图 7.23　基于区域分裂、合并方法的图像分割示例

习　题

1. 设图像为

$$
f=\begin{bmatrix}1 & 5 & 25 & 10 & 20 & 20\\ 1 & 7 & 25 & 10 & 10 & 9\\ 3 & 7 & 10 & 10 & 2 & 6\\ 1 & 0 & 8 & 7 & 2 & 1\\ 1 & 1 & 6 & 50 & 2 & 2\\ 2 & 3 & 9 & 7 & 2 & 0\end{bmatrix}
$$

(1) 采用峰谷法求出二值化的阈值。

(2) 采用均衡性度量方法求二值化的阈值。

(3) 采用类间最大距离方法求出二值化的阈值。

(4) 采用最大熵方法求出二值化的阈值。

(5) 采用最大类间、类内方差比法求出二值化的阈值。

(6) 采用聚类方法求出二值化的阈值。

第 8 章 二值图像处理

前面已经介绍了图像分割方法及图像分割的作用。经过图像分割之后，通常所获得的是二值图像。在理想情况下，希望该二值图像中的两个值准确地代表“目标”及“背景”两个问题。但实际中，往往所检测到的“目标”只是“候补目标”，换句话说，为了保证没有丢失目标，在图像分割时，允许有若干个“假目标”出现。还有一种情况是，经过图像分割之后，所提取的是多个目标，这时就需要对所获得的二值图像进行处理，实现对目标的分析。本章围绕二值图像处理的方法进行阐述。

8.1 二值图像中的基本概念

为了便于后面的论述，在这里首先给出二值图像中的一些基本概念的定义。为了方便介绍，不妨假设在二值图像中，目标像素点的值为 1，背景像素点的值为 0。

8.1.1 四连接与八连接

如图 8.1 所示，标记为 0 的位置为当前点像素，其周围的八个像素点分别标记为 1～8，这八个像素称为当前像素点的**八近邻**，而其中标记为 1,3,5,7 的四个像素是当前像素点的**四近邻**。

如果当前点像素值为 1，其四近邻像素中至少有一个点像素值为 1，即认为存在两点间的通路，称之为**四连接**。同样，如果其八近邻像素中至少有一个点的像素值为 1，称之为**八连接**。

在搜索边界轮廓时，如图 8.2 所示，四连接的路径(见图 8.2(a))与八连接的路径(见图 8.2(b))各不相同。换句话说，图 8.2(c)中的两点之间的关系在八连接的意义下是连通的，而在四连接意义下是不连通的。

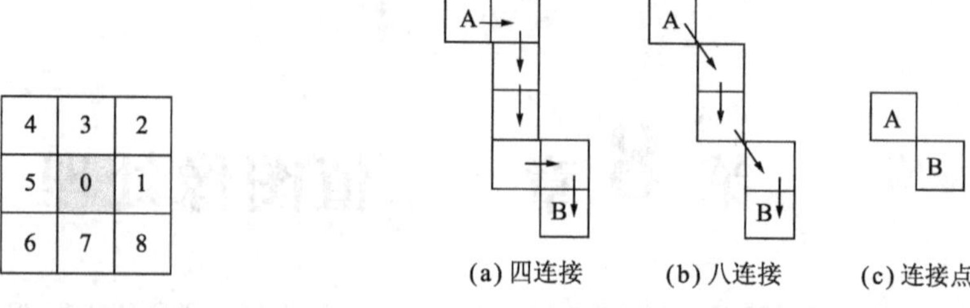

图 8.1　像素连接关系示意图

(a) 四连接　(b) 八连接　(c) 连接点

图 8.2　连接路径示意图

将相互连接在一起的像素值全部为 1 的像素点的集合称为一个**连通域**。如图 8.2(b)所示，在四连接意义下是三个连通域，在八连接意义下是一个连通域。

8.1.2 内部点与边界点

在每个连通域中，与背景相邻接的点称为边界点，与背景不相邻接的点称为内部点。图 8.3 所示是在四连接与八连接定义下的内部点与边界点的示意图。

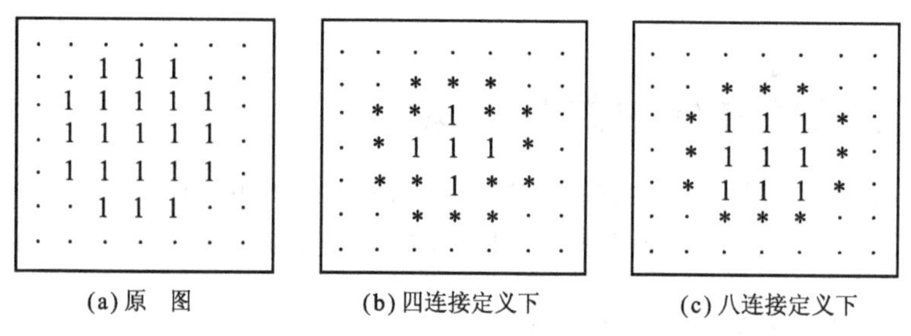

(a) 原　图　(b) 四连接定义下　(c) 八连接定义下

图 8.3　内部点与边界点（* 为边界点）

从图 8.3(b)可以看到，在四连接定义下，内部点是“在当前点的八近邻像素点中，没有值为 0 的点”，而在八连接定义下（见图 8.3(c)），内部点是“在当前点的四近邻像素点中，没有值为 0 的点”。

8.1.3 连接数与交叉数

连接数是指在沿着当前点的近邻（四近邻或者是八近邻）像素所构成的边界轨迹上移动时，通过的像素值为 1 的点的个数。在四近邻和八近邻下的连接数分别定义如下：

四近邻定义下的连接数为

$$N(4)=\sum_{k\in C}(f(k)-f(k)\cdot f(k+1)\cdot f(k+2)) \tag{8.1}$$

八近邻定义下的连接数为

$$N(8)=\sum_{k\in C}(\bar{f}(k)-\bar{f}(k)\cdot \bar{f}(k+1)\cdot \bar{f}(k+2)) \tag{8.2}$$

其中，k 的取值如图 8.1 所示，$C=\{1,3,5,7\}$，$\bar{f}=1-f$，$f(9)=f(1)$。

下面，以如图 8.4 所示的 6 种不同的典型连接方式为例，对当前像素点的连接数进行计算。根据所得到的结果，来分析连接数对像素点属性的表征关系。

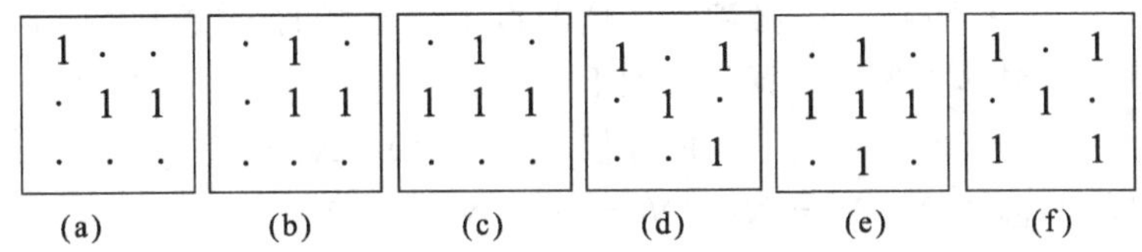

图 8.4　不同的连接通路

图(a)：$N(4)=(1-0)+(0-0)+(0-0)+(0-0)=1$，

$N(8)=(0-0)+(1-0)+(1-1)+(1-0)=2$；

图(b)：$N(4)=(1-0)+(1-0)+(0-0)+(0-0)=2$，

$N(8)=(0-0)+(0-0)+(1-1)+(1-0)=1$；

图(c)：$N(4)=(1-0)+(1-0)+(1-0)+(0-0)=3$，

$N(8)=(0-0)+(0-0)+(0-0)+(1-0)=1$；

图(d)：$N(4)=(0-0)+(0-0)+(0-0)+(0-0)=0$，

$N(8)=(1-0)+(1-0)+(1-1)+(1-0)=3$；

图(e)：$N(4)=(1-0)+(1-0)+(1-0)+(1-0)=4$，

$N(8)=(0-0)+(0-0)+(0-0)+(0-0)=0$；

图(f)：$N(4)=(0-0)+(0-0)+(0-0)+(0-0)=0$，

$N(8)=(1-0)+(1-0)+(1-0)+(1-0)=4$；

根据以上的计算，可以得到表 8.1 中所列出的连接数与当前像素点属性之间的关系。

表 8.1　**连接数与像素点属性关系**

连接数	像素点属性
0	孤立点或内部点
1	端点或边界点
2	连接点
3	分支点
4	交叉点

交叉数是表征当前点像素的八个近邻像素中，从像素值为 1 的点到像素值为 0 的点的变化次数。交叉数定义如下：

$$N_{\text{cross}} = \sum_{k=1}^{8} \{ f(k) \cdot [1 - f(k+1)] \} (f(9) = f(1)) \tag{8.3}$$

8.1.4 欧拉数

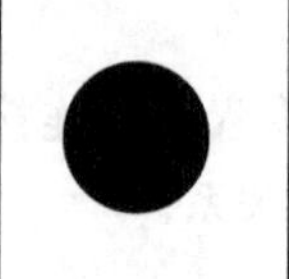

(a) 单连通

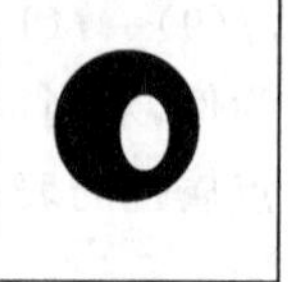

(b) 多连通

图 8.5　连通域示意图

在对二值图像进行分析时，常常会面对如图 8.5 所示的两种不同形式的连通域。把没有孔的连通域称为**单连通**，至少含有一个孔的连通域称为**多连通**。

欧拉数就是用以表征连通域属性的值。定义**欧拉数**为二值图像中连通域的个数减去孔的个数。计算公式如下：

四连接：$N_{\text{Euler}}(4) = N_1 - N_2 + N_3$ (8.4)

八连接：$N_{\text{Euler}}(8) = N_1 - N_2 - N_3 - N_4 + N_5$ (8.5)

其中，N_1 为像素值为 1 的像素个数；N_2 为成$\begin{array}{|c|c|}\hline 1&1\\\hline\end{array}$连接关系以及成$\begin{array}{|c|}\hline 1\\\hline 1\\\hline\end{array}$连接关系的个数；$N_3$ 为成$\begin{array}{|c|c|}\hline 1&1\\\hline 1&1\\\hline\end{array}$连接关系的个数；$N_4$ 为成$\begin{array}{cc} 1& \\ &1\end{array}$连接关系以及成$\begin{array}{cc} &1\\ 1& \end{array}$连接关系的个数；$N_5$ 为成$\begin{array}{cc}1&1\\1& \end{array}$，$\begin{array}{cc}1& \\1&1\end{array}$，$\begin{array}{cc} &1\\1&1\end{array}$，$\begin{array}{cc}1&1\\ &1\end{array}$连接关系的个数。

8.1.5 链　码

链码是对线宽为一个像素的细线的轨迹进行描述的编码；链码方法是对其坐标序列进行方向编码的方法。采用链码方法可以对细线的走向进行清晰的描述与分析。

图 8.6 给出了八个方向的编码定义，根据这个方向码的定义，即可求出一条细线的链码。在计算细线的链码时，从选定的某个端点出发，按着逆时针方向搜索下一个细线上的点，并根据与前一个点的方向位置，对这一点进行编码，直到终点。

下面，以图 8.7 为例，进行该细线的链码计算（为方便观察，图中未标注数值的像素点上的值为 0）。如果以实线框中的像素为起点，虚线框中的像素为终点，则可得到该线的链码为

1,0,7,6,5,5,5,6,0,0,0

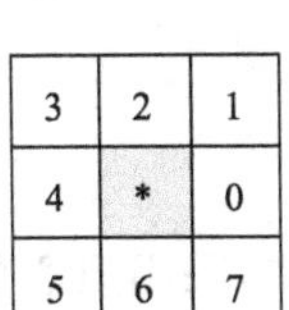

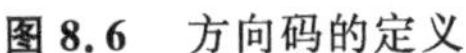
图 8.6 方向码的定义

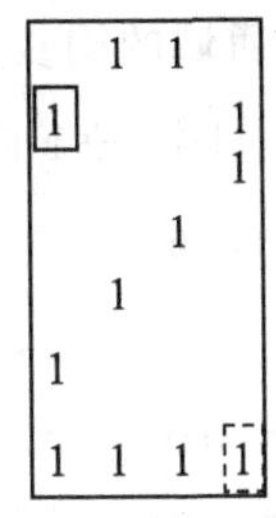

图 8.7 细线示例

8.1.6 几何特征的测量

在图像检测技术中，许多场合下对所拍摄的图像进行二值化处理，然后对所分割出的目标区域进行几何特征的测量。本节介绍几个最基本的二值图像中的几何特征量的计算方法。

1. 面 积

在二值图像中，面积是对二值化处理之后的连通域的大小进行度量的几何特征量。

面积定义为连通域中像素的总数。因为我们已经假设二值图像的目标物的像素值为 1，因此，面积的计算公式如下：

$$A_S = \sum_{(x,y)\in S} f(x,y) \tag{8.3}$$

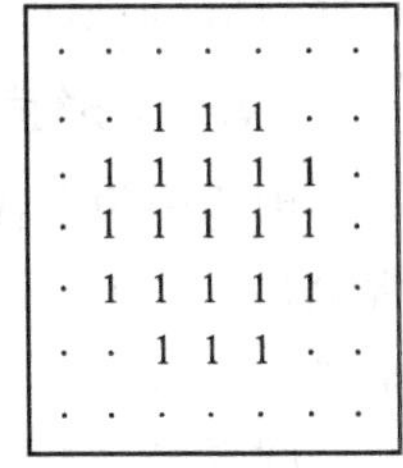

图 8.8 一个连通域

其中，S 表示某个需要进行度量的连通域；$f(x,y)$ 为像素值。例如，图 8.8 所示的连通域的面积为 $A_S=3+5+5+5+3=21$。

2. 周 长

周长是指包围某个连通域的边界轮廓线的长度。因为在轮廓线上有垂直、水平方向的移动，也有斜对角方向上的移动，如果只是简单地对轮廓线上像素值进行累计计算，则会使垂直、水平方向上的长度夸大，为此将这两种方向上的像素分类进行计算，可以得到一个合理的周长定义。周长的计算公式定义如下：

$$L_S = N_e + \sqrt{2}\cdot N_o \tag{8.4}$$

其中，N_e 为边界线上方向码（图 8.6 所定义的方向码）为偶数的像素个数；N_o 为边界线上方向码为奇数的像素个数。

例如，图 8.8 所示连通域的周长为

$$L_S=(1+1+1+1+1+1+1+1)+\sqrt{2}\times(1+1+1+1)$$
$$=8+4\sqrt{2}=13.66$$

3. 质　心

质心原本意思是物体的质量中心。在二值图像中，采用质心的概念，可以对连通域的几何中心进行描述。为了借用质心的概念，假设二值图像的每个像素的"质量"是完全相同的。在此前提下，质心的计算公式定义如下：

$$x_m=\frac{1}{N_S}\cdot\sum_{(x,y)\in S}x,\quad y_m=\frac{1}{N_S}\sum_{(x,y)\in S}y \tag{8.5}$$

其中，S 表示连通域；N_S 为连通域中像素的个数；(x_m,y_m)为质心点的坐标。

例如，图 8.8 所示连通域的质心为

$$x_m=\frac{1}{21}(3\cdot2+5\cdot3+5\cdot4+5\cdot6+3\cdot7)=4(取整),$$

$$y_m=\frac{1}{21}(3\cdot2+5\cdot3+5\cdot4+5\cdot6+3\cdot7)=4(取整)$$

因此，该连通域的质心为$(x_m,y_m)=(4,4)$。

4. 圆形度

因为图像所描述的目标各种各样，所以在二值图像中的各个连通域的形状通常也是不规则的。为了进行图像分析，经常采用该连通域与标准形状的近似度量来描述其形状。

圆形度是与圆形相似程度的量。根据圆周长与圆面积的计算公式，定义圆形度的计算公式如下：

$$\rho_c=\frac{4\pi A_S}{{L_S}^2} \tag{8.6}$$

其中，A_S 为连通域 S 的面积；L_S 为连通域 S 的周长。

```
· 1 1 1 1 1 ·
· 1 1 1 1 1 ·
· 1 1 1 1 1 ·
· 1 1 1 1 1 ·
· 1 1 1 1 1 ·
· · · · · · ·
```

(a) 矩形连通域

```
· · · 1 · · ·
· · 1 1 1 · ·
· 1 1 1 1 1 ·
· · 1 1 1 · ·
· · · 1 · · ·
· · · · · · ·
```

(b) 菱形连通域

图 8.9　不同形状的连通域

对于圆形目标，圆形度 ρ_c 取最大值，目标形状越复杂，ρ_c 值越小。因此圆形度可作为目标形状的复杂度或者粗糙程度的一种度量。

例如，前面已经计算得到图 8.8 所示圆形连通域的面积为 $A_S=21$，周长为 $L_S=13.66$，则其圆形度为

$$\rho_c=4\pi A_s/L_s^2=4\pi\cdot21/13.66^2=1.41$$

图 8.9(a)所示矩形连通域的圆形度为

$$\rho_c(a)=4\pi A_s/L_s^2=4\pi\cdot 25/16^2=1.227$$

图 8.9(b)所示菱形连通域的圆形度为

$$\rho_c(b)=4\pi A_s/L_s^2=4\pi\cdot 13/(8\sqrt{2})^2=1.276$$

值得注意的是，在本例中计算的图 8.8 所示的圆形连通域的圆形度值大于 1，从理论上讲这是不存在的。分析原因是因为该图像的分辨率太低，换句话说，连通域的面积太小，导致在计算面积与周长时都有一定量化偏差所导致的。但在本例中所给出的三个不同形状的连通域的圆形度的值来比较，仍旧还是图 8.8 给出的圆形连通域的圆形度的值最大。所以，在这里提醒读者注意在进行图像分析或图像测量时，遇到类似的情况，可以以相同分辨率圆形连通域的圆形度为标准，对所分析或测量的连通域的圆形度进行标准化处理。

如上例，以图 8.8 所示的圆形度对图 8.9 进行标准化处理后，有

$$\rho_c(a)=1.227/1.41=0.87,$$

$$\rho_c(b)=1.276/1.41=0.90$$

5. 矩形度

与圆形度类似，**矩形度**是描述连通域与矩形相似的程度的量。矩形度的计算公式定义如下：

$$\rho_R=\frac{A_S}{A_R} \tag{8.7}$$

其中，A_S 为连通域 S 的面积；A_R 是包围该连通域的最小矩形的面积。

对于矩形目标，矩形度 ρ_R 取最大值 1，对细长而弯曲的目标，则矩形度的值变得很小。

例如，前面已经计算得到图 8.8 所示连通域的面积为 $A_S=21$，包围该连通域的最小矩形面积为 $A_R=5\times5=25$，则矩形度为 $\rho_R=21/25=0.84$。对图 8.9(b)所示的菱形区域，前面已经计算得到其面积为 $A_S=13$，围该连通域的最小矩形面积为 $A_R=5\times5=25$，则矩形度为 $\rho_R=13/25=0.52$。

6. 长宽比

长宽比是将细长目标与近似矩形或圆形目标进行区分时采用的形状度量。长宽比的计算公式定义如下：

$$\rho_{WL}=\frac{W_R}{L_R} \tag{8.8}$$

其中，W_R 是包围连通域的最小矩形的宽度；L_R 是包围连通域的最小矩形的长度。

例如，图 8.8 所示连通域的长宽比为 $\rho_{WL}=5/5=1$。

8.2 腐蚀与膨胀

二值图像中的一种主要处理是对所提取的目标图形进行形态分析。而形态处理中最基本的是腐蚀与膨胀。

腐蚀与膨胀是两个互为对偶的运算。腐蚀处理的作用是将目标图形收缩，而膨胀处理的作用是将目标图形扩大。为了实现腐蚀与膨胀，数学形态学提出了结构元素的概念。

所谓**结构元素**是指具有某种确定形状的基本结构元素，例如，一定大小的矩形、圆或者菱形等。腐蚀处理可以表示成用结构元素对图像进行探测，找出图像中可以放下该结构元素的区域。膨胀处理可以理解成是对图像的补集进行腐蚀处理。

8.2.1 腐　蚀

腐蚀是一种消除边界点，使边界向内部收缩的过程。可以用来消除小且无意义的目标物。如果两目标物间有细小的连通，可以选取足够大的结构元素，将细小连通腐蚀掉。

设二值图像为 F，其连通域设为 X，结构元素为 S，当一个结构元素 S 的原点移到点 (x,y) 处时，我们将其记作 S_{xy}。此时图像 X 被结构元素 S 腐蚀的运算可表示如下：

$$E=F\ominus S=\{x,y\mid S_{xy}\subseteq X\} \tag{8.9}$$

其含义是，当结构元素 S 的原点移动到 (x,y) 位置，如果 S 完全包含在 X 中，则在腐蚀后的图像上该点为 1，否则为 0。

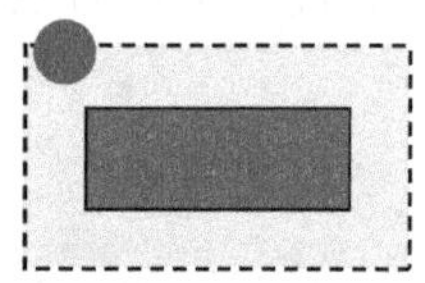

图 8.10　腐蚀示意图

如图 8.10 所示，有一个圆形的结构元素，其圆心（设为结构元素的原点）在虚线框成的矩形连通域中移动。按照式(8.9)进行计算，如果此圆形的结构元素所覆盖范围内的原图像像素值全部为 1，则腐蚀后图像的圆心位置上的像素值置为 1，否则置为 0。这样，最终的结果为如图中中心部分的实线所框的矩形部分。

根据以上的原理,腐蚀运算的具体步骤如下:

① 扫描原图,找到第一个像素值为 1 的点;

② 将预先设定好形状以及原点位置的结构元素的原点移动到该点;

③ 判断该结构元素所覆盖范围内的像素值是否全部为 1,如果是,则腐蚀后图像的相同位置上的像素值置为 1,如果至少有一个像素的值为 0,则腐蚀后图像的相同位置上的像素值置为 0;

④ 对原图中所有像素值为 1 的点重复进行②和③。

下面通过一个简单的例子来体会腐蚀处理方法。设原图像为

$$\boldsymbol{F}=\begin{bmatrix}0&1&0&1&0&0\\0&1&1&0&1&0\\0&0&1&0&0&0\\0&0&1&1&0&0\\0&0&0&0&0&0\end{bmatrix}$$

选择一个三角形的结构元素为

$$\boldsymbol{S}=\begin{bmatrix}1&0\\1&1\end{bmatrix}$$

原点设为 $S_{1,1}$ 的位置上,则对于扫描到的第一个为 1 的点,有

$$\boldsymbol{F}_{12}=\begin{bmatrix}1&0\\1&1\end{bmatrix}$$

与结构元素作用可知,S 覆盖范围内(即 S 为 1 的元素位置上)的值全部为 1,因此 $e_{12}=1$。同理,因为

$$\boldsymbol{F}_{14}=\begin{bmatrix}1&0\\0&1\end{bmatrix}$$

S 覆盖范围内有一个像素值为 0,因此 $e_{14}=0$。则最终得到的腐蚀图像为

$$\boldsymbol{E}=\begin{bmatrix}0&1&0&0&0&0\\0&0&0&0&0&0\\0&0&1&0&0&0\\0&0&0&0&0&0\\0&0&0&0&0&0\end{bmatrix}$$

图 8.11 所示是采用 3×3 的矩形结构元素,并且设定其原点为该矩形的中心进行腐蚀处理后的结果(黑色像素的像素值为 1)。可以看到,腐蚀一次,原卡通脸部的眼睛框线还在,腐蚀两次之后眼睛框线也被腐蚀掉了。

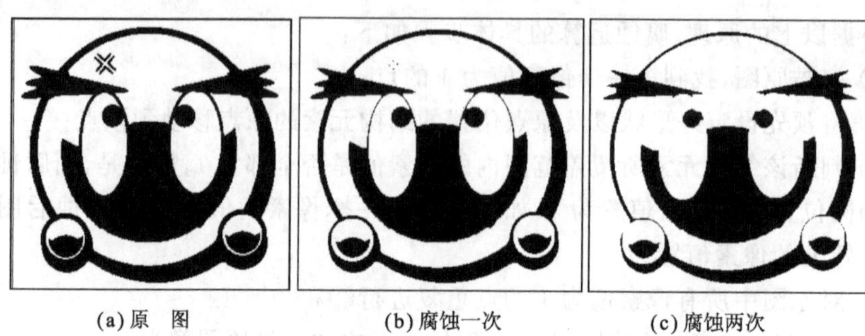
(a) 原　图　　(b) 腐蚀一次　　(c) 腐蚀两次

图 8.11　图像的腐蚀效果

腐蚀，通常在去除小颗粒噪声以及消除目标物之间的粘连是非常有效的。如图 8.12 所示，对原图进行两次腐蚀处理之后，不仅将原图中的小颗粒噪声去除，而且将原图中的几处（如原图左上角，右上角处）目标物之间的粘连消除了。

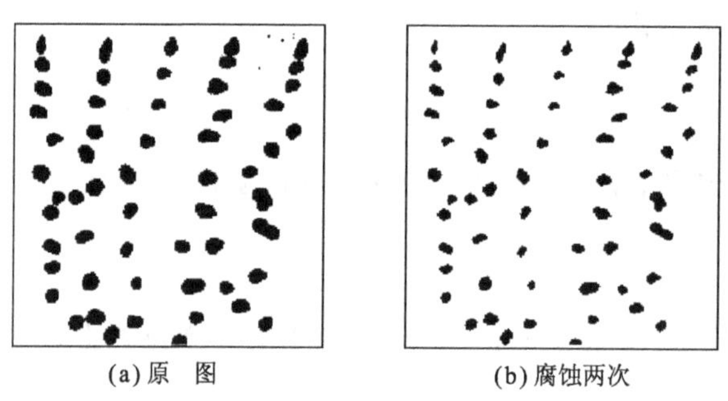
(a) 原　图　　(b) 腐蚀两次

图 8.12　腐蚀处理的作用

8.2.2 膨　胀

膨胀是将与目标区域接触的背景点合并到该目标物中，使目标边界向外部扩张的处理。膨胀可以用来填补目标区域中存在的某些空洞，以及消除包含在目标区域中的小颗粒噪声。膨胀处理是腐蚀处理的对偶，可定义如下：

设二值图像为 $\boldsymbol{F}$，结构元素为 $\boldsymbol{S}$，当一个结构元素 $\boldsymbol{S}$ 的原点移到图像的点 (x, y) 处时，将其记作 S_{xy}。此时图像 X 被结构元素 $\boldsymbol{S}$ 膨胀的运算可表示如下：

$$\boldsymbol{D}=\boldsymbol{F}\oplus\boldsymbol{S}=\{x,y \mid S_{xy}\cap X\neq\varnothing\} \tag{8.10}$$

其含义是，当结构元素 $\boldsymbol{S}$ 的原点移动到 (x,y) 位置，如果 $\boldsymbol{S}$ 中包含至少一个像素值为 1 的点,则在膨胀之后的图像上该点为 1,否则为 0。

如图 8.13 所示,一个圆形的结构元素,其圆心(设为结构元素的原点)在虚线框成的矩形连通域中移动,按照式(8.10)进行计算,即如果这个圆形的结构元素所覆盖范围内的原图像像素值至少有一个不为 0,则膨胀后图像的圆心位置上的像素值置为 1,否则置为 0。这样,最终的结果为如图中外围的实线所框的矩形部分。

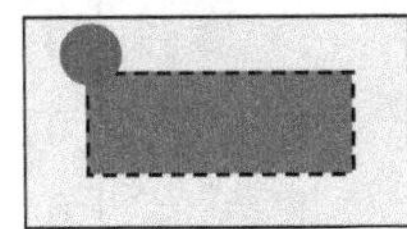

图 8.13 膨胀示意图

根据以上的原理,膨胀运算的具体步骤如下:

① 将预先设定好形状以及原点位置的结构元素的原点移动到图像中可包容的所有像素点;

② 判断该结构元素所覆盖范围内的像素值是否存在至少一个为 1 的点,如果存在,则膨胀后图像中与结构元素原点相同位置上的像素值置为 1,如果该覆盖范围内的所有像素的值为 0,则膨胀后图像的相同位置上的像素值置为 0;

③ 对原图中所有像素值为 1 的点重复进行①和②。

下面通过一个简单的例子来体会膨胀处理方法。设原图像为

$$\boldsymbol{F}=\begin{bmatrix}0&1&0&1&0&0\\0&1&1&0&1&0\\0&0&1&0&0&0\\0&0&1&1&0&0\\0&0&0&0&0&0\end{bmatrix}$$

选择一个三角形的结构元素为

$$\boldsymbol{S}=\begin{bmatrix}1&0\\1&1\end{bmatrix}$$

原点设为 $S_{1,1}$ 的位置上,则对于扫描到的第一个为 1 的点,有

$$\boldsymbol{F}_{11}=\begin{bmatrix}0&1\\0&1\end{bmatrix}$$

与结构元素作用可知,$\boldsymbol{S}$ 覆盖范围内(即 $\boldsymbol{S}$ 为 1 的元素位置上)的值有一个为 1,因此 $d_{11}=1$。同理,因为

$$\boldsymbol{F}_{21}=\begin{bmatrix}0&1\\0&0\end{bmatrix}$$

S 覆盖范围内所有的像素值为 0,因此 $d_{21}=0$。则最终得到的膨胀图像为

$$D=\begin{bmatrix}1&1&1&1&1&0\\0&1&1&0&1&0\\0&1&1&1&0&0\\0&0&1&1&0&0\\0&0&0&0&0&0\end{bmatrix}$$

如图 8.14 所示，原图(图 8.14(a))是图 8.11(b)，对其采用 3×3 的矩形结构元素，并且设定其原点为该矩形的中心。对原图进行膨胀处理后的结果如图 8.14(b)所示(黑色像素的像素值为 1)。可以看到，虽然腐蚀与膨胀是互为对偶的处理，但是图 8.14(b)与图 8.10(a)是不相同的(比较卡通脸上左上角的标记)，原因是在膨胀与腐蚀处理时，对于细小的目标往往会因结构元素的形状及大小的设定而改变原有形状。

(a) 原　图

(b) 膨胀一次

图 8.14　图像的膨胀效果

膨胀，通常是用以连接间断的线或将因二值化处理，使原本应该连在一起的区域被间断开的区域重新连接时采用。如图 8.15(a)所示，原图是因为印泥分布不

(a) 原　图

(b) 膨胀一次

图 8.15　膨胀处理的作用

均，在二值化处理时，印章的外轮廓线间断（下侧），经过一次膨胀处理之后，如图8.15(b)所示，不仅将间断的轮廓线连在一起，并且将印文中的空点进行了填充。

8.3 开运算与闭运算

虽然腐蚀处理可以将粘连的目标物进行分离，膨胀处理可以将断开的目标物进行接续，但同时都存在一个问题，就是经过腐蚀处理后，目标物的面积小于原有面积，而经过膨胀处理之后，目标物的面积大于原有面积。开、闭运算就是为了解决这个问题而被提出来。

8.3.1 开运算

使用同一个结构元素对图像先腐蚀再进行膨胀的运算称为**开运算**。在结构元素 $\boldsymbol{S}$ 下的开运算定义如下：

$$\boldsymbol{F} \circ \boldsymbol{S} = (\boldsymbol{F} \ominus \boldsymbol{S}) \oplus \boldsymbol{S} \tag{8.11}$$

开运算通常用来消除小对象物、在纤细点处分离物体、平滑较大物体的边界的同时并不明显改变其面积。

下面通过一个简单的例子来体会开运算。设原图像为

$$\boldsymbol{F} = \begin{bmatrix} 0 & 1 & 0 & 1 & 0 & 0 \\ 0 & 1 & 1 & 0 & 1 & 0 \\ 0 & 0 & 1 & 0 & 0 & 0 \\ 0 & 0 & 1 & 1 & 0 & 0 \\ 0 & 0 & 0 & 0 & 0 & 0 \end{bmatrix}$$

选择一个三角形的结构元素为

$$\boldsymbol{S} = \begin{bmatrix} 1 & 0 \\ 1 & 1 \end{bmatrix}$$

原点设为 $S_{1,1}$ 的位置上，即

$$\boldsymbol{F} \circ \boldsymbol{S} = \begin{bmatrix} 0 & 1 & 0 & 0 & 0 & 0 \\ 0 & 0 & 0 & 0 & 0 & 0 \\ 0 & 0 & 1 & 0 & 0 & 0 \\ 0 & 0 & 0 & 0 & 0 & 0 \\ 0 & 0 & 0 & 0 & 0 & 0 \end{bmatrix} \oplus \boldsymbol{S} = \begin{bmatrix} 0 & 1 & 0 & 0 & 0 & 0 \\ 0 & 1 & 1 & 0 & 0 & 0 \\ 0 & 0 & 1 & 0 & 0 & 0 \\ 0 & 0 & 0 & 0 & 0 & 0 \\ 0 & 0 & 0 & 0 & 0 & 0 \end{bmatrix}$$

如图 8.16(b)所示，通过开运算之后，将原图（图 8.16(a)）中原有的目标粘连

(“○”标识的部分)断开的同时,又基本保持了目标原有的大小。

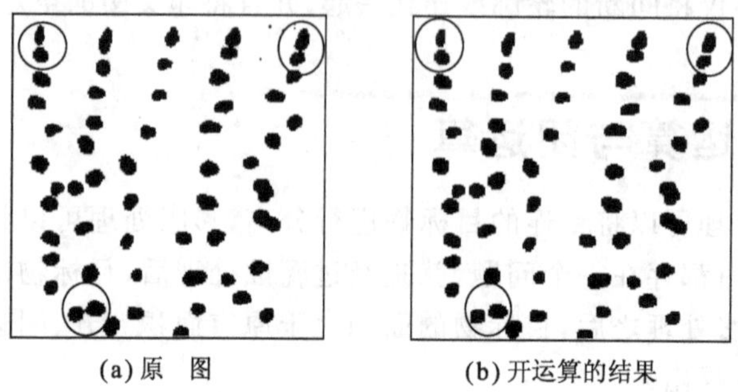

(a) 原　图　　(b) 开运算的结果

图 8.16　开运算的作用

开运算通常是在需要去除小颗粒噪声,以及断开目标物之间粘连时使用。其主要作用与腐蚀相似,与腐蚀操作相比,具有可以基本保持目标原有大小不变的优点。

8.3.2 闭运算

使用同一个结构元素对图像先膨胀再进行腐蚀的运算称为**闭运算**。在结构元素 $\boldsymbol{S}$ 下的闭运算定义如下:

$$\boldsymbol{F} \cdot \boldsymbol{S} = (\boldsymbol{F} \oplus \boldsymbol{S}) \ominus \boldsymbol{S} \tag{8.12}$$

闭运算通常用来填充目标内细小空洞、连接断开的邻近目标、平滑其边界的同时并不明显改变其面积。

下面通过一个简单的例子来体会闭运算。设原图像为

$$\boldsymbol{F} = \begin{bmatrix} 0 & 1 & 0 & 1 & 0 & 0 \\ 0 & 1 & 1 & 0 & 1 & 0 \\ 0 & 0 & 1 & 0 & 0 & 0 \\ 0 & 0 & 1 & 1 & 0 & 0 \\ 0 & 0 & 0 & 0 & 0 & 0 \end{bmatrix}$$

选择一个三角形的结构元素为

$$\boldsymbol{S} = \begin{bmatrix} 1 & 0 \\ 1 & 1 \end{bmatrix}$$

原点设为 $S_{1,1}$ 的位置上,即

$$\boldsymbol{F}\cdot\boldsymbol{S}=\begin{bmatrix}1&1&1&1&1&0\\0&1&1&0&1&0\\0&1&1&1&0&0\\0&0&1&1&0&0\\0&0&0&0&0&0\end{bmatrix}\ominus\boldsymbol{S}=\begin{bmatrix}0&1&0&0&0&0\\0&1&1&0&0&0\\0&0&1&0&0&0\\0&0&0&0&0&0\\0&0&0&0&0&0\end{bmatrix}$$

如图 8.17(b)所示，通过闭运算之后，将原图(图 8.17(a))中原有的目标间断(印章下侧边缘轮廓)以及目标内部的孔洞(印章中心部位的五角星)在基本保持原目标的大小与形态的同时进行了连接与填充。

(a) 原　图

(b) 闭运算的效果

图 8.17　闭运算的作用

闭运算的作用与膨胀运算的作用相似，与膨胀操作相比，具有可以基本保持目标原有大小不变的优点。

8.4 贴标签

虽然经过图像分割之后，以二值图像的形式提取出了目标物，但是在二值图像中的所有目标的像素值均为 1，如果需要分析二值图像中各个连通域的大小、形状等属性，就需要将其进行区分。

贴标签处理是对二值图像的每个不同的连通域进行不同的编号，来区分不同的连通域。在二值图像中，不同的对象被不同的整数值来标记，形象地说，每一个对象都被贴上不同的“标签”以便于辨识。通常，设置一个与原图像大小相同的标签矩阵，也称为标签图像，用以描述对二值图像不同连通域的划分结果。

因为四连接与八连接意义下的连通域是不相同的，在这里以八连通为例对贴标签方法进行说明，读者可以根据相同的原理，自行推导四连接下的贴标签方法。

贴标签的方法实际上包括了两个关键步骤，首先是按照从上到下，从左到右的顺序扫描所有像素值为 1 的像素，并判断是否与已经贴过标签的像素属于同一个连通域，如果是，则贴相同的标签，否则暂时判定为不同的连通域，贴新的标签。另一个关键步骤是，对已贴好的标签进行校正，对在下方连接在一起的、已经贴为不同标签的像素归并为同一个标签，并对整体的标签号进行调整。

下面先从一个简单的例子来看贴标签方法中的这两个关键步骤。为了便于读者阅读，在这里用“*”表示二值图像中像素值为 1 的目标像素点，用“·”表示像素值为 0 的背景像素点。

设二值图像为

$$\boldsymbol{f}=\begin{bmatrix} * & * & \cdot & \cdot & \cdot & * \\ \cdot & * & \cdot & * & \cdot & * \\ \cdot & \cdot & * & \cdot & * & \cdot \end{bmatrix}$$

如果用肉眼观察，所有的目标像素点属于同一个连通域，但是，我们在贴标签时，设标签图像为 $\boldsymbol{g}$，$f(1,1)$ 是扫描到的第一个目标点，所以贴标签为 $g(1,1)=1$；$f(1,2)$ 与 $f(1,1)$ 连通，因此 $g(1,2)=1$；$f(1,4)$ 与前面贴过标签的像素不连通，因此贴新的标签，即 $g(1,4)=2$；同理，可得 $g(2,2)=1$，$g(2,4)=3$，$g(2,6)=2$，即有

$$\boldsymbol{g}=\begin{bmatrix} 1 & 1 & \cdot & \cdot & \cdot & 2 \\ \cdot & 1 & \cdot & 3 & \cdot & 2 \\ \cdot & \cdot & * & \cdot & * & \cdot \end{bmatrix}$$（“*”表示尚未贴标签的目标像素点）

但是到了第三行，$f(3,3)$ 与 $f(2,2)$ 和 $f(2,4)$ 连通，但是，$g(2,2)=1$，$g(2,4)=3$，出现了同一个贴有不同标签的现象。这时，另 $g(3,3)=\min\{g(2,4),g(2,6)\}=1$，并且将所有已经编码为 3 的像素点修改为 1，有

$$\boldsymbol{g}=\begin{bmatrix} 1 & 1 & \cdot & \cdot & \cdot & 2 \\ \cdot & 1 & \cdot & 1 & \cdot & 2 \\ \cdot & \cdot & 1 & \cdot & * & \cdot \end{bmatrix}$$

同样 $g(3,6)=\min\{g(2,6),g(2,8)\}=1$，将所有已经编码为 2 的像素点修改为 1，得

$$\boldsymbol{g}=\begin{bmatrix} 1 & 1 & \cdot & \cdot & \cdot & 1 \\ \cdot & 1 & \cdot & 1 & \cdot & 1 \\ \cdot & \cdot & 1 & \cdot & 1 & \cdot \end{bmatrix}$$

这时已经完成了对所有不同连通域贴不同标签的操作。但是因为在标签号归并过程中，可能出现最终结果的标签号不连续，如有三个连通域，但是编码为 $\{1,3,6\}$，

这样还需要对最终结果进行调整，使标签号从小到达顺序排列为{1,2,3}。

整理上面的思路，在这里给出一种求标签图像的递推算法。设二值图像为 f，标签图像为 g，贴标签算法的具体步骤如下：

① 设标签 $\lambda=0$，已贴标签数 $N=0$，按照从左到右，从上到下的顺序进行扫描，寻找像素值为 1 的目标点像素。

② 对尚未贴标签的目标点像素 $f(i,j)$，根据已扫描过的四个邻接像素（如图 8.18 所示，"＊"表示当前点像素，"⊗"表示已经扫描过的像素，"⊙"表示尚未扫描到的像素），即图 8.18 中以"⊗"标记的像素标签值，进行如下判断：

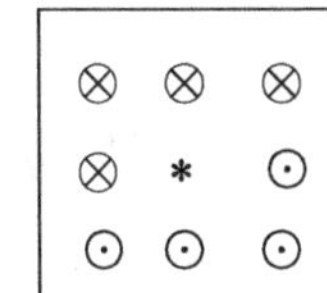

图 8.18 像素邻接关系示意图

- 如果所有的值为 0（背景），$\lambda=\lambda+1$，$g(i,j)=\lambda$，已贴标签数 $N=N+1$；
- 如果其标签值相同，即全部为 $\lambda(0<\lambda)$，则 $g(i,j)=\lambda$；
- 如果标签的值有两种（不可能有三种以上），即四个邻接像素的取值为 λ,λ' $(0<\lambda<\lambda')$，这时称为标签冲突，令 $g(i,j)=\lambda$，将所有已经贴标签为 λ' 的像素，改贴标签为 λ，同时将已贴标签数进行修正，$N=N-1$。

③ 将全部像素都进行第②步的处理，直到所有像素全部处理完；

④ 判断是否满足 $\lambda=N$，如果是，则完成贴标签操作，算法结束；如果不是，则表明已贴标签是不连续编号，这是进行一次影射编码，将原有的不连续编号的标签校正为连续编号，完成贴标签处理。

按照上面的算法，对

$$\boldsymbol{f}=\begin{bmatrix} \cdot & * & * & * & \cdot & * & * & * \\ * & \cdot & \cdot & \cdot & \cdot & \cdot & * & * \\ * & \cdot & * & \cdot & \cdot & \cdot & \cdot & \cdot \\ \cdot & * & * & \cdot & \cdot & \cdot & \cdot & * \\ \cdot & \cdot & \cdot & \cdot & \cdot & * & * & * \end{bmatrix}$$

进行贴标签处理，这里，给出几个关键步骤的中间结果

$$\boldsymbol{g}=\begin{bmatrix} \cdot & 1 & 1 & 1 & \cdot & 2 & 2 & 2 \\ 1 & \cdot & \cdot & \cdot & \cdot & \cdot & 2 & 2 \\ 1 & \cdot & 3 & \cdot & \cdot & \cdot & \cdot & \cdot \\ \cdot & * & * & \cdot & \cdot & \cdot & \cdot & * \\ \cdot & \cdot & \cdot & \cdot & \cdot & * & * & * \end{bmatrix}\rightarrow$$

$$
g=\begin{bmatrix} \cdot & 1 & 1 & 1 & \cdot & 2 & 2 & 2 \\ 1 & \cdot & \cdot & \cdot & \cdot & \cdot & 2 & 2 \\ 1 & \cdot & 1 & \cdot & \cdot & \cdot & \cdot & \cdot \\ \cdot & 1 & 1 & \cdot & \cdot & \cdot & \cdot & 4 \\ \cdot & \cdot & \cdot & \cdot & \cdot & 4 & 4 & 4 \end{bmatrix} \rightarrow
$$

$$
g=\begin{bmatrix} \cdot & 1 & 1 & 1 & \cdot & 2 & 2 & 2 \\ 1 & \cdot & \cdot & \cdot & \cdot & \cdot & 2 & 2 \\ 1 & \cdot & 1 & \cdot & \cdot & \cdot & \cdot & \cdot \\ \cdot & 1 & 1 & \cdot & \cdot & \cdot & \cdot & 3 \\ \cdot & \cdot & \cdot & \cdot & \cdot & 3 & 3 & 3 \end{bmatrix}
$$

8.5 细线化方法

一个二值图像的“骨架”,是指图像中所有目标区域的轴线。换句话说,是所有连通域的轴线。**骨架**是描述原图的几何形状特征及拓扑性质的重要特征之一,它有助于突出形状特点和减少冗余的信息量。因此在文字识别、地质构造识别、工业零件形状识别或图像理解都有重要应用。

用一个形象的比喻来说明骨架的含义:假如草原失火,火同时在某种形状的边界处发生。如果火是各向同性传播的,则火最终相遇的轨迹构成了该形状的骨架。

求一图像骨架的过程通常称为图像**细线化**的过程。经过细线化后,图像中的所有线条的幅宽均为一个像素。

本节介绍一种细线化方法,这是一种类似于剥洋葱的办法,将所有连通域处于边界的点一层一层地剥掉,最后剩下的中间部分的点构成了中轴。在去层时,需要保持不改变原有区域的连通性。为此,在这个逐步消去边界点的过程中,需要考虑在何种情况下当前点不能被删除(注意,这里所谓的删除是指将该点从连通域中删除,即将像素值从原来的 1 变为 0)。显然,内部点、端点、孤立点不能删除。此外,如果删除该点会改变连接状况的点也不能删除。如果当前点为连通域的边界点,并且删除它后,不改变连通性,则可以删除。

图 8.19 给出了几种当前点与近邻点的不同连接方式,当前待处理像素为中心点。如果以八连接来定义像素间的连接关系,则图 8.19(a)为内部点,不能删除;图 8.19(b)为内部点,不能删除;图 8.19(c)为非骨架点,可删除;图 8.19(d)为连接点,不能删除;图 8.19(e)为非骨架点,可删除;图 8.19(f)为端点,不能删除;图

8.19(g)为孤立点，不能删除。

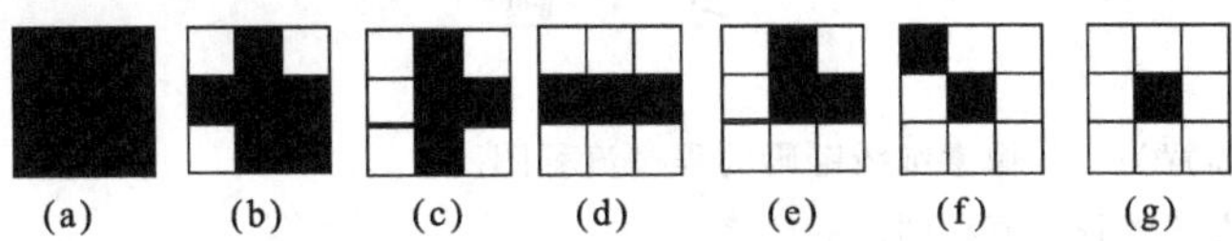

(a) (b) (c) (d) (e) (f) (g)

图 8.19 当前点与近邻点的连接方式

下面，给出八连接定义下的细线化算法的具体步骤：

① 首先对当前待处理像素及其近邻像素点进行如图 8.20 所示的位置标记，p_0 为当前的待处理像素。

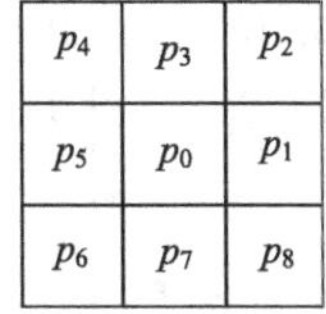

p_4	p_3	p_2
p_5	p_0	p_1
p_6	p_7	p_8

图 8.20 近邻像素的位置标记

② 如果 $p_0=1$，并且同时满足以下四个条件，则可删除(即令 $p_0=0$)：

• $2\leqslant N(p_0)\leqslant 6$(避免了 p_0 为端点以及 p_0 为内部点的情况。$N(p_0)$是 p_0 的八个近邻像数之和。)；

• $S(p_0)=1$(避免了 p_0 是幅宽为一个像素的细线连接点的情况)；

注：如果$[p_i,p_{i+1}]\neq[0,1](p_9=p_1)(i=3,4,\cdots,8,1,2)$，则 $S(p_0)\neq 1$，否则 $S(p_0)=1$。

• $p_1\cdot p_3\cdot p_7=0$，或者 $S(p_7)\neq 1$(避免了 p_0 是左或上端点，左上角点的情况)；

• $p_3\cdot p_5\cdot p_7=0$，或者 $S(p_5)\neq 1$。(避免了 p_0 是右或下端点，右下角点的情况)。

图 8.21 所示是采用以上算法所得到的图像细线化的示例。从图 8.21(b)可以看到，经过细线化处理之后，虽然线幅为单个像素，但是仍旧保持了原有文字的字体形状。

(a)原 图

(b)细线化结果

图 8.21 细线化效果示例

习　题

1. 写出求一条幅宽为一个像素细线链码的程序流程图。
2. 写出细线化方法的程序流程图。
3. 写出膨胀算法的程序流程图。
4. 写出腐蚀算法的程序流程图。
5. 写出开、闭算法的程序流程图。
6. 设一个二值图像为

$$\boldsymbol{f}=\begin{bmatrix} 1 & 1 & 1 & 0 & 0 & 0 \\ 1 & 0 & 0 & 1 & 0 & 1 \\ 1 & 0 & 0 & 0 & 0 & 1 \\ 0 & 0 & 1 & 0 & 1 & 1 \\ 0 & 1 & 0 & 0 & 1 & 0 \\ 0 & 0 & 0 & 1 & 0 & 0 \end{bmatrix}$$

(1) 分别在八连通和四连通的意义下，对该图贴标签。

(2) 分别计算每个连通域的面积、质心、圆形度以及矩形度。

(3) 在八连通意义下，对图像进行细线化处理。

第 9 章　彩色图像处理

在前 8 章中，我们对灰度图像的处理进行了阐述。在日常生活中，我们所遇到的大多是彩色图像，人类的肉眼所看到的景物也大多是彩色的，因此就出现了人类用红绿灯来指挥交通，利用染色技术，在显微镜下对人体组织、病菌等进行观察。在彩色的世界中，有许多有趣而特殊的问题呈现在我们面前，例如，如何校正色偏使计算机生成的特技画面可以很巧妙地融入在实际拍摄的场景中，增加电影的渲染性等等。

本章就彩色图像的基本概念，以及彩色图像的处理等方面的内容进行介绍。

9.1 彩色的形成原理与基本概念

通过理论研究和实践结果，人们对颜色的物理本质已有了一定的掌握和了解。颜色的本质是牛顿最早系统研究和发现的。早在 17 世纪，牛顿通过三棱镜研究对白光的折射发现白光可被分解成一系列从紫到红的连续光谱，如彩色插图 9.1 所示。从而证明白光是由不同颜色的光线相混合而成的。这些不同颜色的光线实际上是不同频率的电磁波。人眼将不同频率的电磁波感知为不同的颜色。

从严格意义上说，颜色和彩色并不等同。颜色分为无彩色和有彩色两大类。无彩色指白色、黑色和各种深浅程度不同的灰色。彩色则是指除去上述黑白系列以外的各种颜色。但在一般情况下，通常所说的颜色是指彩色。

在人色觉的产生过程中需要一个发光光源。光源的光通过反射或投射方式传递到眼睛，被视网膜细胞接收，产生神经信号，然后人脑对此加以解释，由此产生色觉。人感受到的物体颜色主要取决于反射光的特性，如果物体能够比较均衡地反射各种光谱，则表现为白色；如果物体对某些光谱反射的较多，则人眼看起来物体

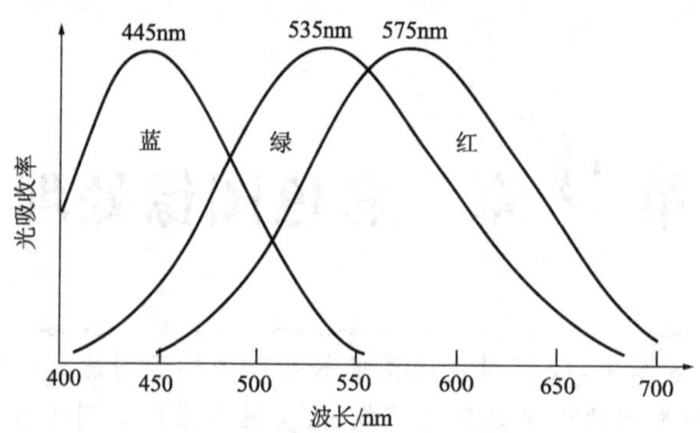

图 9.1　人眼对光的吸收分布模型

就呈现相应的颜色。

如彩色插图 9.1 所示，人眼所能感知的光谱波长约在 400～700nm 之间。光信号进入到人眼的视网膜上后，视网膜各个位置上锥体细胞及杆体细胞对其进行吸收，而锥体细胞中又大致分为三种，即 L 锥体(L-cone)，M 锥体(M-cone)，S 锥体(S-cone)。这三类细胞分别对红、绿、蓝光三色敏感。人眼细胞对光的吸收率分布模型如图 9.1 所示，可以看到除了对红、绿、蓝三色敏感之外，人眼可观察到所有覆盖可视光区波长的信号。

人眼产生色觉的机理是一个非常复杂的过程，通过长期的心理物理学方法的研究发现，当光谱采样限制到三个人类视觉系统敏感的红、绿、蓝波段时，对这三个光谱带的光能量进行采样，就可以得到一幅彩色图像。绝大部分颜色都可以看作是三种基本颜色(红(R)、绿(G)和蓝(B))的不同组合。为了建立标准，如彩色插图 9.2 所示，国际照明委员会(CIE)早在 1931 年就规定三种基本色的波长分别为 R：700nm，G：546nm，B：435.8nm。并称这三种颜色为**三原色**或者**三基色**。

经过大量的研究发现，彩色模型的建立可以依据颜色的三属性。三属性的选择不同，则形成不同表色系统，而不同的表色系统，则分别便于不同的研究目的。

9.2 表色系

定量地表示颜色称为**表色**，所表示的数值称为**表色值**，把为了表色而采用的一系列规定和定义所形成的体系称为**表色系**，表色系顾名思义是描述颜色模型的系统。

有关人是如何感受到颜色的机理，自古以来一直是一个很有趣味的研究课题，至今已经有多种假设学说被提了出来。最具有说服力的有三原色学说和对立色学说。本节中的内容是基于三原色学说来展开论述的，如果读者有兴趣进行更深入的了解，请阅读相应的参考文献[26,27]。

目前，广泛采用的表色系大致可以分为三类，即计算颜色模型系统，工业颜色模型系统和视觉颜色模型系统。在三原色学说的基础上，颜色的形成具有三属性。本节对选择不同的三属性所构造的这三大类颜色模型系统进行介绍。

9.2.1 计算颜色模型系统

所谓计算颜色模型系统，又称色度学颜色模型，是指用以进行有关色彩的纯理论研究和计算推导的颜色模型系统。

1. RGB 表色系

所谓 RGB 表色系，是指采用 CIE 规定的、以 700nm（红）、546.1nm（绿）、435.8nm（蓝）三个色光为三基色，即颜色的三个属性所构成的表色系。该表色系采用将自然界的颜色通过选用这三基色按不同比例混合而形成的方式。因为这是一种将三个原色同时加入后产生了新的颜色的方式，所以又称这种混色方式为加色方式。

RGB 表色系可以用一个正方体来示意，如图 9.2 所示，原点对应黑色，离原点最远的顶点对应白色。在这个模型中，从黑到白的灰度值分布在从原点到离原点最远顶点间的连线上，而正方体其余各点对应不同的颜色，可用从原点到该点的矢量表示。

图 9.2 是将数据进行了标准化后的示意图。目前常用的数据量化精度是，把 R，G，B 三原色分别量化为 0～255 共 256 个等级。这样，RGB 色系可以表示的颜色数为 $2^8\times2^8\times2^8=2^{24}=256\times256\times256=1600$ 万余种颜色。因为目前的图像显示设备、图像打印设备等大多采用该模式，所以通常又称为 24 位真彩色。

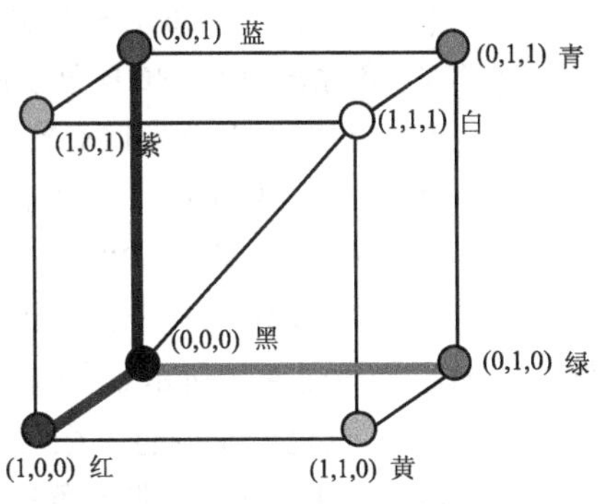

图 9.2 RGB 表色系

经过对 RGB 三个分量的量化，当一幅图像的每一个像素点都被赋予不同的 RGB

值，就能形成彩色图像了。在 RGB 表色系下，一个颜色可以表示如下：

$$C = k_R \cdot R + k_G \cdot G + k_B \cdot B \tag{9.1}$$

其中，C 表示某种颜色；(k_R, k_G, k_B) 表示在三原色 R，G，B 下的比例系数，称之为**三刺激值**。

因此，可以用(k_R, k_G, k_B)表示某个像素点上的颜色。例如，某一个像素点的颜色值为(0，255，0)表示该颜色只含绿色，并且绿色的分量达到了饱和。如果颜色值为(255，255，0)则表示红色分量与绿色分量达到饱和，而蓝色分量为 0，这个点的颜色为黄色。彩色插图 2.1 就是一幅 24 位真彩色图像。

2. CIE XYZ 色系

采用 RGB 表色系表示各种不同的色彩时，存在负的三刺激值，这样，就会导致这些具有负的刺激值的颜色不能物理实现。换句话说，再现颜色的色彩范围缩小了。并且，在色度图上表示的颜色是有偏分布的。为此，提出了 XYZ 表色系。

假设组成某种颜色所需的红、绿、蓝三个分量称为三刺激值，并分别用 X，Y，Z 表示。进一步，一种颜色可用它的三个色系数表示为

$$x = \frac{Y}{X+Y+Z},\ y = \frac{Y}{X+Y+Z},\ z = \frac{Z}{X+Y+Z} \tag{9.2}$$

由式(9.2)可以看出

$$x + y + z = 1 \tag{9.3}$$

XYZ 色系与 RGB 色系可相互转换，色系转换公式表示如下：

① RGB 色系转换到 XYZ 色系的计算公式为

$$\begin{cases} X = 2.7689R + 1.7517G + 1.1302B \\ Y = 1.0R + 4.5907G + 0.0601B \\ Z = 0.0R + 0.565G + 5.5943B \end{cases} \tag{9.4}$$

② XYZ 色系转换到 RGB 色系的计算公式为

$$\begin{cases} R = 0.4146X - 0.1481Y - 0.0822Z \\ G = -0.0904X + 0.2504Y + 0.0156Z \\ B = 0.0095X - 0.0253Y + 0.1772Z \end{cases} \tag{9.5}$$

1931 年 CIE 制定了一个色度图，用组成某种颜色的三原色的比例来规定这种颜色。如彩色插图 9.4 所示，图中横轴代表红色分量的色系数 x，纵轴代表绿色分量的色系数 y，蓝色分量的色系数可由 $z = 1 - (x - y)$ 求得。

可以看到，CIEXYZ 是非匀色空间，也就是说，在色度上相等的距离并不相当于视觉所觉察到的相等色差。这样，在进行色差的度量上就会产生一定的困难，为

此,CIE 又定义了所谓的等色空间。

3. CIE Lab 色系

Lab 颜色空间是在 1976 年制定的等色空间,等色空间的提出,克服了在 x,y 色度图上相等的距离与视觉所觉察到的相等色差不相一致的问题。

Lab 的值可以通过实验获得的 XYZ 的值来计算。换句话说,Lab 空间可以通过 XYZ 空间进行转换得到,具体的计算公式如下:

$$\begin{cases} L^* = 166 \cdot f(Y/Y_n) - 16 \\ a^* = 555 \cdot [f(X/X_n) - f(Y/Y_n)] \\ b^* = 200 \cdot [f(Y/Y_n) - f(Z/Z_n)] \end{cases} \tag{9.6}$$

其中,

$$f(x) = \begin{cases} x^{1/3}, & 0.008\,856 \leqslant x \leqslant 1 \\ 7.787 \cdot x + 16/116, & 0 \leqslant x < 0.008\,856 \end{cases} \tag{9.7}$$

X_n, Y_n, Z_n 由所使用的光源决定。

等色空间上颜色的“距离”与色差是成正比的,该空间中色差定义为

$$\Delta E_{ab} = (\Delta L^{*2} + \Delta a^{*2} + \Delta b^{*2})^{1/2} \tag{9.8}$$

ΔE_{ab}大小决定了色差程度的大小,当色差大于 1 时,人眼能够感知其变化,具体数据参见表 9.1。例如,当 $\Delta E_{ab} = 6.0 \sim 12.0$,则在视觉上可以感知到颜色的色差很大。

表 9.1 色差指标

色差程度的鉴定 ΔE_{ab}	
微量	0~0.5
轻量	0.5~1.5
能感觉到	1.5~3.0
明显	3.0~6.0
很大	6.0~12.0
截然不同	12.0 以上

9.2.2 视觉颜色模型系统

同样是三属性,人在区分颜色时常用三种基本特征量为辉度、色调和饱和度。辉度与物体的反射率成正比,通常将辉度值转化为灰度值来描述,对于无色彩图像就只有辉度一个量的变化。对彩色图像来说,颜色中掺入白色越多就越明亮,掺入黑色越多辉度就越小。

色调是与混合光谱中主要光波长相联系的,表示了感官上感受到的不同的颜色。例如,暖色调、冷色调分别表示了一定的范围内的颜色系列。当然,色调也可以用以表示一种颜色系列,例如红色调等。

饱和度与一定色调的纯度有关,纯光谱色是完全饱和的,随着白光的加入饱和

度逐渐减少。因此,饱和度越大的颜色看起来越鲜艳。

所谓视觉颜色模型系统,是指采用人眼对颜色感知的视觉模型相似的颜色表示模型。其三属性包括了亮度、色调及饱和度。

下面就几种视觉颜色模型进行讨论。

1. HSV 表色系

HSV 表色系如图 9.3 所示,该表色系由色调(Hue),饱和度(Saturation),亮度(Value)三属性组成。这是一个倒置的六边形的锥体,最下面的锥体顶部的点为亮度为 0 的点,呈黑色。最上面的锥体底面上的中心点为白色。该锥体的其中心轴上的点构成了从黑到白的所有无彩色的灰色。

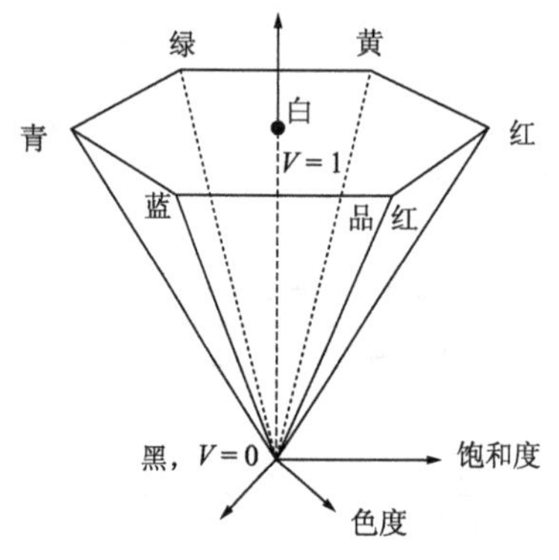

图 9.3 HSV 表色系

色调 *H* 表示不同的颜色,如图 9.3 所示,

锥体六边形的六个顶点相互之间相隔 60°,构成了红(0°),黄(60°),绿(120°),青(180°),蓝(240°),品红(300°)。

饱和度 *S* 表示颜色的纯度,当从六边形的中心向边上移动,则 S 随之增大。S 的取值范围为 [0,1]。显然,在中心点上,饱和度为 0,表明无彩色。

亮度 V 表示了颜色的亮暗程度,在坐标原点的值为 0,在锥体最上方的顶点上的值为 1。在原点表示黑色,在锥体最上方底面上颜色的强度达到最大。

HSV 表色系可以与 RGB 色系互相转换。转换公式如下:

① RGB 色系转换到 HSV 色系的计算公式为

$$V=\max(R,G,B) \tag{9.9}$$

$$S=\begin{cases}[V-\min(R,G,B)]/V, & V>0\\ 0, & V=0\end{cases} \tag{9.10}$$

$$H=\begin{cases}60(G-B)/SV, & V=R\\ 60[2+(B-R)/SV], & V=G\\ 60[4+(R-G)/SV], & V=B\\ 0, & V=0\\ H+360, & H<0\end{cases} \tag{9.11}$$

② HSV 色系转换到 RGB 色系的计算公式为

$$\begin{cases}R=V\\B=R-S\cdot V, & \text{if}\quad 0<H\leqslant 60\\G=S\cdot V\cdot H/60+B\end{cases}\tag{9.12}$$

$$\begin{cases}R=V\\B=R-S\cdot V, & \text{if}\quad 300<H\leqslant 360\\B=G-S\cdot V\cdot(H-360)/60\end{cases}\tag{9.13}$$

$$\begin{cases}G=V\\B=G-S\cdot V, & \text{if}\quad 60<H\leqslant 120\\R=B-(H-120)\cdot S\cdot V/60\end{cases}\tag{9.14}$$

$$\begin{cases}G=V\\R=G-S\cdot V, & \text{if}\quad 120<H\leqslant 180\\B=R+(H-120)\cdot S\cdot V/60\end{cases}\tag{9.15}$$

$$\begin{cases}B=V\\R=B-S\cdot V, & \text{if}\quad 180<H\leqslant 240\\G=R-(H-240)\cdot S\cdot V/60\end{cases}\tag{9.16}$$

$$\begin{cases}B=V\\G=B-S\cdot V, & \text{if}\quad 240<H\leqslant 360\\R=G+(H-240)\cdot S\cdot V/60\end{cases}\tag{9.17}$$

2. HLS 表色系

HLS 表色系如图 9.4 所示，该表色系由色调(Hue)，亮度(Lightness)，饱和度(Saturation)三属性组成，是一种与 HSV 非常相似的表色系。该表色系是由两个六边形的锥体合成的，最下面的锥体顶部的点为亮度为 0 的点，呈黑色。最上面的锥体顶点亮度为 1，呈白色。该锥体的其中心轴上的点构成了从黑到白的所有无彩色的灰色。

饱和度的定义与 HSV 表色系相同，在六边形的中心点处为 0，在六边形的边界上达到最大值为 1。

色度值的分布与 HSV 表色系相差 120°，即红色为 120°，其他如图 9.4 所示类推。最纯的颜色在 $L=$

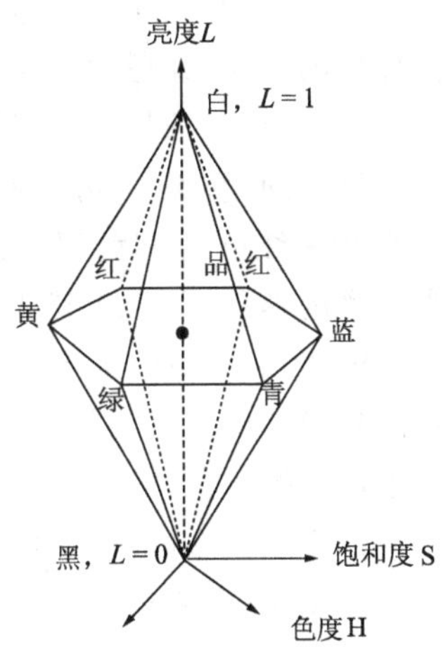

图 9.4 HLS 表色系

0.5 的 120°平面上，饱和度$S=1$处。

HLS 表色系与 HSV 表色系相比，其对应于人眼的视觉特性更加清晰。例如，白光太强，则表明只能看到白色，如果光强度为 0，则表明是黑色。

因为 HLS 表色系的模型与 HSV 表色系相似，因此与 RGB 表色系的转换公式，读者可自行推导。

3. HSI 表色系

HSI 表色系如图 9.5 所示，该表色系由色度(Hue)，饱和度(Saturation)，亮度(Intensity)三属性组成。与前两种表色系相同，是以一个描述亮度的属性和两个描述颜色属性的值来表示彩色图像的。

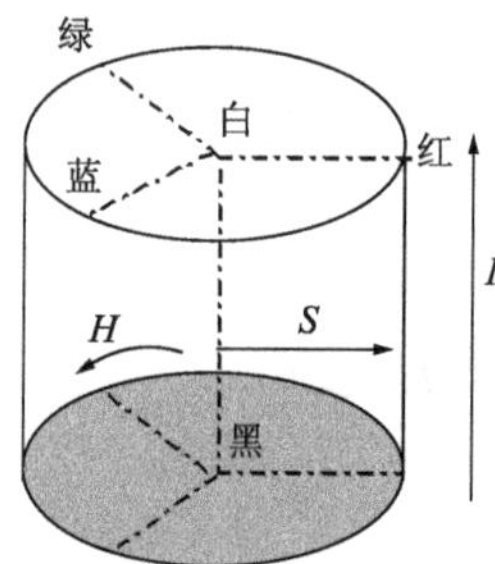

图 9.5 HSI 表色系

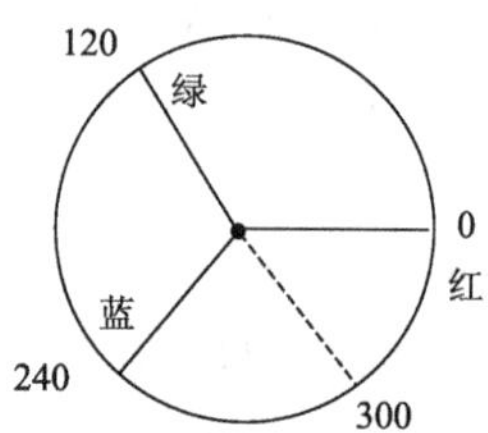

图 9.6 色度与饱和度

I：表示光照强度或称为亮度，它确定了像素的整体亮度。如图 9.5 所示，在圆柱体的底面，其亮度值为 0，整个底面为黑色；在圆柱体的顶面，其亮度值为 1，整个顶面为白色。圆柱体的圆心轴表示从黑到白不同深浅的灰色。

H：表示色度，由角度表示，反映了该颜色最接近的光谱波长。如图 9.6 所示，定义 0°为红色，120°为绿色，240°为蓝色。色度从定义 0°变化到 240°覆盖了所有可见光谱的彩色，在 240°到 300°的范围内，是人眼可见的非光谱色(紫色)。

S：表示饱和度，如图 9.6 所示，是色环的原点(圆心)到彩色点的半径长度。在环的外围圆周上是纯的，或者称为饱和的颜色，其饱和度值为 1。在中心点处，称为中性色的灰色，饱和度为 0。

HSI 表色系可以与 RGB 色系互相转换。转换公式如下：

① RGB 色系转换到 HSI 色系的计算公式为

$$I=\frac{1}{\sqrt{3}}(R+G+B) \tag{9.18}$$

$$S=1-\frac{\sqrt{3}}{I}\min(R,G,B) \tag{9.19}$$

$$H=\begin{cases}\theta, & G\geqslant B\\ 2\pi-\theta, & G<B\end{cases} \tag{9.20}$$

其中，

$$\theta=\arccos\left[\frac{\frac{1}{2}[(R-G)+(R-B)]}{\sqrt{(R-G)^2+(R-B)(G-B)}}\right] \tag{9.21}$$

② HSI 色系转换到 RGB 色系的计算公式为

$$\begin{cases}R=\dfrac{I}{\sqrt{3}}\left[1+\dfrac{S\cdot\cos(H)}{\cos(60^\circ-H)}\right]\\ B=\dfrac{I}{\sqrt{3}}(1-S), & \text{if}\quad 0^\circ\leqslant \mathrm{H}<120^\circ\\ G=\sqrt{3}I-R-B\end{cases} \tag{9.22}$$

$$\begin{cases}G=\dfrac{I}{\sqrt{3}}\left[1+\dfrac{S\cdot\cos(H-120^\circ)}{\cos(180^\circ-H)}\right]\\ R=\dfrac{I}{\sqrt{3}}(1-S), & \text{if}\quad 120^\circ\leqslant \mathrm{H}<240^\circ\\ B=\sqrt{3}I-R-G\end{cases} \tag{9.23}$$

$$\begin{cases}B=\dfrac{I}{\sqrt{3}}\left[1+\dfrac{S\cdot\cos(H-240^\circ)}{\cos(300^\circ-H)}\right]\\ G=\dfrac{I}{\sqrt{3}}(1-S), & \text{if}\quad 240^\circ\leqslant \mathrm{H}<360^\circ\\ R=\sqrt{3}I-B-G\end{cases} \tag{9.24}$$

9.2.3 工业颜色模型系统

工业颜色模型系统主要侧重于实际应用技术，其中包括彩色显示系统、彩色传输系统以及电视传输系统的专用表色系。这些表色系的定义，是为了便于各类不同的应用目的。下面就几种基本的表色系进行介绍。

1. NTSC RGB 表色系

为了传输和再现彩色电视图像，人们提出了一系列的工业彩色模型，被广泛用于计算机图形学和图像处理中，特别是在特定的硬件平台上显示和复制彩色图像的应用中。美国国家电视系统委员会(NTSC)为在 CRT 上显示彩色图像而提出的 RGB 彩色系统模型是最重要的工业颜色模型。NTSC 是目前公布的标准彩色电视的制式中的一种，被日本等国家采用。考虑到电视播放与接收效果等多方面因素，该表色系与 CIE RGB 三原色颜色模型存在如下的关系：

$$\begin{bmatrix} R_{\text{CIE}} \\ G_{\text{CIE}} \\ B_{\text{CIE}} \end{bmatrix} = \begin{bmatrix} 1.167 & -0.146 & -0.151 \\ 0.144 & 0.753 & 0.159 \\ -0.001 & 0.059 & 1.128 \end{bmatrix} \begin{bmatrix} R \\ G \\ B \end{bmatrix} \tag{9.25}$$

2. CMYK 表色系

这是一种减色系统，通常用在彩色印刷上的表色系。所谓减色系统，是指利用滤色片或者色素等光吸收媒体，从白色光中滤出三种原色后，对所得到的三种颜色(这三种颜色称为减色系统的三基色)进行混合后所获得的颜色。例如，从白色光中滤除红色(R)即为青色(C)，从白色光中滤除绿色(G)即为品红色(M)，从白色光中滤除蓝色(B)即为黄色(Y)。C，M，Y 就成为该表色系的三基色。

减色系统的颜色形成是根据光吸收的多少来实现的。如果同样大小的 C 与 M 重叠在一起，同时吸收了 R 和 G，因此得到颜色为 B，即 $C \times M = B$，同理有 $M \times Y = R$，$C \times Y = G$。在这个表色系中，把这种由两种颜色叠加后所得到的颜色称为二次色。

同样，如果将等量的三种基色进行混合的话，相当于吸收了波长带中的所有光，所以 $C \times M \times Y = K$(黑)，称之为三次色。

从上面分析可知，CMYK 表色系中，只要有三基色 C，M，Y 就可以混合形成包括黑色在内的多种颜色。但是，由于该色系多用于印刷，为了使印刷中所常出现的黑色直接用黑色墨来印刷，所以通常在这个色系中加入了 K(黑)这个基色。

CMYK 色系与 RGB 色系可相互转换。

① RGB 色系转换到 CMYK 色系的计算公式为

$$\begin{cases} C = W - R = G + B \\ M = W - G = R + B \\ Y = M - B = R + G \\ K = \min\{C, M, Y\} \end{cases} \tag{9.26}$$

其中，W 表示白色。

② CMYK 色系转换到 RGB 色系的计算公式为

$$\begin{cases} R=W-C=0.5\cdot[M+Y-C] \\ G=W-M=0.5\cdot[Y+C-M] \\ B=W-Y=0.5\cdot[M+C-Y] \end{cases} \tag{9.27}$$

3. YUV 表色系

YUV 表色系是一种常用于多媒体技术中的一种表色系。该表色系适用于彩色电视的颜色表示。对于彩色电视的表示来说,需要具备基本的两个条件:一是与黑白电视的兼容性,即播放的黑白电视节目(灰色视频图像画面)可以被彩色电视机接收,播放的彩色电视节目(彩色视频图像画面)也可以被黑白电视接收(尽管在黑白电视机上看到的是灰色的图像画面);二是希望与 RGB 表色系的转换运算比较简单,便于实时地进行色系之间的转换。

针对以上的实际应用的需求,YUV 表色系具备的基本特征是:将亮度信号和色彩信号分离表示,Y 代表亮度,U、V 表示两个彩色分量,一般是蓝、红色的相对值,用以表示色差。YUV 表色系的一个优点是它的亮度信号(Y)和色度信号(U,V)是相互独立的,也就是说 Y 信号构成的灰度图像与用 U,V 信号构成的另外两幅单色图是相互独立的。因此,可以对 Y,U,V 这些单色图单独进行编码。

黑白电视能接收彩色电视节目信号就是利用了 YUV 之间的独立关系。只要将 Y,U,V 三路信号中的 Y 信号接入电视机中即可。而当彩色电视机接收黑白电视节目信号时,只要将 U,V 两路信号置为 0 即可。

YUV 表色系与 RGB 表色系的转换,有若干种不同的转换公式,这是因为通常还会考虑传输时尽量同时便于压缩编码。这里,我们只考虑上面所讨论的表色系之间的转换运算简单,以及彩色电视与黑白电视兼容两个目标,给出一种基本的 YUV 表色系。

① RGB 色系转换到 YUV 色系的计算公式为

$$\begin{cases} Y=0.299\cdot R+0.587\cdot G+0.114\cdot B \\ U=B-Y \\ V=R-Y \end{cases} \tag{9.28}$$

② YUV 色系转换到 RGB 色系的计算公式为

$$\begin{cases} R=Y+U \\ G=Y-0.192\cdot U-0.509\cdot V \\ B=Y+V \end{cases} \tag{9.29}$$

4. YCbCr 表色系

YCbCr 模型是一种充分考虑了人眼的视觉特性来降低数字彩色图像所需要存储的容量,是一种适合于彩色图像压缩的表色系。人眼对彩色细节的分辨能力远比对亮度细节的分辨能力低。如果把人眼刚刚可以分辨的黑白相间的条纹换成彩色条纹,人眼就分辨不出来了。根据这个特点,把彩色分量的分辨率降低不会明显影响图像的质量,由此来减少彩色图像所需的存储容量。

根据上面的分析,YCbCr 表色系中显然需要体现可以将亮度信息与色彩信息分开的特点。实际上,YCbCr 表色系与 YUV 表色系一样,是由亮度 Y,色差 Cb,Cr 三个属性所构成的表色系。从式(9.28)可以看到,亮度 Y 是由 R,G,B 的线性组合构成的,而 RGB 三个分量的加权系数也各不相同。YCbCr 表色系与 YUV 表色系不同的是,在构造色差的计算公式时,充分考虑了 RGB 三个分量在视觉感觉中的不同重要性而确定的。

① RGB 色系转换到 YCbCr 色系的计算公式为

$$\begin{cases} Y=0.299\cdot R+0.587\cdot G+0.114\cdot B \\ \mathrm{Cb}=2(1-0.114)\cdot(B-Y) \\ \mathrm{Cr}=2(1-0.299)\cdot(R-Y) \end{cases} \tag{9.30}$$

② YCbCr 色系转换到 RGB 色系的计算公式为

$$\begin{cases} R=Y+k_{\mathrm{R}}\cdot \mathrm{Cr} \\ B=Y+k_{\mathrm{B}}\cdot \mathrm{Cb} \\ G=(Y-0.299\cdot R-0.114\cdot B)/0.587 \end{cases} \tag{9.31}$$

其中,$k_{\mathrm{R}}=\dfrac{1}{2(1-0.299)}$,$k_{\mathrm{B}}=\dfrac{1}{2(1-0.114)}$。

9.3 彩色图像的常规处理

彩色图像处理所涉及的范围比较广,例如彩色图像的增强、彩色图像噪声的去除、彩色图像的锐化,等等。这种在灰度图像中也可进行的处理,在这里称为彩色图像的常规处理。对于这些处理可以将前几章所介绍的,对应于灰度图的方法直接推广到彩色图中进行处理即可。也就是说,同样的处理分别在 R,G,B 三个通道上同时进行。值得注意的是,为了保证处理后的图像不会发生颜色畸变(色偏),这三个颜色通道的处理必须是相同的。例如,如果利用式(3.4)在线性对比度展宽时，如果 $\beta_R > \beta_G$，则处理后的图像与原图相比会偏红。只要注意在处理时保持三个颜色通道处理的平衡性，就可以很方便地将灰度图的处理方法用在彩色图像的处理中。

9.4 彩色图像的彩色平衡处理

与彩色图像的常规处理不同，彩色图像的处理中，一定包含有对色彩的特殊处理。我们知道，当一幅彩色图像数字化后，在显示时颜色有时会看起来有些不正常。这是因为颜色通道中不同的敏感度、增光因子、偏移量(黑级)等，导致数字化中的三个图像分量出现不同的变换，使结果图像的三原色"不平衡"，从而使景物中所有物体的颜色都偏离了其原有的真实色彩。彩色平衡处理的目的就是将有色偏的图像进行颜色校正，获得正常颜色的图像。下面，介绍两种基本的彩色平衡处理方法。

9.4.1 白平衡方法

白平衡原理是，如果原始场景中的某些像素点应该是白色的(即 $R_k^* = G_k^* = B_k^* = 255$)，但是由于所获得图像中的相应像素点存在色偏，这些点的 R，G，B 三个分量的值不再保持相同，通过调整这三个颜色分量的值，使之达到平衡，由此获得对整幅图像的彩色平衡影射关系，通过该映射关系对整幅图像进行处理，即可达到彩色平衡的目的。

根据以上所述的白平衡原理，实现白平衡的方法很多。在这里给出一种基本的白平衡方法。方法的具体步骤如下：

① 对拍摄到的有色偏的图像，按照下式计算该图像的亮度分量。

$$Y = 0.299 \cdot R + 0.587 \cdot G + 0.114 \cdot B \tag{9.32}$$

获得图像的亮度信息之后，因为环境光照等的影响，即使现实场景中白色的点，在图像中也可能不是理想状态下的白色，即 $Y \neq 255$。但是可以知道，白色的亮度为图像中的最大亮度。所以需要求出图像中的最大亮度 Y_{max} 和平均亮度 $\bar{Y}$。

② 考虑到对环境光照的适应性，寻找出图像中所有亮度 $\leqslant 0.95 \cdot Y_{max}$ 的像素点，将这些点假设为原始场景中的白色点，即设这些点所构成的像素点集为白色点集 $\{f(i,j) \in \Omega_{whrite}\}$。

③ 计算白色点集 Ω_{whrite} 中所有像素的 R，G，B 三个颜色分量的均值 $\bar{R}, \bar{G}, \bar{B}$。

④ 按照下式计算颜色均衡调整参数：

$$k_R=\frac{\overline{Y}}{\overline{R}},\quad k_G=\frac{\overline{Y}}{\overline{G}},\quad k_B=\frac{\overline{Y}}{\overline{B}} \tag{9.33}$$

⑤ 对整幅图像的 R,G,B 三个颜色分量,进行彩色平衡调整如下:

$$R^*=k_R\cdot R,\quad G^*=k_G\cdot G,\quad B^*=k_B\cdot B \tag{9.34}$$

如彩色插图 9.5 所示,是对有色偏的图像按照上面的方法进行白平衡处理的结果。程序中自动寻找到的白色点集大多为画面中石头上的点。

9.4.2 最大颜色值平衡方法

上面给出的白平衡方法可以对画面中存在白色像素点的图像有很好的彩色平衡效果。但是,如果图像中白色的点不存在,或者只占到画面总像素的很少比例,则白平衡方法的处理就不是很有效。**最大颜色值平衡方法**就是针对这种情况提出的彩色平衡方法。

最大颜色值平衡原理是,如果存在色偏,则 RGB 三个颜色通道中存在某个比较强的颜色通道,通过对该颜色通道的抑制,或者对另外颜色信息较弱的颜色通道信息的增强,就可以达到彩色平衡的目的。该方法的具体步骤如下:

① 对所拍摄到的具有色偏的图像,计算其 R,G,B 三个颜色通道的最大值 $R_{\max}$,$G_{\max}$,$B_{\max}$,这样就获得了每个颜色通道的最大强度值;

② 求出上面三个最大值中最小的一个值,即 $C_{\max}=\min\{R_{\max},G_{\max},B_{\max}\}$;

③ 分别统计 R,G,B 三个颜色通道的像素值$\geqslant C_{\max}$的像素个数,设其分别为 N_R,N_G,N_B;

④ 求出上面三个值中最大的值 $N_{\max}=\max(N_R,N_G,N_B)$,所对应的颜色通道为 $\mathrm{Color}_{\max}=[x\,|\,x\in\Omega_{\max(N_R,N_G,N_B)}]$,则这个颜色通道对应于三个颜色分量中颜色信息最强。

⑤ 将除了 $\mathrm{Color}_{\max}$之外的颜色通道的像素值,从大到小进行统计其像素个数,以达到 $N_{\max}$的像素值为止。这样,就获得了在三个颜色通道中像素个数基本相同的三个颜色通道的像素值,分别记作 R_{Th},G_{Th},B_{Th}。显然,一般情况下,信息最弱的那个颜色通道的值最小,以此作为彩色平衡的参数。

⑥ 按照下式计算色彩平衡的调整参数:

$$k_R=\frac{C_{\max}}{R_{Th}},\quad k_G=\frac{C_{\max}}{G_{Th}},\quad k_B=\frac{C_{\max}}{B_{Th}} \tag{9.35}$$

⑦ 对整幅图像的 R,G,B 三个颜色分量,进行彩色平衡调整如下:

$$R^*=k_R\cdot R,\quad G^*=k_G\cdot G,\quad B^*=k_B\cdot B \tag{9.36}$$

彩色插图 9.6 所示是对有色偏的图像按照最大颜色值平衡方法进行处理的结果。彩色插图 9.6(a)是国际标准测试图像，从画面可以看到颜色偏红，按照上面的方法处理之后，如彩色插图 9.6(b)所示，人物的脸部颜色已经调整到肤色。

因为目前很难对一般彩色图像的色偏情况进行定量、准确确定，所以对彩色平衡的效果，通常是采用主观评价方法居多。

9.5 彩色图像的彩色补偿处理

因为人眼对不同颜色的识别能力比对不同亮度的识别能力强，换句话说，如果有亮度相同两个目标物放在一起，就很难进行分离与判别，但是如果一个是红色，而另一个是绿色的话，则一目了然，这也是第 3 章中所介绍的伪彩色图像增强方法中所介绍的原理。因此，利用这个视觉特性，在某些应用中，目标的分离主要或完全依据各种类型的物体颜色的不同。例如，在荧光显微术中，一个生物样本的不同成分(如细胞的不同成分)被不同的彩色荧光染料着色。在分析中常常需要分别显示这些物体，且保持它们之间正确的空间关系。

例如在准备过程中，用红、绿和蓝三种荧光染料给样本的三种不同化学成分着色，就可以直接用普通的三色图像来数字化和显示样本了。这时 RGB 图像的每个单颜色通道图像，显示特定类型的物体。采用这种方法就为使用前几章介绍的技术来进行图像分割和物体测量铺平了道路。

但是，由于常用彩色图像数字化设备具有较宽而且相互覆盖的光谱敏感区域，以及现有的荧光染料荧光点的可变的发射光谱，我们很难在三个分量图像中将三类物体完全分离开。一般来说，只是其中的两个对比度相对弱些，我们称这种现象为颜色扩散。

由于颜色扩散的影响，导致了原本可以通过颜色特征进行提取的目标物的特征的弱化。这时，就需要对颜色扩散进行校正，称这样的操作为**彩色补偿**。

如果用一个线性变换来表示颜色扩散的模型。定义矩阵 C 为颜色在三个通道中扩散情况，其每个元素 $c_{i,j}$ 表示数字图像彩色通道 i 中，三原色中的 j 所占的亮度的比例($i,j=\{R,G,B\}$)。令 x 为一个 3×1 的向量，代表特定像素处的实际像素点的颜色在理想数字化仪(没有颜色扩散和黑白偏移)上产生的灰度向量。那么

$$y=C\cdot x+b \tag{9.37}$$

是数字化仪记录下的实际 RGB 图像的灰度级向量。其中，C 表示颜色扩散，当 $C=I$ 时，表示无颜色扩散。向量 b 代表数字化仪的黑度偏移。也就是说，b_i 是通

道 i 中对应于黑色(亮度为零)的测量灰度值($i=\{R,G,B\}$)。

由上面的方程,可容易地解出真实色彩如下:

$$x=C^{-1}\cdot(y-b) \tag{9.38}$$

即从每个通道的 RGB 像素值向量中减去黑的灰度向量之后,左乘以颜色扩散矩阵的逆,就可对颜色扩散进行补偿。

由式(9.38)可以进行彩色补偿的前提是,求出颜色扩散矩阵 C 和黑度偏移向量 b。具体求解 C 和 b 的方法很多,在这里介绍一种基于三通道最强颜色值的彩色补偿方法。方法的具体步骤如下:

① 读入拍摄到的具有颜色扩散的图像,设其三个颜色分量分别为 R,G,B;

② 分别求出某个颜色通道与其他两个颜色通道的强度差如下:

$$\begin{cases}e_{\mathrm{R}}=(R-B)+(R-B)\\ e_{\mathrm{G}}=(G-B)+(G-R)\\ e_{\mathrm{B}}=(B-R)+(B-G)\end{cases} \tag{9.39}$$

③ 分别求出强度差的最大值如下:

$$e_{\mathrm{R}}^{\max}=\max(e_{\mathrm{R}}),\quad e_{\mathrm{G}}^{\max}=\max(e_{\mathrm{G}}),\quad e_{\mathrm{B}}^{\max}=\max(e_{\mathrm{B}}) \tag{9.40}$$

④ 在 e_{R},e_{G},e_{B} 三个强度差分量中,分别找出值等于 $e_{\mathrm{R}}^{\max}$,$e_{\mathrm{G}}^{\max}$,$e_{\mathrm{B}}^{\max}$ 的所有像素,并分别求出其像素均值向量如下:

$$\begin{cases}\bar{r}_1=\{\bar{r}\,|\,e_{\mathrm{R}}=e_{\mathrm{R}}^{\max}\}\\ \bar{g}_1=\{\bar{g}\,|\,e_{\mathrm{R}}=e_{\mathrm{R}}^{\max}\}\\ \bar{b}_1=\{\bar{b}\,|\,e_{\mathrm{R}}=e_{\mathrm{R}}^{\max}\}\end{cases},\quad \begin{cases}\bar{r}_2=\{\bar{r}\,|\,e_{\mathrm{G}}=e_{\mathrm{G}}^{\max}\}\\ \bar{g}_2=\{\bar{g}\,|\,e_{\mathrm{G}}=e_{\mathrm{G}}^{\max}\}\\ \bar{b}_2=\{\bar{b}\,|\,e_{\mathrm{G}}=e_{\mathrm{G}}^{\max}\}\end{cases},\quad \begin{cases}\bar{r}_3=\{\bar{r}\,|\,e_{\mathrm{B}}=e_{\mathrm{B}}^{\max}\}\\ \bar{g}_3=\{\bar{g}\,|\,e_{\mathrm{B}}=e_{\mathrm{B}}^{\max}\}\\ \bar{b}_3=\{\bar{b}\,|\,e_{\mathrm{B}}=e_{\mathrm{B}}^{\max}\}\end{cases} \tag{9.41}$$

⑤ 设对于上面计算得到的三组点($\bar{r}_1$,$\bar{g}_1$,$\bar{b}_1$),($\bar{r}_2$,$\bar{g}_2$,$\bar{b}_2$),($\bar{r}_3$,$\bar{g}_3$,$\bar{b}_3$)在没有颜色扩散的情况下,应该是纯红、纯绿、纯蓝,即应该为(r_1^*,0,0),(0,g_2^*,0),(0,0,b_3^*),所以有

$$\boldsymbol{A}_1=\begin{bmatrix}\bar{r}_1 & \bar{r}_2 & \bar{r}_3\\ \bar{g}_1 & \bar{g}_2 & \bar{g}_3\\ \bar{b}_1 & \bar{b}_2 & \bar{b}_3\end{bmatrix},\quad \boldsymbol{A}_2=\begin{bmatrix}r_1{}^* & 0 & 0\\ 0 & g_2{}^* & 0\\ 0 & 0 & b_3{}^*\end{bmatrix} \tag{9.42}$$

根据式(9.37),忽略 b 有

$$\boldsymbol{A}_1=\boldsymbol{C}\cdot\boldsymbol{A}_2 \tag{9.43}$$

令

$$\boldsymbol{C}=\boldsymbol{A}_1\cdot\boldsymbol{A}_2{}^{-1} \tag{9.44}$$

则有彩色补偿公式为

$$x = \boldsymbol{C}^{-1} \cdot (y-b) = \boldsymbol{A}_2 \cdot \boldsymbol{A}_1^{-1} \cdot y \tag{9.45}$$

⑥对⑤中因忽略 b 的影响进行补偿。

考虑到 b 对颜色通道的补偿不起作用,而只是调整彩色补偿后的图像亮度,为此,对由式(9.45)所计算的结果进行标准化处理即可(将图像的量化值线性映射到[0,255])。

图 9.7 所示是根据以上方法对肾脏组织切片图像进行处理的一个示例。肾脏组织切片图像的成像原理是,通过对人体组织样本经过染色处理之后,通过不同组

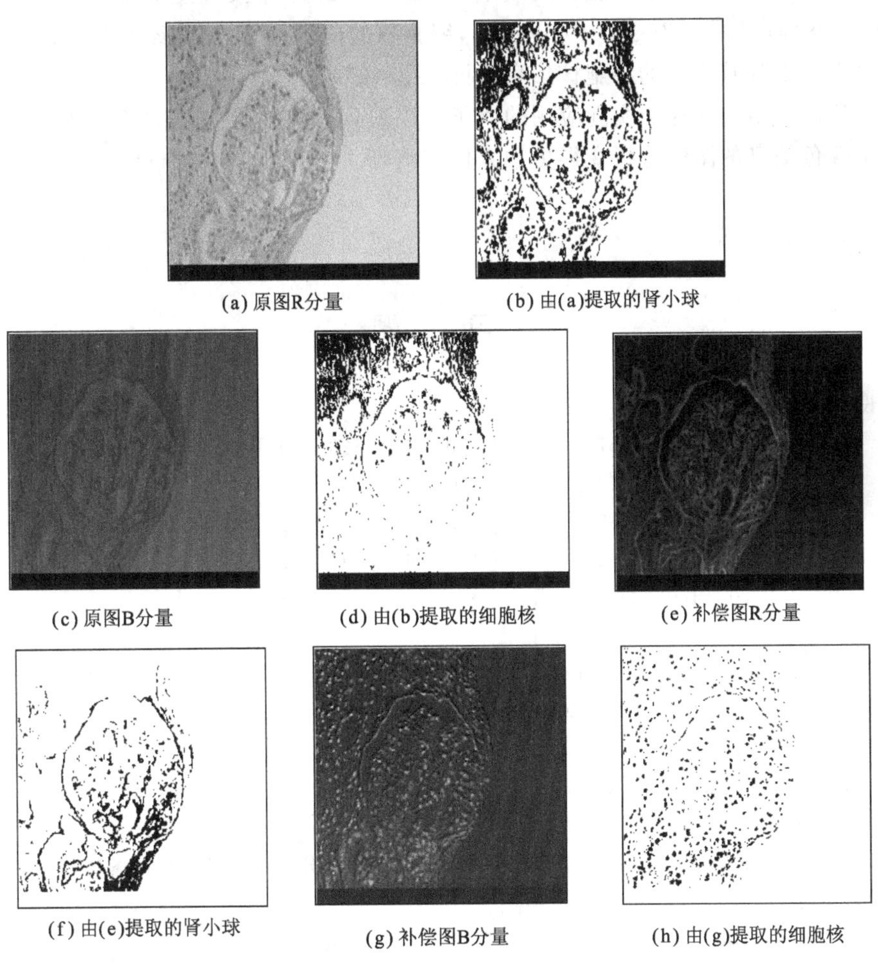

图 9.7 彩色补偿在肾组织切片图像分析中的应用示例

织对染料吸收效果的不同，可以在显微镜下进行观察。图9.7(a)是未进行彩色补偿的R通道原图，图9.7(e)为进行了颜色补偿之后的R通道的图像，图9.7(b)、(f)分别为其二值化图像。比较图9.7(b)与图9.7(f)，可以看到虽然两幅图像均通过二值化处理之后提取出了肾小球，但是很明显图9.7(b)中还存在许多其他非肾小球组织的区域被同时提取出来，这样，对后续的处理与分析有非常大的影响。相比较，图9.7(f)中的其他非肾小球边界的影响就比较少。再比较图9.7(d)与图9.7(h)，因为在原图的B分量(见图9.7(c))中，细胞核的信息很弱，因此通过二值化处理之后达不到提取细胞核的效果(见图9.7(d))。但是经过彩色补偿之后，在B通道图像(见图9.7(g))中可以看到，细胞核的信息很强，因此经过二值化处理后可以提取出肾脏组织的细胞核信息(见图9.7(h))。

从以上给出的这个实际应用的例子可以看到，通过彩色补偿处理之后，可以将基于颜色信息的图像分析变得更加方便与清晰。

习　题

1. 设一幅彩色图像为

$$\boldsymbol{R}=\begin{bmatrix} 95 & 60 & 95 & 57 \\ 61 & 90 & 59 & 57 \\ 62 & 59 & 0 & 85 \\ 95 & 61 & 60 & 92 \end{bmatrix},\quad \boldsymbol{G}=\begin{bmatrix} 120 & 36 & 128 & 41 \\ 34 & 120 & 28 & 32 \\ 36 & 34 & 100 & 32 \\ 125 & 61 & 60 & 122 \end{bmatrix},$$

$$\boldsymbol{B}=\begin{bmatrix} 20 & 160 & 20 & 157 \\ 160 & 20 & 159 & 157 \\ 162 & 159 & 20 & 185 \\ 20 & 161 & 160 & 20 \end{bmatrix}$$

如果对其进行了如下运算：

(1) $R(i,j)+\Delta R(i,j),\Delta R(i,j)=100$；

(2) $k\cdot R(i,j),k=2$。

$\boldsymbol{G},\boldsymbol{B}$ 不变，通过求出的饱和度，以及色调的变化情况来分析这两种运算对图像效果的改变有什么不同。

2. 对一幅彩色图像

$$\boldsymbol{R}=\begin{bmatrix} 95 & 60 & 95 & 57 \\ 61 & 90 & 59 & 57 \\ 62 & 59 & 0 & 85 \\ 95 & 61 & 60 & 92 \end{bmatrix},\quad \boldsymbol{G}=\begin{bmatrix} 120 & 36 & 128 & 41 \\ 84 & 120 & 28 & 82 \\ 86 & 84 & 100 & 82 \\ 125 & 91 & 90 & 122 \end{bmatrix},$$

$$\boldsymbol{B}=\begin{bmatrix} 20 & 160 & 20 & 157 \\ 160 & 20 & 159 & 157 \\ 162 & 159 & 20 & 185 \\ 20 & 161 & 160 & 20 \end{bmatrix}$$

如果判断其存在色偏，对其进行色偏校正。

3. 对习题 2 的彩色图像进行彩色补偿处理。

4. 假设一台数码摄像设备在出厂前进行颜色性能检验，给定三个靶图为不同亮度的灰度色块，测得的这三个靶图的[H,S,I]值分别为[0,0.25,117]，[110,0.16,225]，[225,0.08,332]。请问，经过这台摄像设备获得的这三个靶图的颜色分别是什么颜色？这台设备是否达到了彩色平衡？如果没有，请问 RGB 三个颜色通道中，哪个颜色通道最敏感？哪个颜色通道最不敏感？

第 10 章　图像变换

所谓图像变换，是指通过某种数学映射，将图像信号从空域变换到另外的域上进行分析的手段。常用的图像变换包括了图像的频域变换(傅里叶变换)、图像的时频域变换(小波变换)，以及其他各种正交变换等。本章就其中几种基本的典型图像变换进行介绍。

10.1　图像的频域变换——傅里叶变换

在信号处理中，傅里叶变换可以将时域信号变换到频域中进行处理，因此傅里叶变换在信号处理中有着特殊重要的地位。本节对图像中的傅里叶变换方法的相关问题进行论述。傅里叶变换在许多信号处理相关的著作中都可以看到非常明确的阐述，为方便读者对后续内容的理解，本章只对相关的内容进行简单的介绍。

10.1.1　一维傅里叶变换

傅里叶变换是一种函数的正交变换，如果将信号以函数来描述，正交变换的含义就是将一个函数分解成一组正交函数的线性组合。为此，在介绍傅里叶变换之前，首先简单了解一下信号(函数)的正交变换。

1. 信号的正交变换

设 $f(t)$ 为任一个时域上的函数，有 n 个函数 $\varphi_1(t)$，$\varphi_2(t)$，…，$\varphi_n(t)$ 在区间 (t_1, t_2) 构成一个正交函数空间，用这 n 个正交函数的线性组合近似 $f(t)$ 得

$$f(t) \approx C_1\varphi_1(t) + C_2\varphi_2(t) + \cdots + C_n\varphi_n(t) = \sum_{j=1}^{n} C_j\varphi_j(t) \tag{10.1}$$

可以证明，当 $n \to \infty$ 时，近似均方误差 $\varepsilon^2 \to 0$。其中，

$$\varepsilon^2 = \frac{1}{t_2 - t_1}\int_{t_1}^{t_2} \left[f(t) - \sum_{j=1}^{n} C_j\varphi(t)\right]^2 \mathrm{d}t \tag{10.2}$$

把这种将一个函数分解成正交函数的线性组合称为信号的正交分解，将一个函数通过正交分解映射到正交函数空间的数学变换称为**正交变换**。

2. 傅里叶级数

对于周期为 T 的周期信号 $f(t)$（即 $f(t)=f(t+mT)$，m 为任意整数），其角频率为 $\Omega=\frac{2\pi}{T}$，则这个周期函数可以分解为在 $(-T/2,T/2)$ 上的正交函数 $\sin(n\Omega t)$，$\cos(n\Omega t)$（n 为任意整数）的线性组合，即

$$f(t)=\frac{a_0}{2}+\sum_{n=1}^{\infty}a_n\cos(n\Omega t)+\sum_{n=1}^{\infty}b_n\sin(n\Omega t) \tag{10.3}$$

其中，

$$a_n=\frac{2}{T}\int_{-\frac{T}{2}}^{\frac{T}{2}}f(t)\cos(n\Omega t)\mathrm{d}t,\qquad n=0,1,2,\cdots \tag{10.4}$$

$$b_n=\frac{2}{T}\int_{-\frac{T}{2}}^{\frac{T}{2}}f(t)\sin(n\Omega t)\mathrm{d}t,\qquad n=1,2,3,\cdots \tag{10.5}$$

按照上面的方式所分解的级数称为**傅里叶级数**。

为了方便问题的解决，周期函数的傅里叶级数还可以写成如下形式：

$$f(t)=\frac{A_0}{2}+\sum_{n=1}^{\infty}A_n\cos(n\Omega t+\varphi_n) \tag{10.6}$$

其中，$A_0=a_0$，$A_n=\sqrt{a_n^2+b_n^2}$，$\varphi_n=-\arctan\left(\frac{b_n}{a_n}\right)$ (10.7)

或者还可以写成复指数形式：

$$f(t)=\sum_{n=-\infty}^{+\infty}F_n e^{jn\Omega t} \tag{10.8}$$

其中，

$$F_n=\frac{1}{2}A_n e^{j\varphi_n}=\frac{1}{2}[A_n\cos\varphi_n+jA_n\sin\varphi_n]=\frac{1}{2}(a_n-jb_n) \tag{10.9}$$

3. 周期信号的频谱

当一个周期信号分解成傅里叶级数之后，由式(10.6)可知，周期函数可以分解为各次谐波（角频率为 $n\Omega$，即角频率为周期信号角频率 Ω 的整数倍）在不同相位 φ_n 的线性组合。

如果以频率（或角频率）为横轴，各次谐波的振幅 A_n 或者 $|F_n|$ 为纵轴，所得到的线图称为幅度谱，而以各谐波的初相角 φ_n 为纵轴所得到的线图称为相位谱。幅度谱与相位谱统称为周期信号的频谱。因为周期信号频谱只在其谐波分量上不为

0,因此,周期信号的频谱是离散谱,各谱线之间的间隔为 Ω。

4. 一般函数的傅里叶变换

一个非周期信号可以理解成一个周期无限长($T\rightarrow\infty$)的一个周期信号。这时,相邻谱线之间的间隔 $\Omega=\frac{2\pi}{T}\rightarrow 0$。同时,各频率分量的幅值也就趋于无穷小。为了描述非周期信号的频谱特性,引入频谱密度的概念。令

$$F(jw)=\lim_{T\rightarrow\infty}\frac{F_n}{1/T}=\lim_{T\rightarrow\infty}F_n\cdot T \tag{10.10}$$

称 $F(jw)$为信号 $f(t)$的**频谱密度函数**,或简称为**频谱函数**。频谱密度函数即为信号 $f(t)$的傅里叶变换的像函数,而 $f(t)$称为 $F(jw)$的原函数。

因为 $\Omega\rightarrow 0$ 是一个无穷小量,所以取其为 $d\omega$,ω 是一个连续变化的量。这样,得到傅里叶正、逆变换的计算公式如下:

$$F(jw)=\int_{-\infty}^{+\infty}f(t)\cdot e^{-jwt}\,dt \tag{10.11}$$

$$f(t)=\frac{1}{2\pi}\int_{-\infty}^{+\infty}F(jw)\cdot e^{jwt}\,dw \tag{10.12}$$

显然,对一个非周期信号,其频谱为连续谱。

5. 离散信号的傅里叶变换

若离散信号可以理解为由连续信号经过以采样频率 ω_s 进行采样后所得到的信号,那么离散信号可以表示为

$$f_s(t)=f(t)\cdot s(t) \tag{10.13}$$

其中,$f(t)$为原连续信号;$s(t)$为采样开关函数。

当 $s(t)$是周期为 $T_s=1/\omega_s$ 的冲激函数序列 $\delta_{T_s}(t)$时,有

$$F_s(j\omega)=F(j\omega)^*S(j\omega)=\frac{1}{T_s}\sum_{n=-\infty}^{\infty}F(j(\omega-n\omega_s)) \tag{10.14}$$

换句话说,根据式(10.14),冲激采样得到的离散信号 $f_s(t)$的频谱 $F_s(j\omega)$是原连续信号 $f_s(t)$的频谱 $F(j\omega)$在相隔采样频率 ω_s 的复制。因此,为了防止离散信号的频率混叠,要求 $\omega_s>2\omega_c$。ω_c 为信号 $f(t)$的**截止频率**[1)]。

同理,当 $s(t)$是周期为 $T_s=1/\omega_s$ 的矩形脉冲(脉冲幅值为 1,脉冲宽度为 $\tau(\tau<T_s)$)序列 p_{T_s} 时,有

1) 所谓截止频率,是指当信号的频率超过某个频率时,其频谱的幅值急剧下降的频率点。

$$F_s(j\omega)=F(j\omega)^*S(j\omega)$$
$$=\frac{\tau}{T_s}\sum_{n=-\infty}^{\infty}F(j(\omega-n\omega_s))\cdot\frac{2\sin(n\omega_s\tau/2)}{n\omega_s} \tag{10.15}$$

10.1.2 二维傅里叶变换

傅里叶变换是线性系统分析的一个有力工具,它使我们能够定量地分析诸如数字化系统、采样点、电子放大器卷积滤波器等的作用。把傅里叶变换的理论同其物理解释相结合,将大大有助于解决许多图像处理问题。

从某种意义上来说,傅里叶变换就好比描述信号的第二种语言。当学习一门新语言时,人们常常用自己的母语思考,讲话之前会在脑子中进行翻译。但是在讲话比较流利之后,他就能用两种语言中的任一种语言思考。日常生活中,能使用两种语言的人常常会发现,在表达某些观点时,一种语言会比另一种语言优越。

类似地,图像处理的分析者在解决某一问题时,如果可以很自如地在空域和频域中进行变换,则很方便对问题的分析。研究者一旦熟悉了傅里叶变换,就可以同时在空域或频域中思考问题,这种能力是非常有用的。

考虑到图像是二维的信号,因此需要讨论二维傅里叶变换。有了一维傅里叶变换的基础,可以很容易地将其推广到二维。

二维傅里叶正、逆变换公式如下:

$$F(u,v)=\int_{-\infty}^{+\infty}\int_{-\infty}^{+\infty}f(x,y)\cdot e^{-j2\pi(ux+vy)}\,\mathrm{d}x\mathrm{d}y \tag{10.16}$$

$$f(x,y)=\int_{-\infty}^{+\infty}\int_{-\infty}^{+\infty}F(u,v)\cdot e^{j2\pi(ux+vy)}\,\mathrm{d}u\mathrm{d}v \tag{10.17}$$

在数字图像处理领域中,$f(x,y)$可以用以表示一幅图像,而$F(u,v)$就表示该图像的频谱。

10.1.3 二维离散傅里叶变换

由二维采样定理可知,如果二维信号$f(x,y)$(一幅连续的图像)的傅里叶变换满足下式:

$$F(u,v)=\begin{cases}F(u,v) & (|u|\leqslant u_c,|v|\leqslant v_c)\\ 0 & (|u|>u_c,|v|>v_c)\end{cases} \tag{10.18}$$

其中,u_c,v_c为对应于空间位移变量x和y的最高截止频率。则当采样周期Δx,

Δy 满足

$$u_s=1/\Delta x>2u_c,\qquad v_s=1/\Delta y>2v_c \tag{10.19}$$

时,用采样信号 $f(m\Delta x,n\Delta y)(m,n=-\infty,\cdots,-1,0,1,\cdots,+\infty)$,能惟一地恢复原信号 $f(x,y)$,且有

$$f(x,y)=\sum_{-\infty}^{+\infty}\sum_{-\infty}^{+\infty}f(m\Delta x,n\Delta y)\frac{\sin\frac{\pi}{\Delta x}(x-m\Delta x)}{\frac{\pi}{\Delta x}(x-m\Delta x)}\cdot\frac{\sin\frac{\pi}{\Delta y}(y-n\Delta y)}{\frac{\pi}{\Delta y}(y-n\Delta y)} \tag{10.20}$$

$$F(u,v)=\Delta x\Delta y\sum_{-\infty}^{+\infty}\sum_{-\infty}^{+\infty}f(m\Delta x,n\Delta y)e^{-j2\pi(m\Delta xu,n\Delta yv)},$$

$$|u|\leqslant\frac{1}{2\Delta x},\qquad |v|\leqslant\frac{1}{2\Delta y} \tag{10.21}$$

因为 $F(u,v)$ 包含 $f(m\Delta x,n\Delta y)$ 所有频率的幅值和角度信息,所以称 $F(u,v)$ 为离散采样信号 $f(m\Delta x,n\Delta y)$ 的**频谱**。

设对频率变化区间也进行等间隔采样,并取频率采样间隔为

$$\Delta u=2u_c/m=1/m\Delta x,\qquad \Delta v=2v_c/n=1/n\Delta y \tag{10.22}$$

这样,在截止频率范围 $2u_c,2v_c$ 内,共分别有 m 及 n 个采样点,有

$$\begin{cases}u_k=k\Delta u=k/m\Delta x & (k=0,1,\cdots,m-1)\\ v_k=l\Delta v=l/n\Delta y & (l=0,1,\cdots,n-1)\end{cases} \tag{10.23}$$

于是用 u_k 和 v_l 代替 u,v,并根据

$$\Delta x\Delta u=1/m,\qquad \Delta y\Delta v=1/n \tag{10.24}$$

因为 $\Delta x,\Delta y$ 是个常数因子,不影响 $F(u,v)$ 的变化,所以将 $f(m\Delta x,n\Delta y)$ 的频谱函数改写为

$$F(k\Delta u,l\Delta v)=\sum_{k_1=0}^{m-1}\sum_{k_2=0}^{n-1}f(k_1\Delta x,k_2\Delta y)e^{-j2\pi\left(\frac{k_1\cdot k}{m},\frac{k_2\cdot l}{n}\right)} \tag{10.25}$$

上式可简写为

$$F(u,v)=\sum_{x=0}^{M-1}\sum_{y=0}^{N-1}f(x,y)e^{-2\pi\left(\frac{xu}{M}+\frac{yv}{N}\right)} \tag{10.26}$$

其中 u,v 为频域坐标;x,y 为空域坐标。

进一步推导,式(10.26)可改写为

$$F(u,v)=\sum_{x=0}^{M-1}\left(\sum_{y=0}^{N-1}f(x,y)e^{-j2\pi\left(\frac{xu}{M}\right)}\right)\cdot e^{-j2\pi\left(\frac{yv}{N}\right)}=ft_{列}\{ft_{行}\{f(x,y)\}\} \tag{10.27}$$

同理可得

$$F(u,v)==ft_{行}\{ft_{列}\{f(x,y)\}\} \tag{10.28}$$

这里，$ft_{列}$ 表示对二维信号的每列进行一维的傅里叶变换；$ft_{行}$ 表示对二维信号的每行进行一维的傅立叶变换。

至此可知，二维傅里叶变换可以分解成两次的一维傅里叶变换。具体地讲，就是先将原二维信号的行和列分别看成是独立的一维信号，对其分别进行一维的傅里叶变换，然后对所得到的中间结果二维函数的列，也看成是独立的一维信号，对其再进行一次一维的傅里叶变换，最终得到的结果即为二维信号的**二维频谱函数**。

离散傅里叶逆变换为

$$f(x,y)=\frac{1}{MN}\sum_{k=0}^{M-1}\sum_{l=0}^{N-1}F(k,l)e^{j2\pi\left(\frac{mk}{M}+\frac{nl}{N}\right)} \tag{10.29}$$

同样，可以进一步推导得到

$$f(x,y)=\frac{1}{MN}ft_{行}^{-1}\{ft_{列}^{-1}(F(u,v))\} \tag{10.30}$$

或者

$$f(x,y)=\frac{1}{MN}ft_{列}^{-1}\{ft_{行}^{-1}(F(u,v))\} \tag{10.31}$$

这里，$ft_{列}^{-1}$ 表示对二维信号的每列进行一维的逆傅里叶变换；$ft_{行}^{-1}$ 表示对二维信号的每行进行一维的逆傅里叶变换。

10.1.4 快速傅里叶变换

快速傅里叶变换(FFT)要达到的目的是，将前面所给出的傅里叶变换的计算公式，通过一定的整理之后，找到一个可以将复杂的连加运算(多个数的加权和)转换为简单的两个数相加运算(两个数的加权和)的重复的方法，以减小傅里叶变换的计算时间代价。

1. 一维快速傅里叶变换

设 $f(x)=\{f(0),f(1),\cdots,f(N-1)\}$ 为一维信号序列，令

$$W_N^{\mu x}=e^{-j\frac{\mu x}{N}\cdot 2\pi}=\exp\left(-j2\pi\cdot\frac{\mu x}{N}\right) \tag{10.32}$$

则

$$F(u)=\frac{1}{N}\sum_{x=0}^{N-1}f(x)e^{-j\frac{\mu x}{N}\cdot 2\pi}=\frac{1}{N}\sum_{x=0}^{N-1}f(x)W_N^{\mu x} \tag{10.33}$$

把上式分成奇数项和偶数项,得

$$F(u)=\sum_{x=0}^{\frac{N}{2}-1} f(2x)W_N^{2xu}+\sum_{x=0}^{\frac{N}{2}-1} f(2x+1)W_N^{(2x+1)u} \tag{10.34}$$

根据上式可知,相当于把原信号的偶数项序列和奇数项序列分别提取出来,分别放在不同地方进行连加,令 $M=\dfrac{N}{2}$,则有

$$F(\mu)=\sum_{x=0}^{M-1} f(2x)W_M^{\mu x}+\sum_{x=0}^{M-1} f(2x-1)W_M^{\mu x}W_M^{\mu}=F_e(\mu)+W_N^{\mu}F_o(\mu) \tag{10.35}$$

其中,$\mu\in[0,M]$。

对于频谱函数的另外一半,即 $F(\mu+M)$ 为:

$$\begin{aligned}F(\mu+M)&=\sum_{x=0}^{M-1} f(2x)W_M^{(\mu+M)x}+\sum_{x=0}^{M-1} f(2x-1)W_M^{(\mu+M)x}W_N^{(\mu+M)}\\&=\sum_{x=0}^{M-1} f(2x)W_M^{\mu x}\cdot W_M^{Mx}+\sum_{x=0}^{M-1} f(2x-1)W_M^{\mu x}\cdot W_M^{Mx}\cdot W_N^{(\mu+M)}\end{aligned} \tag{10.36}$$

$$W_M^{Mx}=\exp\left(-j\cdot\frac{Mx}{M}\cdot 2\pi\right)=\exp(-j\cdot 2\pi)=1 \tag{10.37}$$

$$W_N^{M+\mu}=W_N^M\cdot W_N^{\mu}=\exp\left(-j\,\frac{M}{2M}\cdot 2\pi\right)\cdot W_N^{\mu}=-W_N^{\mu} \tag{10.38}$$

将式(10.37),式(10.38)代入式(10.36),有

$$\begin{aligned}F(\mu+M)&=\sum_{x=0}^{M-1} f(2x)W_M^{\mu x}\cdot 1+\sum_{x=0}^{M-1} f(2x-1)W_M^{\mu x}\cdot 1\cdot(-W_N^{\mu})\\&=F_e(\mu)-W_N^{\mu}F_o(\mu)\end{aligned} \tag{10.39}$$

经过上面的推导之后可知,这时的傅里叶变换的计算量已经减少为原来的一半。

根据上面推导过程知道,快速傅里叶变换的核心思想是,将原函数分解成一个奇数项和一个偶数项之加权和,然后对所分解的奇数项和偶数项再分别分解成其中的奇数项和偶数项之加权和。这样,通过不断重复两项的加权和来完成原有的傅里叶变换的复杂运算,由此达到减少计算时间代价的目的。

下面,从一个简单的例子来体会快速傅里叶变换方法。

【例】

设原信号(函数)序列为 $f(x)=\{f_0,f_1,f_2,f_3,f_4,f_5,f_6,f_7\}$,用快速傅里叶变换求其频谱。

【解】

① 先将 $f(x)$序列的各个函数值，按照其排序，分为奇数项集和偶数项集如下：

$$f_e(x)=\{f_0,f_2,f_4,f_6\},f_o(x)=\{f_1,f_3,f_5,f_7\}$$

② 然后将奇数项集及偶数项集，按照其排序，再分别分为奇数项集与偶数项集如下：

$$f_{ee}(x)=\{f_0,f_4\}=\{f_{eee},f_{eeo}\},f_{eo}(x)=\{f_2,f_6\}=\{f_{eoe},f_{eoo}\},$$

$$f_{oe}(x)=\{f_1,f_5\}=\{f_{oee},f_{oeo}\},f_{oo}(x)=\{f_3,f_7\}=\{f_{ooe},f_{ooo}\}$$

③ 因为这时的奇、偶数项集均只有两个数据，所以停止，不进行下一层的分解。

将上面的分解以树状图来表示，可如图 10.1 所示。

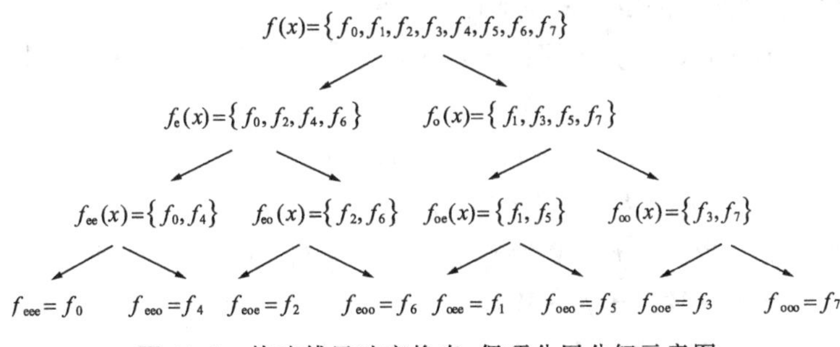

图 10.1 快速傅里叶变换奇、偶项分层分解示意图

④ 因为原信号序列的数据为 8 个($N=8$)，因此，经过快速傅里叶变换后的数据序列中的数据个数也相应地为 8 个，即 $f(x)=\{f_0,f_1,f_2,f_3,f_4,f_5,f_6,f_7\}$经过傅里叶变换后为 $F(\mu)=\{F_0,F_2,F_3,F_4,F_5,F_6,F_7\}$。

⑤ 这里 $M=N/2=4$，按照式(10.35)，式(10.39)，有

$$F(\mu)=F_e(\mu)+W_8^{\mu}F_o(\mu)(\mu=0,1,2,3),$$

$$F(\mu)=F_e(\mu)-W_8^{\mu}F_o(\mu)(\mu=4,5,6,7)$$

⑥ 下面，以 $F(0)=F_0$ 为例进行计算：

$F_0=F(0)=F_e(0)+W_8^0F_o(0)=F_e(0)+F_o(0)$，对应地，$F_4=F(4)=F_e(0)-F_o(0)$

⑦ $F_e(0)=F_{ee}(0)+W_4^0F_{eo}(0)=F_{ee}(0)+F_{eo}(0)$，对应地，$F_e(2)=F_{ee}(0)-F_{eo}(0)$

$F_o(0)=F_{oe}(0)+W_4^0F_{oo}(0)=F_{oe}(0)+F_{oo}(0)$，对应地，$F_o(2)=F_{oe}(0)-F_{oo}(0)$

⑧ $F_{ee}(0)=F_{eee}(0)+W_2^0F_{eeo}(0)=f_0+f_4$，对应地，$F_{ee}(1)=f_0-f_4$

$F_{eo}(0)=F_{eoe}(0)+W_2^0F_{eoo}(0)=f_2+f_6$，对应地，$F_{eo}(1)=f_2-f_6$

$F_{oe}(0)=F_{oee}(0)+W_2^0F_{oeo}(0)=f_1+f_5$，对应地，$F_{oe}(1)=f_1-f_5$

$F_{oo}(0)=F_{ooe}(0)+W_2^0F_{ooo}(0)=f_3+f_7$，对应地，$F_{oo}(1)=f_3-f_7$

⑨ 由⑦及⑧，得

$F_e(0)=(f_0+f_4)+(f_2+f_6)$，$F_e(2)=(f_0+f_4)-(f_2+f_6)$

$F_o(0)=(f_1+f_5)+(f_3+f_7)$，$F_o(2)=(f_1+f_5)-(f_3+f_7)$

⑩ 由⑥及⑨，得

$F_0=(f_0+f_4+f_2+f_6)+(f_1+f_5+f_3+f_7)$，对应地，

$F_4=(f_0+f_4+f_2+f_6)-(f_1+f_5+f_3+f_7)$

下面，根据傅里叶变换的定义来验证计算结果。

$$\begin{aligned}F_0&=f_0\cdot W_8^{0.0}+f_1\cdot W_8^{0.1}+f_2\cdot W_8^{0.2}+f_3\cdot W_8^{0.3}+f_4\cdot W_8^{0.4}+f_5\cdot W_8^{0.5}\\&\quad+f_6\cdot W_8^{0.6}+f_7\cdot W_8^{0.7}\\&=f_0+f_1+f_2+f_3+f_4+f_5+f_6+f_7\\&=(f_0+f_4+f_2+f_6)+(f_1+f_5+f_3+f_7)\end{aligned}$$

$$\begin{aligned}F_4&=f_0\cdot W_8^{4.0}+f_1\cdot W_8^{4.1}+f_2\cdot W_8^{4.2}+f_3\cdot W_8^{4.3}+f_4\cdot W_8^{4.4}+f_5\cdot W_8^{4.5}\\&\quad+f_6\cdot W_8^{4.6}+f_7\cdot W_8^{4.7}\\&=f_0-f_1+f_2-f_3+f_4-f_5+f_6-f_7\\&=(f_0+f_4+f_2+f_6)-(f_1+f_5+f_3+f_7)\end{aligned}$$

可以看到两种方法的计算结果完全一致。

2. 二维快速傅里叶变换

因为二维傅里叶可以分解成两次的一维傅里叶变换，即

$$F(\mu,v)=ft_{行}\{ft_{列}[f(x,y)]\}$$

所以，二维快速傅里叶变换实际上是对其进行了两次的一维傅里叶变换。

下面，以一个简单的例子来体会二维快速傅里叶变换的计算方法。设已知图像为

$$f=\begin{bmatrix}0&1&0&2\\0&3&0&4\\0&5&0&6\\0&7&0&8\end{bmatrix}$$

求二维傅里叶变换 $F(\mu,v)$。

【解】

因为原图像中有两个全 0 的列向量，其傅里叶变换后也一定是全 0 的列向量。所以为了减小计算量，先进行列傅里叶变换，再进行行傅里叶变换。

又因为图像的大小为 4×4，所以对每个列向量都有 $f^{(i)}(x)=\{f_0,f_1,f_2,f_3\}^{(i)}$(其中，上标 i 表示第 i 行或者第 i 列)，对其按照奇数项和偶数项进行排列后即为 $\{f_0,f_2\},\{f_1,f_3\}$。

$$F(0)=F_e(0)+W_4^0F_o(0)=[F_{ee}(0)+W_2^0F_{eo}(0)]+W_4^0[F_{oe}(0)+W_2^0F_{oo}(0)]$$
$$=(f_1+W_2^0f_2)+W_4^0(f_1+W_2^0f_3)=(f_0+f_2)+(f_1+f_3) \quad (1)$$
$$F(2)=F_e(0)-W_4^0F_o(0)=(f_0+f_2)-(f_1+f_3) \quad (2)$$
$$F(1)=F_e(1)+W_4^1F_o(1)=[F_{ee}(1)+W_2^1F_{eo}(1)]+W_4^1[F_{oe}+W_2^1F_{oo}(1)]$$
$$=f_0+W_2^1f_2+W_4^1(f_1+W_2^1f_3)=(f_0-f_2)-j(f_1-f_3) \quad (3)$$
$$F(3)=F_e(1)-W_4^1F_o(1)=(f_0-f_2)+j(f_1-f_3) \quad (4)$$

根据式(1)～式(4)对 f 进行列傅里叶变换，有

$$\begin{bmatrix} 0 & (1+5)+(3+7) & 0 & (2+6)+(4+8) \\ 0 & (1-5)-j(3-7) & 0 & (2-6)-j(4-8) \\ 0 & (1+5)-(3+7) & 0 & (2+6)-(4+8) \\ 0 & (1-5)+j(3-7) & 0 & (2-6)+j(4-8) \end{bmatrix}$$
$$=\begin{bmatrix} 0 & 16 & 0 & 20 \\ 0 & -4+4j & 0 & -4+4j \\ 0 & -4 & 0 & -4 \\ 0 & -4-4j & 0 & -4-4j \end{bmatrix} \quad (5)$$

对式(5)再进行行傅里叶变换，有

$$\begin{bmatrix} 0+36 & 0-j(-4) & 0-36 & 0+j(-4) \\ 0+(-8+8j) & 0-j(0) & 0-(-8+8j) & 0+j(0) \\ 0+(-8) & 0-j(0) & 0-(-8) & 0+j(0) \\ 0+(-8-8j) & 0-j(0) & 0-(-8-8j) & 0+j(0) \end{bmatrix}$$
$$=\begin{bmatrix} 36 & 4j & -36 & -4j \\ -8+8j & 0 & 8-8j & 0 \\ -8 & 0 & 8 & 0 \\ -8-8j & 0 & 8+8j & 0 \end{bmatrix}$$

综上有

$$F(u,v)=\begin{bmatrix} 36 & 4j & -36 & -4j \\ -8+8j & 0 & 8-8j & 0 \\ -8 & 0 & 8 & 0 \\ -8-8j & 0 & 8+8j & 0 \end{bmatrix}$$

10.2 傅里叶变换在图像处理中的应用

我们知道，经过傅里叶变换之后，可以获得原图像信号的频域分布情况。由于图像中不同特性的像素具有不同的频域特性，因此，可以在频域上设计相应的滤波器，以达到滤除某些信息，或者保留某些信息的目的。另外，因为傅里叶变换后，时域与频域形成了对偶运算关系，因此通过傅里叶变换也可以达到某些运算的简化目的。本节对在图像处理中，傅里叶变换的几个基本的应用方法进行论述。

10.2.1 图像傅里叶变换后的频率分布

根据傅里叶变换公式(式(10.26))可知，$F(u,v)$为复数，u、v 是频率坐标。我们提取 $F(u,v)$的幅值$|F(u,v)|$就可以得到信号 $f(x,y)$在各个频率点(u,v)上的强度。如图 10.2 所示，对图 10.2(a)进行傅里叶变换之后，得到的幅频特性如图 10.2(b)所示，因为在这里采用的是双边频谱的变换公式(式(10.26))，所以根据傅里叶变换的定义可知，得到的频谱关于图像的中心点是对称的。

(a) 原　图

(b) 图(a)的幅频

(c) 图(b)的频率置换

图 10.2　图像的傅里叶变换频谱

由于频域上的高频信息对应着空域上变化比较剧烈的信号，而低频信号对应着空域上变化比较缓慢的信号。人眼从空域图像中可以看到并理解其景物内容，实际上是因为变化比较剧烈的信号主要集中在不同景物的边界上，这在第6章已经进行了介绍，而大部分信息主要集中在边界内部的非边界景物信息之中。这样，就比较容易理解一幅图像的傅里叶变换的幅频特性在其幅频图的四个角上比较亮，而在中心部分比较暗。为了方便观察，通常是将幅频图进行四个对角子块的置换，如图10.2(c)所示。这样，低频部分集中在图像的中心部分，便于观察。

综上所述，就可以用“低频部分反映图像的概貌，高频部分反映图像细节”来总结频域上的信息强度与空域上的像素特性之间的关系。根据这一对应关系，可以获得利用傅里叶变换后的幅频特性进行图像的滤波处理。

10.2.2　图像的高通滤波

图像的频域变换有一个非常突出的优点，就是可以将信号的信息强度进行重新分配。具体地说，就是将景物的细节部分集中在高频区段。因此，可以通过图像高通滤波将图像中景物的细节信息提取出来。这里所谓景物细节是指目标物的边界信息。

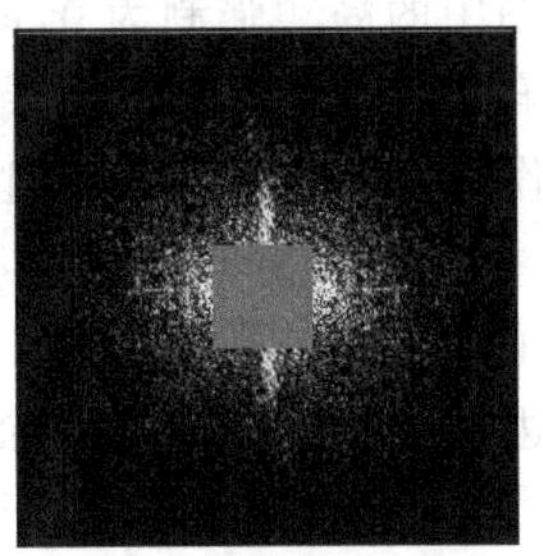

(a) 低频部分被强制为0

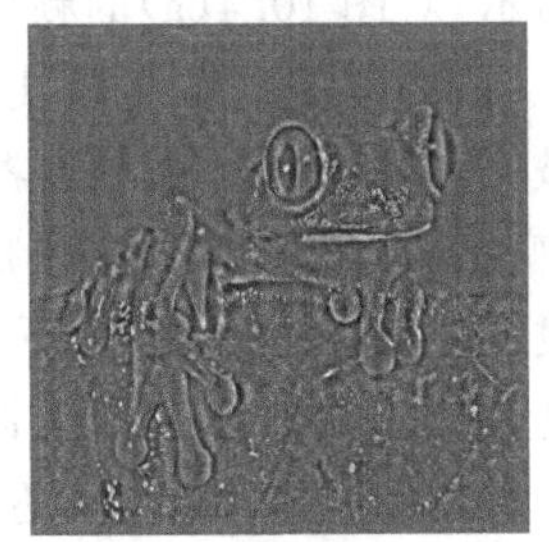

(b) 高通滤波的效果

图10.3　基于傅里叶变换的高通滤波

如图10.3所示，对图10.3(a)的频谱图中的低频强制为0，即在图10.3(a)中以灰色的正方形表示被屏蔽的低频部分。这样，就相当于一个只保持高频部分信息不变，而低频信息被完全抑制的高通滤波器作用在图像上。将经过这样处理后的频谱进行傅里叶逆变换，就可以得到如图10.3(b)所示的图像细节部分。显然从图中可以看到，经过高通滤波之后，保留下来的图像信息为青蛙的轮廓边界，以及原图(见图10.1(a))中聚焦的叶子经脉，而对青蛙身后的散焦叶脉部分的信息就被滤除掉了。

10.2.3 图像的低通滤波

图像经过傅里叶变换之后，将景物的概貌部分集中在低频区段。因此，可以通过图像低通滤波将图像中景物的概貌信息提取出来。

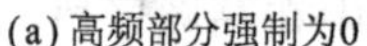
(a) 高频部分强制为0

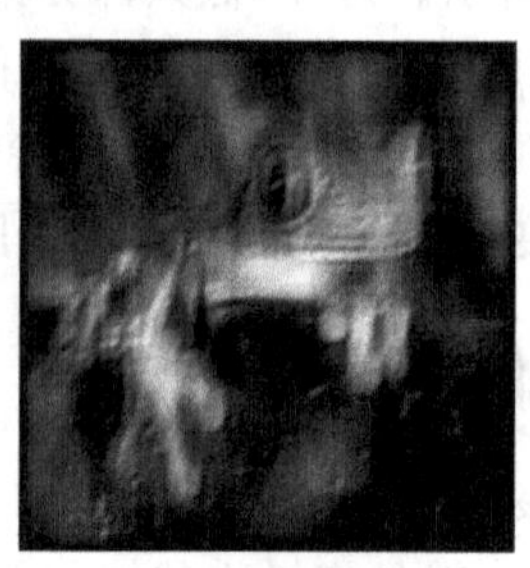

(b) 低通滤波效果

图 10.4　基于傅里叶变换的低通滤波

如图 10.4 所示，对图 10.4(a)的频谱图中的高频强制为 0，即在图 10.4(a)中以灰色的区域表示被屏蔽的高频部分，这样，就相当于一个只保持低频部分信息不变，而高频信息被完全抑制的低通滤波器作用在图像上。将经过这样处理后的频谱进行傅里叶逆变换，就可以得到如图 10.4(b)所示的图像概貌部分。显然，从图中可以看到，经过低通滤波之后，保留下来的图像信息是比原图(见图 10.1(a))略显模糊的图像，这是因为图像中表示景物边界的高频部分被滤除的原因。但是从图中，无论是青蛙所在的叶片等环境，还是青蛙本身的情景，仍旧可以再现。在这幅图中，保留的低频数据量是原来的 3.8%(=(50×50)/(256×256))。换句话说，傅里叶变换有很高的信息强度集中特性。

10.2.4 傅里叶变换在图像压缩中的应用

图像信息在空域中是依据景物的拓扑结构分布的。换句话说，其信息强度分布在各个不同的区域中。因为信息强度的不集中，所以如果不采用特殊的编码方式，则无法减少描述图像的数据量。如果对图像进行傅里叶变换，则图像信息在频域中大多集中在低频部分。充分利用图像信息在频域中的这一特点，则可以减少描述图像的数据量。

因为人在对图像进行观察时，如果图像的概貌可以呈现在面前，则已经可以达到理解图像内容的目的。因此，在不过于苛刻地计较图像的再现质量的场合下，可以通过只对图像傅里叶变换后频谱的低频部分进行编码的方法，达到减少图像数据量的目的。因为有关图像压缩编码的方法在下一章中介绍，在这里只以待编码的数据量的多少来度量图像的压缩比。

(a) 保留的频谱部分　　(b) 解压图像的效果

图 10.5　傅里叶变换的图像压缩

如图 10.5 所示，对一幅 256×256 的图像经过傅里叶变换之后，得到两个 256×256 的频谱矩阵(一个为幅频特性矩阵，一个为相频特性矩阵)。如果原图像的数据量为 256×256(灰度图只需要一个矩阵来描述)，取频谱中未被覆盖的那部分低频区域，如图 10.5(b)为 20×20 大小的区域进行编码，可以获得如图 10.5(b)所示的图像，可以获得理解场景内容为目的的图像再现效果。这时，图像的数据量为 2×20×20，是原数据量的 1.22%(=(2×20×20)/(256×256))。这样便达到了图像压缩的目的。

10.2.5 傅里叶变换在图像卷积运算中的应用

前两节介绍的低通滤波器和高通滤波器是完全基于“低通”、“高通”概念意义下设计的。在实际中，通常需要根据相应的问题，在空域中设计具有一定物理意义的滤波器。滤波器作用于图像的操作，用数学语言来描述，就是进行一个卷积运算。

设 $f(x,y)$为 $M\times N$ 大小的图像，$h(x,y)$为同样大小的滤波器，则采用该滤波器对原图像进行滤波处理后的结果为

$$g(x,y)=f(x,y)*h(x,y) \tag{10.40}$$

式(10.40)即为离散卷积。

离散卷积可以用如下的表达式来定义：

$$f(x,y)*h(x,y)=\frac{1}{MN}\sum_{m=0}^{M-1}\sum_{n=0}^{N-1}f(m,n)h(x-m,y-n) \tag{10.41}$$

因为信号经过傅里叶变换之后，使得其在频域和空域成为一对对偶系统。由卷积理论可知，在空域上的卷积对应其在频域上的点乘，在频域上的卷积对应其在空域上的点乘，即

$$f(x,y)*h(x,y)\leftrightarrow F(u,v)\cdot H(u,v) \tag{10.42}$$

$$F(u,v)*H(u,v)\leftrightarrow f(x,y)\cdot h(x,y) \tag{10.43}$$

根据以上的原理，当需要对图像进行滤波处理时，首先将原图像和滤波器分别进行傅里叶变换，然后在频域中进行点对点的乘积运算。最后，将运算结果进行傅里叶逆变换即可。

$$g(x,y)=ft^{-1}\{F(u,v)\cdot H(u,v)\} \tag{10.44}$$

其中，ft^{-1}表示傅里叶逆变换。

10.3 离散余弦变换(DCT)

尽管傅里叶变换具有很多优点，得到了广泛的应用，但是它也有缺点。例如，傅里叶变换需要计算的是复数而不是实数，一般进行复数运算要比进行实数运算费时的多，并且复数的数据量是实数的两倍。如果采用其他合适的完备正交函数系来代替傅里叶变换所利用的正、余弦函数构成的完备正交函数系，就可以避免这种复数运算。

图像处理中常用的正交变换除了傅里叶变换外，还有其他一些有用的正交变换，离散余弦变换就是其中的一种，离散余弦变换简单表示为 DCT。

10.3.1 一维离散余弦变换

设 $f(x)(x=0,1,2,\cdots,N-1)$是时域上的一个离散信号，是一个 N 点序列。**一维离散余弦变换**的定义如下：

$$F(0)=\frac{1}{\sqrt{N}}\sum_{x=0}^{N-1}f(x) \tag{10.45}$$

$$F(u)=\sqrt{\frac{2}{N}}\sum_{x=0}^{N-1}f(x)\cos\left[\frac{\pi}{2N}(2x+1)u\right],\quad u=1,2,\cdots,N-1 \tag{10.46}$$

其中，$F(u)$是第 u 个余弦变换系数；u 是广义频率变量。

从式(10.45)可知，$F(0)$给出的是时域离散信号在广义频域上的直流分量，与

傅里叶变换相同,是时域信号的均值。

一维离散余弦反变换的定义如下:

$$f(x)=\frac{1}{\sqrt{N}}F(0)+\sqrt{\frac{2}{N}}\sum_{u=1}^{N-1}F(u)\cos\left[\frac{\pi}{2N}(2x+1)u\right],x=0,1,\cdots,N-1 \tag{10.47}$$

显然,式(10.45),式(10.46)和式(10.47)构成了一维离散余弦变换对。比较式(10.46)和式(10.47)可以清楚地看到,离散余弦变换具有以下两个特点,

① 在广义频域上,离散余弦变换的系数为实数;

② 正变换的核与反变换的核相同。

10.3.2 二维离散余弦变换

设 $f(x,y)(x,y=0,1,2,\cdots,N-1)$ 是时域上的一个二维离散信号序列,则**二维离散余弦变换**的定义如下:

$$F(0,0)=\frac{1}{N}\sum_{x=0}^{N-1}\sum_{y=0}^{N-1}f(x,y)(\text{即 } u=0,v=0) \tag{10.48}$$

$$F(u,0)=\frac{2}{\sqrt{N}}\sum_{x=0}^{N-1}\sum_{y=0}^{N-1}f(x,y)\cos\left[\frac{\pi}{2N}(2x+1)u\right],v=0,u=1,2,\cdots,N-1 \tag{10.49}$$

$$F(0,v)=\frac{2}{\sqrt{N}}\sum_{x=0}^{N-1}\sum_{y=0}^{N-1}f(x,y)\cos\left[\frac{\pi}{2N}(2y+1)v\right],u=0,v=1,2,\cdots,N-1 \tag{10.50}$$

$$F(u,v)=\frac{2}{N}\sum_{x=0}^{N-1}\sum_{y=0}^{N-1}f(x,y)\cos\left[\frac{\pi}{2N}(2x+1)u\right]\cos\left[\frac{\pi}{2N}(2y+1)v\right],\quad u,v=1,2,\cdots,N-1 \tag{10.51}$$

其中,$F(u,v)(u,v=0,1,2,\cdots,N-1)$ 为变换系数矩阵中的各个元素;F 为**广义频谱矩阵**。

二维离散余弦逆变换的定义如下:

$$\begin{aligned}f(x,y)=&\frac{1}{N}F(0,0)+\frac{2}{\sqrt{N}}\sum_{u=1}^{N-1}F(u,0)\cos\frac{(2x+1)u\pi}{2N}\\&+\frac{2}{\sqrt{N}}\sum_{v=1}^{N-1}F(0,v)\cos\frac{(2x+1)v\pi}{2N}\\&+\frac{2}{N}\sum_{u=1}^{N-1}\sum_{v=1}^{N-1}F(u,v)\cos\frac{(2x+1)u\pi}{2N}\cos\frac{(2y+1)v\pi}{2N}\end{aligned} \tag{10.52}$$

同样，二维离散余弦变换具有系数为实数，正变换与逆变换的核相同的特点。

我们知道，离散余弦变换是一种正交的线性变换。因此，为了方便计算与分析，离散余弦变换(DCT)还可以用矩阵的形式来表示。

设 $\boldsymbol{f}$ 为一个 N 点的离散信号序列，即 $\boldsymbol{f}$ 可以用一个 $N\times 1$ 的列向量表示，相对应地，在广义频域中，$\boldsymbol{F}$ 也是一个 $N\times 1$ 的列向量，$N\times N$ 的矩阵 $\mathbf{C}$ 为离散余弦变换矩阵，对于一维离散余弦变换有

$$\text{正变换：}\boldsymbol{F}=\mathbf{C}\cdot\boldsymbol{f} \tag{10.53}$$

$$\text{逆变换：}\boldsymbol{f}=\boldsymbol{C}^{\mathrm{T}}\cdot\boldsymbol{F} \tag{10.54}$$

二维离散余弦变换为

$$\text{正变换：}\boldsymbol{F}=\boldsymbol{C}^{\mathrm{T}}\cdot\boldsymbol{f}\cdot\boldsymbol{C} \tag{10.55}$$

$$\text{逆变换：}\boldsymbol{f}=\boldsymbol{C}\cdot\boldsymbol{F}\cdot\boldsymbol{C}^{\mathrm{T}} \tag{10.56}$$

其中，

$$\mathbf{C}=\sqrt{\frac{2}{N}}\begin{bmatrix} \sqrt{\frac{1}{2}} & \sqrt{\frac{1}{2}} & \cdots & \sqrt{\frac{1}{2}} \\ \cos\frac{1}{2N}\pi & \cos\frac{3}{2N}\pi & \cdots & \cos\frac{2N-1}{2N}\pi \\ \vdots & & & \vdots \\ \cos\frac{N-1}{2N}\pi & \cos\frac{3(N-1)}{2N}\pi & \cdots & \cos\frac{(2N-1)(N-1)}{2N}\pi \end{bmatrix}$$

这是一个正交矩阵，即 $\boldsymbol{C}\cdot\boldsymbol{C}^{\mathrm{T}}=\boldsymbol{E}$。

例如，当 $N=4$ 时，

$$\mathbf{C}=\sqrt{\frac{1}{2}}\begin{bmatrix} \sqrt{\frac{1}{2}} & \sqrt{\frac{1}{2}} & \sqrt{\frac{1}{2}} & \sqrt{\frac{1}{2}} \\ \cos\frac{\pi}{8} & \cos\frac{3\pi}{8} & \cos\frac{5\pi}{8} & \cos\frac{7\pi}{8} \\ \cos\frac{2\pi}{8} & \cos\frac{6\pi}{8} & \cos\frac{10\pi}{8} & \cos\frac{14\pi}{8} \\ \cos\frac{3\pi}{8} & \cos\frac{9\pi}{8} & \cos\frac{15\pi}{8} & \cos\frac{21\pi}{8} \end{bmatrix}$$

$$=\begin{bmatrix} 0.5 & 0.5 & 0.5 & 0.5 \\ 0.653 & 0.271 & -0.271 & -0.653 \\ 0.5 & -0.5 & -0.5 & 0.5 \\ 0.270 & -0.653 & 0.653 & -0.271 \end{bmatrix}$$

下面，以一个简单的例子来体会离散余弦变换。

【例】

设

$$f(x,y)=\begin{bmatrix}0&0&0&0\\0&1&1&0\\0&1&1&0\\0&0&0&0\end{bmatrix}$$

求其离散余弦变换。

【解】

$$\begin{aligned}\boldsymbol{F}(u,v)&=\boldsymbol{C}^{\mathrm{T}}\cdot\boldsymbol{f}(x,y)\cdot\boldsymbol{C}\\&=\begin{bmatrix}0.5&0.5&0.5&0.5\\0.653&0.271&-0.271&-0.653\\0.5&-0.5&-0.5&0.5\\0.270&-0.653&0.653&-0.271\end{bmatrix}^{\mathrm{T}}\begin{bmatrix}0&0&0&0\\0&1&1&0\\0&1&1&0\\0&0&0&0\end{bmatrix}\\&\quad\times\begin{bmatrix}0.5&0.5&0.5&0.5\\0.653&0.271&-0.271&-0.653\\0.5&-0.5&-0.5&0.5\\0.270&-0.653&0.653&-0.271\end{bmatrix}\\&=\begin{bmatrix}1.33&-0.26&0.89&-0.18\\-0.26&0.05&0.18&0.04\\-0.89&0.18&0.59&0.12\\0.18&0.04&0.12&0.02\end{bmatrix}\end{aligned}$$

从所得到的结果可知，离散余弦变换与傅里叶变换一样，具有使信息强度集中的特点。具体地讲，就是进行 DCT 变换后的系数，在广义频域上，低频的幅值大而高频幅值小。根据这一特点，离散余弦变换被广泛用于图像的压缩。有关利用离散余弦变换的图像压缩编码，将在下一章中展开详细的论述。

10.4 沃尔什变换

函数的正交变换取决于正交函数基的选取方法。虽然离散余弦变换解决了傅里叶变换的频域系数为复数的问题，但其基函数是雷同的。沃尔什变换则是从一个完全不同的角度提出的一种正交变换。沃尔什变换的特点是存储空间少，运算速度高，便于实时运算。

沃尔什变换的基函数是值只取+1 和−1 的完备的正交函数系。利用只包含+1 和−1 元素的正交矩阵可以将沃尔什函数表示为矩阵形式。法国数学家哈达玛建立了哈达玛矩阵，利用克罗内克(Kronecker)乘积算子将沃尔什函数表示为哈达玛矩阵形式。利用这种形式定义的沃尔什函数称为克罗内克序数。

为了便于对沃尔什变换的理解，在这里介绍相关的数学基础。

10.4.1 基本概念

1. 正交函数的概念

对一组实值的连续函数$\{S_n(t)\}=\{S_0(t),S_1(t),S_2(t),\cdots\}$，在$0\leqslant t\leqslant T$区间内，如果满足下式：

$$\int_0^T kS_n(t)\cdot S_m(t)=\begin{cases}k, & m=n\\0, & m\neq n\end{cases} \tag{10.57}$$

称$\{S_n(t)\}$在区间$0\leqslant t\leqslant T$内是正交的。m,n是正实数，k是与m,n无关的非负常数。如果$k=1$，称为归一化正交函数系。任一组非归一化的正交函数总可以变换为归一化正交函数。

如果$f(t)$是定义在$(0,T)$区间上的实值信号，则利用正交函数可表示为

$$f(t)=\sum_{n=0}^{\infty}C_nS_n(t) \tag{10.58}$$

其中C_n是第n项系数。

一组完备的正交函数必然是一组闭合函数。具体地讲，完备的正交函数组必须满足下述两个条件：

① 不存在这样一个函数$x(t)$，它满足$0<\int_\Gamma x^2(t)\mathrm{d}t<\infty$，同时满足

$$\int_T x(t)\cdot S_n(t)\mathrm{d}t=0 \qquad (n=0,1,2,\cdots)$$

这个条件的含义是，再也没有不属于$\{S_n(t)\}$的某个非零的函数$x(t)$，它与$\{S_n(t)\}$的每一个函数正交。也就是说，所有互相正交的函数都包括在$\{S_n(t)\}$中。

② 对于任何满足$\int_T f^2(t)\mathrm{d}t<\infty$的函数，对于给定的任一$\varepsilon>0$，总存在一个正整数$N$与有限展开式$\hat{f}(t)=\sum_{n=0}^{N-1}C_nS_n(t)$，使得

$$\int_T |f(t)-\hat{f}(t)|^2\mathrm{d}t<\varepsilon \tag{10.59}$$

这个条件的含义是，任一个能量有限的信号 $f(t)$ 总可以用有限级数来逼近它。对于给定的误差来说，总可以找到一个 N 值，使这种逼近的精确度满足要求。

2. 拉德梅克(Rademecher)函数

拉德梅克函数集是一个不完备的正交函数集，由其可以构成完备的沃尔什函数。拉德梅克函数包括 n 和 t 两个自变量，用 $R(n,t)$ 来表示，有

$$R(n,t)=\mathrm{sgn}(\sin 2^n \pi t) \tag{10.60}$$

$$\mathrm{sgn}(x)=\begin{cases}+1, & x>0 \\ -1, & x<0\end{cases} \tag{10.61}$$

由式(10.60)可知，$R(n,t)$ 是一个周期函数，其周期为 $1/2^{n-1}$，取值为 $+1$ 和 -1，$R(n,t)$ 是 $R(n-1,t)$ 的二倍频。

例如，如果取 $n=0,1,2,3$，并且在 $t=(k+0.5)/2^n$ 处采样，$k=0,1,2,\cdots,2^{n-1}$，则有

$$\begin{bmatrix} R(0,k) \\ R(1,k) \\ R(2,k) \\ R(3,k) \end{bmatrix}=\begin{bmatrix} 1 & 1 & 1 & 1 & 1 & 1 & 1 & 1 \\ 1 & 1 & 1 & 1 & -1 & -1 & -1 & -1 \\ 1 & 1 & -1 & -1 & 1 & 1 & -1 & -1 \\ 1 & -1 & 1 & -1 & 1 & -1 & 1 & -1 \end{bmatrix}$$

显然，上面的离散矩阵形式非常方便计算机的求解计算。

3. 沃尔什函数

沃尔什函数系，是一个完备的正交函数系，其取值只能是 $+1$ 和 -1。沃尔什函数按照排列次序可分为沃尔什排列、自然排列和哈达玛排列三种。下面主要介绍最后一种。

按照哈达玛排列的沃尔什函数是从 2^n 哈达玛矩阵得到的。2^n 哈达玛矩阵每一行的符号变化规律，对应某个沃尔什函数在正交区间内符号变化的规律，也就是说，2^n 阶哈达玛矩阵的每一行就对应一个离散沃尔什函数。2^n 阶哈达玛矩阵有如下形式：

$$\boldsymbol{H}[0]=[1] \tag{10.62}$$

$$\boldsymbol{H}[1]=\begin{bmatrix} 1 & 1 \\ 1 & -1 \end{bmatrix} \tag{10.63}$$

$$\boldsymbol{H}[2]=\begin{bmatrix} 1 & 1 & 1 & 1 \\ 1 & -1 & 1 & -1 \\ 1 & 1 & -1 & -1 \\ 1 & -1 & -1 & 1 \end{bmatrix} \tag{10.64}$$

一般式为

$$\boldsymbol{H}(m)=\begin{bmatrix} H(m-1) & H(m-1) \\ H(m-1) & -H(m-1) \end{bmatrix} \tag{10.65}$$

上式是哈达玛矩阵的递推关系式。利用这个关系式可以产生任意 2^n 阶哈达玛矩阵,这个关系也叫做克罗内克积(Kronecker Product)关系。

按哈达玛排列的沃尔什函数用 $\mathbf{W}_{\mathrm{H}}(k,m)$来表示,$\mathbf{W}_{\mathrm{H}}(k,m)$就是 $\mathbf{H}(m)$的列(行)向量。例如,当 $m=8$ 时,写成矩阵式为

$$\mathbf{W}_{\mathrm{H}}(8,8)=\begin{bmatrix} W_{\mathrm{H}}(0,8) \\ W_{\mathrm{H}}(1,8) \\ W_{\mathrm{H}}(2,8) \\ W_{\mathrm{H}}(3,8) \\ W_{\mathrm{H}}(4,8) \\ W_{\mathrm{H}}(5,8) \\ W_{\mathrm{H}}(6,8) \\ W_{\mathrm{H}}(7,8) \end{bmatrix}=\begin{bmatrix} 1 & 1 & 1 & 1 & 1 & 1 & 1 & 1 \\ 1 & -1 & 1 & -1 & 1 & -1 & 1 & -1 \\ 1 & 1 & -1 & -1 & 1 & 1 & -1 & -1 \\ 1 & -1 & -1 & 1 & 1 & -1 & -1 & 1 \\ 1 & 1 & 1 & 1 & -1 & -1 & -1 & -1 \\ 1 & -1 & 1 & 1 & -1 & 1 & -1 & 1 \\ 1 & 1 & -1 & -1 & -1 & -1 & 1 & 1 \\ 1 & -1 & -1 & 1 & -1 & 1 & 1 & -1 \end{bmatrix}$$

$$=\boldsymbol{H}_8=\left[\begin{array}{c:c} H_4 & H_4 \\ \hdashline H_4 & -H_4 \end{array}\right]\left[\begin{array}{c:c} \begin{array}{c:c} H_2 & H_2 \\ \hdashline H_2 & -H_2 \end{array} & H_4 \\ \hdashline H_4 & -H_4 \end{array}\right]$$

$$=\left[\begin{array}{c:c} \begin{array}{c:c} \begin{array}{c:c} H_1 & H_1 \\ \hdashline H_1 & -H_1 \end{array} & H_2 \\ \hdashline H_2 & -H_2 \end{array} & H_4 \\ \hdashline H_4 & -H_4 \end{array}\right]$$

$$=\left[\begin{array}{c:c} \begin{array}{c:c} \begin{array}{c:c} \begin{array}{c:c} H_0 & H_0 \\ \hdashline H_0 & -H_0 \end{array} & H_1 \\ \hdashline H_1 & -H_1 \end{array} & H_2 \\ \hdashline H_2 & -H_2 \end{array} & H_1 \\ \hdashline H_1 & -H_1 \end{array}\right]$$

这 8 个沃尔什函数的波形如图 10.6 所示。

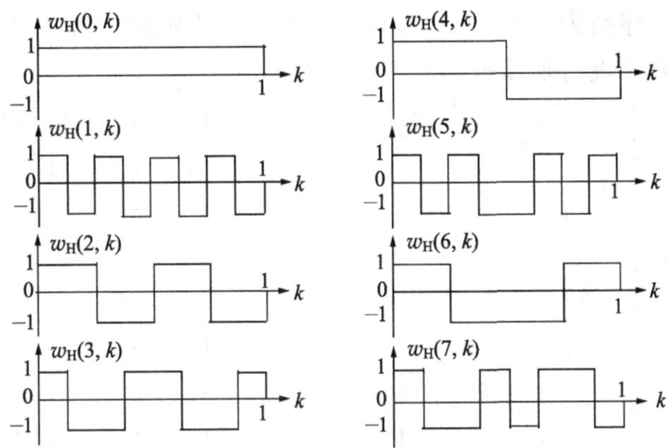

图 10.6 $m=8$ 时的沃尔什函数的波形

10.4.2 沃尔什变换

将沃尔什函数 $w_H(i,k)(i,k=0,1,\cdots,N-1,N=2^n)$ 作为正交分解的基函数，对离散函数序列 $f(k)(k=0,1,\cdots,N-1)$ 可以定义一维离散沃尔什变换如下：

$$\text{正变换}:W(i)=\frac{1}{N}\sum_{k=0}^{N-1} f(k)\cdot w_H(i,k) \tag{10.66}$$

$$\text{逆变换}:f(k)=\sum_{i=0}^{N-1} W(i)\cdot w_H(i,k) \tag{10.67}$$

其中，$W(i)(i=0,1,\cdots,N-1)$ 为变换系数。

从式(10.64)与式(10.65)可知，沃尔什正变换与逆变换的核相同。将其用矩阵形式表示，有

$$\begin{bmatrix} W(0) \\ W(1) \\ \vdots \\ W(N-1) \end{bmatrix}=\frac{1}{N}W_H(N,N)\begin{bmatrix} f(0) \\ f(1) \\ \vdots \\ f(N-1) \end{bmatrix} \tag{10.68}$$

$$\begin{bmatrix} f(0) \\ f(1) \\ \vdots \\ f(N-1) \end{bmatrix}=W_H(N,N)\begin{bmatrix} W(0) \\ W(1) \\ \vdots \\ W(N-1) \end{bmatrix} \tag{10.69}$$

下面以一个简单的例子来体会沃尔什变换。

设离散信号序列为 $f=[0,0,1,1,5,6,0,1]$，对其进行沃尔什变换，以及对沃尔什变换的结果再进行逆变换。

$$\begin{bmatrix} W(0) \\ W(1) \\ W(2) \\ W(3) \\ W(4) \\ W(5) \\ W(6) \\ W(7) \end{bmatrix} = \frac{1}{8}\begin{bmatrix} 1 & 1 & 1 & 1 & 1 & 1 & 1 & 1 \\ 1 & -1 & 1 & -1 & 1 & -1 & 1 & -1 \\ 1 & 1 & -1 & -1 & 1 & 1 & -1 & -1 \\ 1 & -1 & -1 & 1 & 1 & -1 & -1 & 1 \\ 1 & 1 & 1 & 1 & -1 & -1 & -1 & -1 \\ 1 & -1 & 1 & -1 & -1 & 1 & -1 & 1 \\ 1 & 1 & -1 & -1 & -1 & -1 & 1 & 1 \\ 1 & -1 & -1 & 1 & -1 & 1 & 1 & -1 \end{bmatrix}\begin{bmatrix} 0 \\ 0 \\ 1 \\ 1 \\ 5 \\ 6 \\ 0 \\ 1 \end{bmatrix} = \begin{bmatrix} 1.75 \\ -0.25 \\ 1 \\ 0 \\ -1.25 \\ 0.25 \\ -1.5 \\ 0 \end{bmatrix}$$

这样，就得到沃尔什变换后的结果为 $w=[1.75,-0.25,1,0,-1.25,0.25,-1.5,0]$，将这个结果再进行沃尔什逆变换为

$$\begin{bmatrix} f(0) \\ f(1) \\ f(2) \\ f(3) \\ f(4) \\ f(5) \\ f(6) \\ f(7) \end{bmatrix} = \begin{bmatrix} 1 & 1 & 1 & 1 & 1 & 1 & 1 & 1 \\ 1 & -1 & 1 & -1 & 1 & -1 & 1 & -1 \\ 1 & 1 & -1 & -1 & 1 & 1 & -1 & -1 \\ 1 & -1 & -1 & 1 & 1 & -1 & -1 & 1 \\ 1 & 1 & 1 & 1 & -1 & -1 & -1 & -1 \\ 1 & -1 & 1 & -1 & -1 & 1 & -1 & 1 \\ 1 & 1 & -1 & -1 & -1 & -1 & 1 & 1 \\ 1 & -1 & -1 & 1 & -1 & 1 & 1 & -1 \end{bmatrix}\begin{bmatrix} 1.75 \\ -0.25 \\ 1 \\ 0 \\ -1.25 \\ 0.25 \\ -1.5 \\ 0 \end{bmatrix} = \begin{bmatrix} 0 \\ 0 \\ 1 \\ 1 \\ 5 \\ 6 \\ 0 \\ 1 \end{bmatrix}$$

可以看到，经过沃尔什逆变换后的结果与原始数据相同。

将一维沃尔什变换推广到二维，对二维函数序列 $f(l,k)$（$l=0,1,\cdots,M-1$，$k=0,1,\cdots,N-1,M=2^m,N=2^n$），得二维沃尔什变换如下：

① 对 $[f(x,y)]$ 中 N 列（行）中的每一列（行）作变换，得 $W_x(i,k)$（$W_y(k,j)$）；

② 对 $W_x(i,k)$（$W_y(k,j)$）中 M 行（列）的每一行（列）作变换，得到 $W_{xy}(i,j)$。

$$\text{正变换：}W_{xy}(i,j)=\frac{1}{M}\sum_{l=0}^{M-1}\left[\frac{1}{N}\sum_{k=0}^{N-1}f(l,k)\cdot w_{\mathrm{H}}(k,j)\right]\cdot w_{\mathrm{H}}(i,l) \tag{10.70}$$

$$\text{逆变换：}f(l,k)=\sum_{i=0}^{M-1}\left[\sum_{j=0}^{N-1}W_{xy}(l,j)\cdot w_{\mathrm{H}}(k,j)\right]\cdot w_{\mathrm{H}}(i,k) \tag{10.71}$$

将其用矩阵形式表示为

$$[W(i,j)]_{M\times N}=\frac{1}{M\times N}W_H(M,M)\cdot[f(l,k)]_{M\times N}\cdot W_H^T(N,N) \tag{10.72}$$

$$[f(l,k)]_{M\times N}=W_H(M,M)\cdot[W(i,j)]_{M\times N}\cdot W_H^T(N,N) \tag{10.73}$$

下面以一个简单的例子来体会二维沃尔什变换。设一幅数字图像为

$$f=\begin{bmatrix}0&0&1&1&5&6&0&1\\0&4&8&2&1&1&7&3\end{bmatrix}$$

对其进行沃尔什变换。

第一步：对 f 的行向量进行一维沃尔什变换。

$$\begin{bmatrix}W_y(0,0)&W_y(1,0)\\W_y(0,1)&W_y(1,1)\\W_y(0,2)&W_y(1,2)\\W_y(0,3)&W_y(1,3)\\W_y(0,4)&W_y(1,4)\\W_y(0,5)&W_y(1,5)\\W_y(0,6)&W_y(1,6)\\W_y(0,7)&W_y(1,7)\end{bmatrix}=\frac{1}{8}\begin{bmatrix}1&1&1&1&1&1&1&1\\1&-1&1&-1&1&-1&1&-1\\1&1&-1&-1&1&1&-1&-1\\1&-1&-1&1&1&-1&-1&1\\1&1&1&1&-1&-1&-1&-1\\1&-1&1&-1&-1&1&-1&1\\1&1&-1&-1&-1&-1&1&1\\1&-1&-1&1&-1&1&1&-1\end{bmatrix}$$

$$\times\begin{bmatrix}0&0\\0&4\\1&8\\1&2\\5&1\\6&1\\0&7\\1&3\end{bmatrix}=\begin{bmatrix}1.75&3.25\\-0.25&0.75\\1&-1.75\\0&-1.75\\-1.25&0.25\\0.25&-0.25\\-1.5&0.25\\0&-0.75\end{bmatrix}$$

即得到的结果为

$$\mathbf{W}_y(k,j)=\begin{bmatrix}1.75&-0.25&1&0&-1.25&0.25&-1.5&0\\3.25&0.75&-1.75&-1.75&0.25&-0.25&0.25&-0.74\end{bmatrix}$$

第二步：对第一步得到的中间结果的每一列进行一维沃尔什变换。

$$\begin{bmatrix}W_{xy}(0,0)&W_{xy}(0,1)&W_{xy}(0,2)&W_{xy}(0,3)&W_{xy}(0,4)&W_{xy}(0,5)&W_{xy}(0,6)&W_{xy}(0,7)\\W_{xy}(1,0)&W_{xy}(1,1)&W_{xy}(1,2)&W_{xy}(1,3)&W_{xy}(1,4)&W_{xy}(1,5)&W_{xy}(1,6)&W_{xy}(1,7)\end{bmatrix}$$

$$=\frac{1}{2}\begin{bmatrix}1 & 1\\1 & -1\end{bmatrix}\begin{bmatrix}1.75 & -0.25 & 1 & 0 & -1.25 & 0.25 & -1.5 & 0\\3.25 & 0.75 & -1.75 & -1.75 & 0.25 & -0.25 & 0.25 & -0.75\end{bmatrix}$$

$$=\begin{bmatrix}2.5 & 0.25 & -0.375 & -0.875 & -0.5 & 0 & -0.625 & -0.375\\-0.75 & -0.5 & 1.375 & 0.875 & -0.75 & 0.25 & -0.875 & 0.375\end{bmatrix}$$

10.5 斜变换

斜变换是图像处理中的另一种正交变换。斜向量和斜变换的概念是 1971 年被提出的，并且已经证明，斜向量非常适合于表示灰度逐渐改变的图像信号，因而斜变换目前已经成功地应用于图像编码。

10.5.1 斜矩阵

斜向量是一个在其范围内呈均匀阶梯下降的离散锯齿波形。如果用 $S(n)$ 表示 $N\times N(N=2^n, n$ 为正整数)斜矩阵，则有

$$S(1)=\frac{1}{\sqrt{2}}\begin{bmatrix}1 & 1\\1 & -1\end{bmatrix} \tag{10.74}$$

$$S(2)=\frac{1}{\sqrt{4}}\begin{bmatrix}1 & 1 & 1 & 1\\a+b & a-b & -a+b & -a-b\\1 & 1 & 1 & 1\\a-b & -a-b & a+b & -a+b\end{bmatrix} \tag{10.75}$$

因为斜矩阵的列向量是由斜向量构成的，所以，根据阶梯高度均匀的条件，有

$$(a+b)-(a-b)=(a-b)-(-a+b)=(-a+b)-(-a-b) \tag{10.76}$$

即

$$a=2b$$

再根据斜矩阵为正交矩阵的条件，有

$$b=1/\sqrt{5}, a=2/\sqrt{5}$$

这样，代入式(10.75)得

$$S(2)=\frac{1}{\sqrt{4}}\begin{bmatrix}1 & 1 & 1 & 1\\3/\sqrt{5} & 1/\sqrt{5} & -1/\sqrt{5} & -3/\sqrt{5}\\1 & 1 & 1 & 1\\1/\sqrt{5} & -3/\sqrt{5} & 3/\sqrt{5} & -1/\sqrt{5}\end{bmatrix} \tag{10.77}$$

比较式(10.74)与式(10.77),有

$$S(2)=\frac{1}{\sqrt{2}}\begin{bmatrix}1 & 0 & 1 & 0\\ a_4 & b_4 & -a_4 & b_4\\ 0 & 1 & 0 & 1\\ -b_4 & a_4 & b_4 & a_4\end{bmatrix}\begin{bmatrix}S(1) & O_2\\ O_2 & S(1)\end{bmatrix} \tag{10.78}$$

其中,$a_4=2/\sqrt{5}$,$b_4=1/\sqrt{5}$。

同理,可以推导出

$$S(3)=\frac{1}{\sqrt{2}}\begin{bmatrix}1 & 0 & 0 & 0 & 1 & 0 & 0 & 0\\ a_8 & b_8 & 0 & 0 & -a_8 & b_8 & 0 & 0\\ 0 & 0 & 1 & 0 & 0 & 0 & 1 & 0\\ 0 & 0 & 0 & 1 & 0 & 0 & 0 & 1\\ 0 & 1 & 0 & 0 & 0 & -1 & 0 & 0\\ -b_8 & a_8 & 0 & 0 & b_8 & a_8 & 0 & 0\\ 0 & 0 & 1 & 0 & 0 & 0 & -1 & 0\\ 0 & 0 & 0 & 1 & 0 & 0 & 0 & -1\end{bmatrix}\begin{bmatrix}S(2) & O_4\\ O_4 & S(2)\end{bmatrix} \tag{10.79}$$

由此得到一般式为

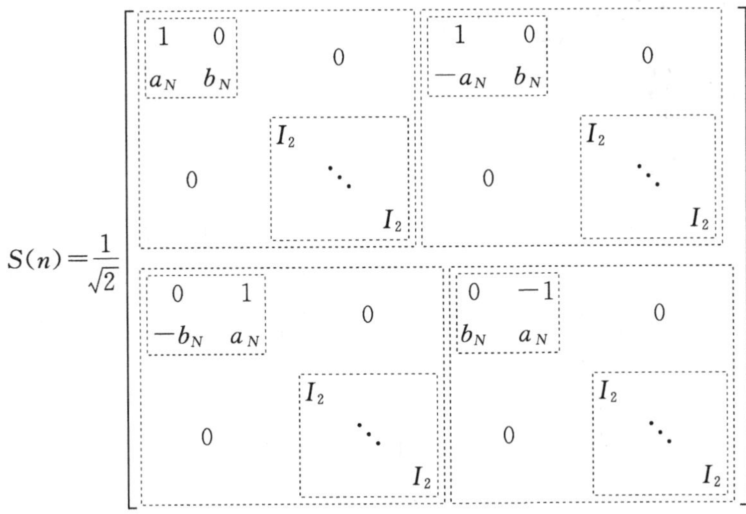

$$\begin{bmatrix} S(n-1) & O_n \\ O_n & S(n-1) \end{bmatrix} \tag{10.80}$$

其中，I_2 为 2×2 的单位矩阵；

$$a_2=1, a_N=\sqrt{\frac{3N^2}{4(N^2-1)}}, b_N=\sqrt{\frac{N^2-4}{4(N^2-1)}} \quad (N=4,8,16,\cdots,2^n) \tag{10.81}$$

10.5.2 斜变换

采用斜矩阵作为变换矩阵进行的正交变换称为斜变换。

设原图像为 $f(x,y)$，是一个 $M\times N(M=2^m, N=2^n)$ 的矩阵，$D(u,v)$ 为变换系数矩阵，则斜变换可表示如下：

正变换：$[D(u,v)]=[S(m)][f(x,y)][S(n)]^{\mathrm{T}}$　(10.82)

逆变换：$[f(x,y)]=[S(m)]^{\mathrm{T}}[D(u,v)][S(n)]$　(10.83)

下面以一个简单的例子来体会斜变换。设一幅数字图像为

$$f=\begin{bmatrix} 0 & 0 & 1 & 1 \\ 0 & 4 & 8 & 2 \end{bmatrix}$$

对其进行斜变换。

【解】

$$S(m)=S(1)=\frac{1}{\sqrt{2}}\begin{bmatrix} 1 & 1 \\ 1 & -1 \end{bmatrix},$$

$$a_4=\frac{2}{\sqrt{5}},$$

$$b_4=\frac{1}{\sqrt{5}},$$

$$S(2)=\frac{1}{\sqrt{2}}\begin{bmatrix} 1 & 0 & 1 & 0 \\ a_4 & b_4 & -a_4 & b_4 \\ 0 & 1 & 0 & -1 \\ -b_4 & a_4 & b_4 & a_4 \end{bmatrix} \cdot \frac{1}{\sqrt{2}}\begin{bmatrix} 1 & 1 & 0 & 0 \\ 1 & -1 & 0 & 0 \\ 0 & 0 & 1 & 1 \\ 0 & 0 & 1 & -1 \end{bmatrix}$$

$$=\frac{1}{2\sqrt{5}}\begin{bmatrix} \sqrt{5} & \sqrt{5} & \sqrt{5} & \sqrt{5} \\ 3 & 1 & -1 & -3 \\ \sqrt{5} & -\sqrt{5} & -\sqrt{5} & \sqrt{5} \\ 1 & -3 & 3 & -1 \end{bmatrix}$$

$$D=S(m)\cdot f\cdot S(n)^{\mathrm{T}}$$

$$=\frac{1}{\sqrt{2}}\begin{bmatrix}1 & 1\\1 & -1\end{bmatrix}\cdot\begin{bmatrix}0 & 0 & 1 & 1\\0 & 4 & 8 & 2\end{bmatrix}\cdot\frac{1}{2\sqrt{5}}\begin{bmatrix}\sqrt{5} & \sqrt{5} & \sqrt{5} & \sqrt{5}\\3 & 1 & -1 & -3\\\sqrt{5} & -\sqrt{5} & -\sqrt{5} & \sqrt{5}\\1 & -3 & 3 & -1\end{bmatrix}^{\mathrm{T}}$$

$$=\frac{1}{2\sqrt{10}}\cdot\begin{bmatrix}0 & 4 & 9 & 3\\0 & -4 & -7 & -1\end{bmatrix}\begin{bmatrix}\sqrt{5} & 3 & \sqrt{5} & 1\\\sqrt{5} & 1 & -\sqrt{5} & -3\\\sqrt{5} & -1 & -\sqrt{5} & 3\\\sqrt{5} & -3 & \sqrt{5} & -1\end{bmatrix}$$

$$=\frac{1}{2\sqrt{10}}\cdot\begin{bmatrix}16\sqrt{5} & -14 & -10\sqrt{5} & 12\\-12\sqrt{5} & 6 & 10\sqrt{5} & -8\end{bmatrix}$$

$$=\begin{bmatrix}5.66 & -2.21 & -3.54 & 1.90\\-4.24 & 0.95 & 3.54 & -1.26\end{bmatrix}$$

10.6 小波变换

小波变换作为重要的时频变换在信号处理中被广泛使用。在这里，仅对小波在图像处理领域应用相关的内容进行介绍。有关小波理论分析方面的内容，请读者参考相关的参考书籍或相关的文献。

傅里叶变换的提出，使信号分析可以在时域和频域上分别进行。因为有时常常希望在分析信号时间特性的同时，分析信号的频率特性，这样，便引出了时频分析的概念。

窗口傅里叶变换是一种时频分析的手段，在进行信号分析时，通过一个对信号加窗的方法，得到在窗内信号的频域特性。通过移动这个窗，就可以得到在不同时域段中的频率特性。换句话说，对某个信号进行的加窗傅里叶变换分析，相当于用一个形状、大小和放大倍数相同的“放大镜”在时-频面上移动去观察信号在某固定长度时间内的频率特性。

根据信号分析的测不准定理可知，时域分辨尺度 Δt 与频域分辨尺度 $\Delta\omega$ 之积大于某个常数(即 $\Delta t\cdot\Delta\omega\geqslant C$)。换句话说，在进行信号分析时，不能在提高时域分辨率的同时使频域分辨率也无限制地提高。为此，在对信号进行时频分析时，就需要根据信号的变换规律，对时域和频域分辨率进行折中。这样，在某些场合，加窗傅里叶变换这种固定时域分辨率的做法就不一定很适用。

实际中，对信号的低频分量（波形较宽）必须在较长的时间段才能给出完全的信息，这时，可允许 Δt 较大，即对时间分辨率的要求就可以低一些，而对频率分辨率的要求就高一些，也就是 $\Delta\omega$ 要小一些。而对信号的高频分量（波形较窄）必须在较短的时间段内，以较小的 Δt 给出较好的精度，即对时间分辨率的要求高，而对频率分辨率的要求可以低一些，也就是 $\Delta\omega$ 可略大一些。由此分析可知，更合适的做法是观测信号的“放大镜”的长、宽是可以变化的。为此，引入小波变换的概念来实现这样的可变大小的观测信号用的“放大镜”。

10.6.1 连续小波变换

连续小波变换的定义如下：

设 $f(t)$，$\varphi(t)$ 是平方可积函数，且 $\varphi(t)$ 的傅里叶变换 $\Psi(\omega)$ 满足条件：

$$\int_R \frac{|\Psi(\omega)|^2}{\omega}\mathrm{d}\omega < \infty \tag{10.84}$$

则称

$$W_f(a,b)=\frac{1}{\sqrt{a}}\int_R f(t)\bar{\varphi}\left(\frac{t-b}{a}\right)\mathrm{d}t \quad (a>0) \tag{10.85}$$

为 $f(t)$ 的连续小波变换。称 $\varphi(t)$ 为小波函数或小波母函数，称 a 为尺度因子，b 为平移因子。

从上述定义可看出，小波变换也是一种积分变换，是将一个时间函数变换到时间-尺度相平面上，使得能够提取函数的某些特征。而 a，b 参数是连续变换的，所以将上述变换称为连续小波变换。

连续小波变换的定义可以用内积表示：

$$W_f(a,b)=\langle f(t),\varphi_{a,b}(t)\rangle \tag{10.86}$$

$$\varphi_{a,b}(t)=\frac{1}{\sqrt{a}}\varphi\left(\frac{t-b}{a}\right) \tag{10.87}$$

从连续小波变换的定义中可以粗略看出小波变换的含义。由于数学上内积表示两个函数的“相似”程度，所以，小波变换 $W_f(a,b)$ 表示 $f(t)$ 与 $\varphi_{a,b}(t)$ 的“相似”程度。

与傅里叶变换类似，实际上，小波变换也是将一个信号波分解成若干基波的线性组合，这些基波是不同时间发生的不同频率的小波，具体是靠平移和伸缩来实现的。**平移**确定某个频段出现的确切位置，**伸缩**得到从低到高不同频率的基波。傅里叶变换用到的基波函数是惟一确定的，即为正弦函数。小波变换用到的小波是不惟一的，同一个工程问题用不同的小波函数进行分析时，有时结果相差很多。所以如何选择小波是实际应用中的难题，也是小波分析研究的热点问题。目前大多通过经验或是不断的实验来选择小波函数。如图 10.7 所示，是一个小波伸缩与平移的波形示意图。当平移因子 b 改变时，表示观测信号 $f(t)$ 与 $\varphi_{a,b}(t)$ 相似性的位置的变化。通过 b 的不断变化，实现对信号在整个时间段上频率特性的分析。

当比例因子 a 增大时($a>1$)，表示用伸展了的 $\varphi(t)$ 波形去观察整个 $f(t)$，换句话说，这时以小的时间分辨率和大的频率分辨率来观测信号的低频信息；反之，当 a 减小时($0<a<1$)，则以压缩了的波形去衡量 $f(t)$ 的局部，即以大的时间分辨率和小的频率分辨率来观测信号的高频部分。随着尺度因子从大到小($0<a<+\infty$)，$f(t)$ 的小波变换可以反映从概貌到细节的全部信息。从这个意义上来说，小波变换是一架“变焦镜头”，它既是“望远镜”又是“显微镜”，而参数 a 就是它的“变焦旋钮”。

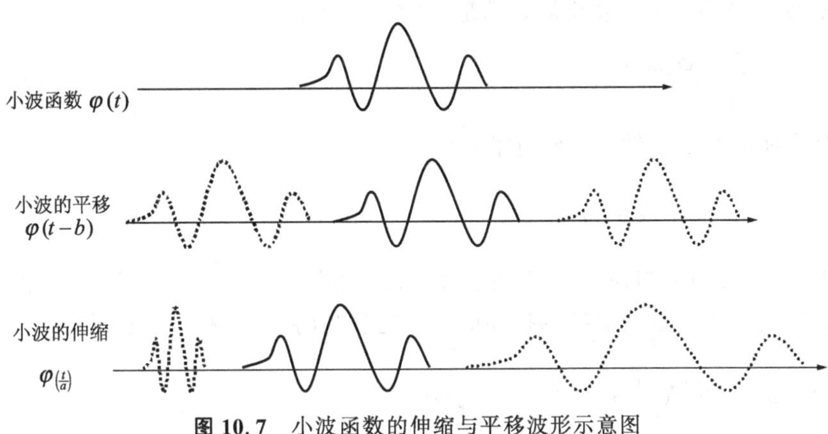

图 10.7 小波函数的伸缩与平移波形示意图

连续小波变换有如下几个性质：

① **叠加性** 设 $f(t),g(t)\in L^2(R)$，k_1,k_2 是任意常数，则

$$W_{k_1 f+k_2 g}(a,b)=k_1 W_f(a,b)+k_2 W_g(a,b) \tag{10.88}$$

② **平移性** 设 $f(t)\in L^2(R)$，则

$$W_{f(t-t_0)}(a,b)=W_{f(t)}(a,b-t_0) \tag{10.89}$$

③ **尺度法则** 设 $f(t)\in L^2(R)$，则

$$W_{f(\lambda t)}(a,b)=\frac{1}{\sqrt{\lambda}}W_{f(t)}(\lambda a,\lambda b),\qquad \lambda>0 \tag{10.90}$$

④ **乘法定理** 设 $f(t),g(t)\in L^2(R)$，则

$$\int_0^{\infty}\int_{-\infty}^{\infty} W_f(a,b)\cdot \overline{W}_g(a,b)\mathrm{d}b\mathrm{d}a=C_\psi\int_R f(t)\cdot \overline{g}(t)\mathrm{d}t \tag{10.91}$$

其中，$C_\psi=\int_0^{\infty}\frac{|\psi(w)|^2}{w}\mathrm{d}w$，$\psi(w)$是小波函数 $\varphi(t)$的傅里叶变换。

⑤ **乘方定理** 这是一个与傅里叶变换中的类似的一个性质，取 $f(t)=g(t)$，可得出与傅里叶变换中的 Parseval 等式类似的等式如下：

$$\int_0^{\infty}\int_{-\infty}^{\infty}\frac{1}{a^2}|W_f(a,b)|^2\mathrm{d}b\mathrm{d}a=C_\psi\int_{-\infty}^{\infty}|f(t)|^2\mathrm{d}t \tag{10.92}$$

⑥ **反演公式** 设 $f(t)\in L^2(R)$，则

$$f(t)=\frac{1}{C_\psi}\int_0^{\infty}\int_{-\infty}^{\infty}\frac{1}{a^2}W_f(a,b)\cdot\varphi_{a,b}(t)\mathrm{d}b\mathrm{d}a \tag{10.93}$$

与其他积分变换一样，小波变换只有在其逆变换存在的条件下有实际意义。小波函数 $\varphi(t)$的傅里叶变换需要满足 $0<C_\varphi<\infty$，即

$$0<\int_0^{\infty}\frac{|\Psi(\omega)|^2}{\omega}\mathrm{d}\omega<\infty \tag{10.94}$$

称之为小波的容许条件。由此可推导出

$$\Psi(0)=\int_{-\infty}^{\infty}\varphi(t)\mathrm{d}t=0 \tag{10.95}$$

由式(10.94)可知，$\varphi(t)$具有快速衰减性，由式(10.95)可知，$\varphi(t)$具有波动性。所以 $\varphi(t)$的波形是快速衰减的振动曲线。这就是将 $\varphi(t)$称为小波的原因。

10.6.2 离散小波与二进小波

对于前面已经介绍的连续小波变换，因为

$$f(t)=\frac{1}{C_\psi}\int_0^{\infty}\int_{-\infty}^{\infty}\frac{1}{a^2}W_f(a,b)\cdot\varphi_{a,b}(t)\mathrm{d}b\mathrm{d}a$$

所以信号 $f(t)$可以看成是 $\varphi_{a,b}(t)$的线性组合。由于参数 a,b 是连续变化的，所以一般情况下 $\varphi_{a,b}(t)$不是线性无关的。下面，分析参数的变化与 $\varphi_{a,b}(t)$特性的关系。

令 $a=a_1,b=b_1$，则

$$W_f(a_1,b_1)=\int_R f(t)\cdot\overline{\varphi}_{a_1,b_1}(t)\mathrm{d}t$$

$$= \int_R \frac{1}{C_\psi}\left[\int_0^\infty \int_{-\infty}^\infty \frac{1}{a^2} W_f(a,b) \cdot \varphi_{a,b}(t)\mathrm{d}b\mathrm{d}a\right] \cdot \overline{\varphi}_{a_1,b_1}(t)\mathrm{d}t$$

$$= \int_R \frac{1}{C_\psi}\left[\int_0^\infty \int_{-\infty}^\infty \frac{1}{a^2} W_f(a,b) \cdot \varphi_{a,b}(t)\mathrm{d}b\mathrm{d}a\right] \cdot \overline{\varphi}_{a_1,b_1}(t)\mathrm{d}t$$

$$= \int_0^\infty \int_{-\infty}^\infty \frac{1}{a^2} W_f(a,b)\left[\frac{1}{C_\psi}\int_R \varphi_{a,b}(t) \cdot \overline{\varphi}_{a_1,b_1}(t)\mathrm{d}t\right]\mathrm{d}b\mathrm{d}a$$

$$= \int_0^\infty \int_{-\infty}^\infty \frac{1}{a^2} W_f(a,b) \cdot k_\varphi(a,a_1,b,b_1)\mathrm{d}b\mathrm{d}a \tag{10.96}$$

其中，$k_\varphi(a,a_1,b,b_1)=\dfrac{1}{C_\psi}\displaystyle\int_R \varphi_{a,b}(t) \cdot \overline{\varphi}_{a_1,b_1}(t)\mathrm{d}t$ 称之为再生核。显然，当 $\varphi_{a,b}(t)$ 与 $\varphi_{a_1,b_1}(t)$ 正交时，$k_\varphi(a,a_1,b,b_1)=0$，即这时 $W_f(a,b)$ 对 $W_f(a_1,b_1)$“没有贡献”。

根据以上的分析可知，只要合适地对参数 a,b 离散化，就可以保持信息的不丢失。这就是离散小波变换的核心思想。

① 尺度参数 a 的离散化。一般的做法是，取 $a=a_0^j$，$j=0,\pm1,\pm2\cdots$，此时相应的小波函数是 $a_0^{-\frac{j}{2}}\psi(a_0^{-j}\times(t-b))$，$j=0,\pm1,\pm2,\cdots$这时，称小波的尺度为 j（即 $a=a_0^j$）。

② 位移参数 b 的离散化。对于尺度 $j=0$，应该存在一个适当的位移量 b_0，使得 $\varphi(t-kb_0)$，$k=0,\pm1,\pm2,\cdots$可以覆盖整个时间轴且信息不丢失。

当 $j\neq0$ 时，取 $b=a_0^j \cdot b_0$，则下面是离散化后且不丢失信息的小波函数：

$$\varphi_{i,k}(t)=a_0^{-i/2} \cdot \varphi(a_0^{-i}t-kb_0)(i,k\in Z) \tag{10.97}$$

或者将 kb_0 在数轴上调整（归一化）为整数 k，则有

$$\varphi_{i,k}(t)=a_0^{-i/2} \cdot \varphi(a_0^{-i}t-k) \quad (i,k\in Z) \tag{10.98}$$

根据以上的讨论，离散小波变换的定义如下：

设 $\varphi(t)\in L^2(R)$，$a_0(>0)$是常数，$\varphi_{j,k}(t)=a_0^{-\frac{j}{2}}\varphi(a_0^{-j}t-k)$，$j,k\in Z$，则称

$$W_f(j,k)=\int_R f(t)\overline{\varphi}_{j,k}(t)\mathrm{d}t \tag{10.99}$$

为 $f(t)$的离散小波变换。

特别地，取 $a_0=2$，则称以离散小波函数 $\varphi_{i,k}(t)=2^{-i/2} \cdot \varphi(2^{-i}t-k)$，$i,k\in Z$ 构造的离散小波变换为二进小波变换。

10.6.3 小波的多尺度分解与重构

下面，从另外一个角度来理解小波变换。

设 W_j 是集合$\{\varphi_{jk}(t);k\in Z\}$（即对每个 W_j，是尺度相同为 j，不同位移 k 下的

$\varphi_{i,k}(t)$所构成的集合)线性张成的在 $L^2(R)$上的闭包,则有

$$L^2(R)=\cdots\dot{+}W_{-1}\dot{+}W_0\dot{+}W_1\dot{+}\cdots \tag{10.100}$$

对 $f(t)\in L^2(R)$,有惟一的分解为

$$f(t)=\cdots+g_{-1}(t)+g_0(t)+g_1(t)+\cdots \tag{10.101}$$

其中,$g_k(t)\in W_k$,$k\in Z$。

对每个 $k\in Z$,考虑

$$V_k=\cdots+W_{k-2}+W_{k-1},k\in Z \tag{10.102}$$

每个 V_k 是包含尺度$\leqslant k-1$ 的所有位移下的 $\varphi_{i,k}(t)$所构成的集合。

V_k 具有以下的性质:

① **单调性**

$$V_j\subset V_{j+1},\forall j\in Z \tag{10.103}$$

② **逼近性**

$$\bigcap_{j\in Z}V_j=\{0\},\text{close}\{\bigcup_{-\infty}^{\infty}V_j\}=L^2(R) \tag{10.104}$$

③ **伸缩性**

$$f(t)\in V_j\Leftrightarrow f(2t)\in V_{j+1} \tag{10.105}$$

④ **相加性**

$$V_{k+1}=V_k\dot{+}W_k \tag{10.106}$$

⑤ **平移性**

$$f(t)\in V_j\Leftrightarrow f(t+2^{-k})\in V_j,\forall j\in Z \tag{10.107}$$

根据以上的集合定义与性质,取函数 $\psi(t)\in V_0$,使$\{\psi(t-k)\}$,$k\in Z$ 是 V_0 的标准正交基,则称 $\psi(t)$为尺度函数或小波父函数。那么,尺度函数 $\psi(t)$与小波函数 $\varphi(t)$正交。

尺度函数 $\psi(t)$的傅里叶变换 $\Psi(w)$具有低通滤波的特性,小波函数 $\varphi(t)$的傅里叶变换 $\Phi(w)$具有高通滤波特性。

这样,利用尺度函数 $\psi(t)$和小波函数 $\varphi(t)$构造信号的低通滤波器及高通滤波器,则可以对信号进行不同尺度下的分解。图 10.8 所示是多尺度分解的示意图。首先,在第一层上将原信号的频谱 F 分解为高频段 H_1 和低频段 L_1,然后在第二层分解中,再在低频段 L_1 上进行高、低频分解,得到高频段 H_2 和低频段 L_2;依次类推,分解的层数越高,时间分辨率越低,频率分辨率越高。

当对不同频段下的信号进行相应的处理之后,就需要进行小波重构,使信号还原到原始的时域中。

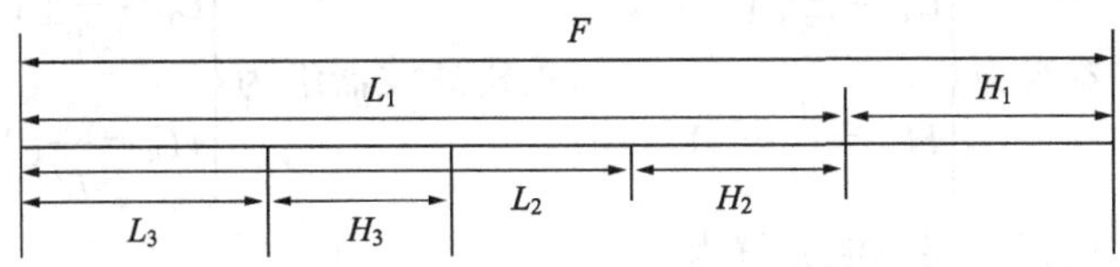

图 10.8 多尺度分解示意图

小波的多尺度分解与信号的子带编码技术相结合，即可构成对信号的无冗余的描述。有关子带编码的原理请读者参考相关的参考文献[1]。这里只给出子带编码的方法。

对进行离散小波变换后的变换系数信息进行相隔采样，重构时，对未采样到的点的值以 0 替代进行重构，可以不丢失原始信息。具体地说，设

$$\text{低频部分为}: g_L(k) = \sum_i f(i) \cdot h_L(-i+k) \tag{10.108}$$

$$\text{高频部分为}: g_H(k) = \sum_i f(i) \cdot h_H(-i+k) \tag{10.109}$$

其中，$h_L(k)$，$h_H(k)$分别为低通、高通分解滤波器。

$$\tilde{g}_L(k) = \begin{cases} g_L(k), & k=2i-1 \\ 0, & k=2i \end{cases}, \tilde{g}_H(k) = \begin{cases} g_H(k), & k=2i-1 \\ 0, & k=2i \end{cases}, i \in Z \tag{10.110}$$

则有

$$f(i) = \sum_k \tilde{g}_L(i) \cdot \tilde{h}_L(-i+k) + \sum_k \tilde{g}_H(i) \cdot \tilde{h}_H(-i+k) \tag{10.111}$$

其中，$\tilde{h}_L(k)$，$\tilde{h}_H(k)$分别为低通、高通重构滤波器。

小波变换与前面所介绍的正交变换相比，还有一个非常重要的不同点，那就是小波函数 $\varphi(t)$及相应的尺度函数 $\psi(t)$都有多种不同的选择。这样，就需要考虑如何选择小波函数 $\varphi(t)$。

小波函数的选择，通常是依据不同的应用目的来确定的，例如，对于无失真压缩，选择一个正交归一或双正交基的小波函数，因为其目的是精确和紧凑地表示信号。对于需要保留的低频信息比较丰富的应用，可选择小波函数构成的滤波器的系数序列长度较长的小波，以牺牲时间分辨率来达到提高频率分辨率的目的。

下面，以一个简单的例子来体会信号的小波多尺度分解与重构。

设原信号为 $f=\{1,2,0,3,4,-1\}$，低通、高通滤波器为 Haar 小波所构造的，具体滤波器的系数如下：

分解滤波器组为$\begin{cases}L_D=\frac{1}{\sqrt{2}}[1\quad 1]\\H_D=\frac{1}{\sqrt{2}}[-1\quad 1]\end{cases}$,重构滤波器组为$\begin{cases}L_R=\frac{1}{\sqrt{2}}[1\quad 1]\\H_R=\frac{1}{\sqrt{2}}[1\quad -1]\end{cases}$

对信号 f 进行一层小波分解为

$$C_1=L_D*f=\frac{1}{\sqrt{2}}[3\quad 2\quad 3\quad 7\quad 3\quad 0]$$

$$D_1=H_D*f=\frac{1}{\sqrt{2}}[1\quad -2\quad 3\quad 1\quad -5\quad 2]$$

保留 C_1、D_1 中奇数点的值进行等间隔采样后,有

$$\widetilde{C}_1=\frac{1}{\sqrt{2}}[3\quad 3\quad 3],\qquad \widetilde{D}_1=\frac{1}{\sqrt{2}}[1\quad 3\quad -5]$$

下面再对 $\widetilde{C}_1$,$\widetilde{D}_1$ 进行信号的重构。首先,将 $\widetilde{C}_1$,$\widetilde{D}_1$ 的偶数点上以 0 替代,即

$$\hat{C}_1=\frac{1}{\sqrt{2}}[3\quad 0\quad 3\quad 0\quad 3\quad 0],\qquad \hat{D}_1=\frac{1}{\sqrt{2}}[1\quad 0\quad 3\quad 0\quad -5\quad 0]$$

用重构滤波器进行重构,即

$$L_R*\hat{C}_1=\frac{1}{2}[3\quad 3\quad 3\quad 3\quad 3\quad 3]$$

$$H_R*\hat{D}_1=\frac{1}{2}[1\quad -3\quad 3\quad 5\quad -5\quad -1]$$

$$\begin{aligned}L_R*\hat{C}_1+H_R*\hat{D}_1&=\frac{1}{2}[4\quad 0\quad 6\quad 8\quad -2\quad 2]\\&=[2\quad 0\quad 3\quad 4\quad -1\quad 1]\end{aligned}$$

因为在前面的卷积处理中,滤波器的长度为 2,所以有一个数据位的超前。这样,对所处理结果还需要进行移位处理。

经过移位得到原信号 $\Rightarrow[1\quad 2\quad 0\quad 3\quad 4\quad -1]$
可以看到,与原始信号一致。

二维小波变换与二维傅里叶变换相同,可以将一维小波变换直接扩展到二维,即先将描述图像的矩阵的每行(列)独立地看成是一维信号,分别进行一维小波变换。然后,将变换后的中间结果再对每一列(行)进行独立的小波,所得到的结果即为二维小波变换。

下面以一个简单的例子来体会二维小波变换。设图像为

$$f=\begin{bmatrix}1 & 0 & 2 & 1\\0 & 3 & 1 & 2\\3 & 1 & 0 & 2\\2 & 3 & 1 & 0\end{bmatrix}$$

采用的低通、高通滤波器为 Haar 小波所构造的，具体滤波器的系数如下：

分解滤波器组为 $\begin{cases}L_D=\dfrac{1}{\sqrt{2}}[1\quad 1]\\ H_D=\dfrac{1}{\sqrt{2}}[-1\quad 1]\end{cases}$，重构滤波器组为 $\begin{cases}L_R=\dfrac{1}{\sqrt{2}}[1\quad 1]\\ H_R=\dfrac{1}{\sqrt{2}}[1\quad -1]\end{cases}$

下面对其进行小波变换。

第一步：对 f 的每一个行向量进行低通滤波，得到的结果为

$$\boldsymbol{h}_0=\begin{bmatrix}L_D * f(1,\cdots)\\L_D * f(2,\cdots)\\L_D * f(3,\cdots)\\L_D * f(4,\cdots)\end{bmatrix}=\frac{1}{\sqrt{2}}\begin{bmatrix}1 & 2 & 3 & 2\\3 & 4 & 3 & 2\\4 & 1 & 2 & 5\\5 & 4 & 1 & 2\end{bmatrix}$$

间隔采样之后有

$$\boldsymbol{h}\Rightarrow\tilde{\boldsymbol{h}}_0=\frac{1}{\sqrt{2}}\begin{bmatrix}1 & 3\\3 & 3\\4 & 2\\5 & 1\end{bmatrix}$$

其中，$f(i,\cdots)$表示 f 的第 i 行。

第二步：对 f 的每一个行向量进行高通滤波，得到的结果为

$$\boldsymbol{h}_1=\begin{bmatrix}\boldsymbol{H}_D * f(1,\cdots)\\\boldsymbol{H}_D * f(2,\cdots)\\\boldsymbol{H}_D * f(3,\cdots)\\\boldsymbol{H}_D * f(4,\cdots)\end{bmatrix}=\frac{1}{\sqrt{2}}\begin{bmatrix}-1 & 2 & -1 & 0\\3 & -2 & 1 & -2\\-2 & -1 & 2 & 1\\1 & -2 & -1 & 2\end{bmatrix}$$

间隔采样之后有

$$\boldsymbol{h}_1\Rightarrow\tilde{\boldsymbol{h}}_1=\frac{1}{\sqrt{2}}\begin{bmatrix}-1 & -1\\3 & 1\\-2 & 2\\1 & -1\end{bmatrix}$$

第三步：对 $\tilde{\boldsymbol{h}}_0$ 的每一个列向量进行低通滤波，得到的结果为

$$\tilde{\boldsymbol{h}}_{00}=[\boldsymbol{L}_\mathrm{D}*\tilde{\boldsymbol{h}}_0(\cdots,1),\boldsymbol{L}_\mathrm{D}*\tilde{\boldsymbol{h}}_0(\cdots,2)]=\frac{1}{2}\begin{bmatrix}4&6\\7&5\\9&3\\6&4\end{bmatrix}$$

间隔采样之后有

$$\tilde{\boldsymbol{h}}_{00}\Rightarrow\tilde{\boldsymbol{h}}_{00}=\frac{1}{2}\begin{bmatrix}4&6\\9&3\end{bmatrix}$$

其中，$\tilde{\boldsymbol{h}}_0(\cdots,j)$为 $\tilde{\boldsymbol{h}}_0$ 的第 j 列。

第四步：对 $\tilde{\boldsymbol{h}}_0$ 的每一个列向量进行高通滤波，得到的结果为

$$\boldsymbol{h}_{01}=[\boldsymbol{H}_\mathrm{D}*\tilde{\boldsymbol{h}}_0(\cdots,1),\boldsymbol{H}_\mathrm{D}*\tilde{\boldsymbol{h}}_0(\cdots,2)]=\frac{1}{2}\begin{bmatrix}2&0\\1&-1\\1&-1\\-4&2\end{bmatrix}$$

间隔采样之后有

$$\boldsymbol{h}_{01}\Rightarrow\tilde{\boldsymbol{h}}_{01}=\frac{1}{2}\begin{bmatrix}2&0\\1&-1\end{bmatrix}$$

第五步：对 $\tilde{\boldsymbol{h}}_1$ 的每一个列向量进行低通滤波，得到的结果为

$$\boldsymbol{h}_{10}=[\boldsymbol{L}_\mathrm{D}*\tilde{\boldsymbol{h}}_1(\cdots,1),\boldsymbol{L}_\mathrm{D}*\tilde{\boldsymbol{h}}_1(\cdots,2)]=\frac{1}{2}\begin{bmatrix}2&0\\1&3\\-1&1\\0&-2\end{bmatrix}$$

间隔采样之后有

$$\boldsymbol{h}_{10}\Rightarrow\tilde{\boldsymbol{h}}_{10}=\frac{1}{2}\begin{bmatrix}2&0\\-1&1\end{bmatrix}$$

第六步：对 $\tilde{\boldsymbol{h}}_1$ 的每一个列向量进行高通滤波，得到的结果为

$$\boldsymbol{h}_{11}=[\boldsymbol{H}_\mathrm{D}*\tilde{\boldsymbol{h}}_1(\cdots,1),\boldsymbol{H}_\mathrm{D}*\tilde{\boldsymbol{h}}_1(\cdots,2)]=\frac{1}{2}\begin{bmatrix}4&2\\-5&1\\3&-3\\2&0\end{bmatrix}$$

间隔采样之后有

$$\boldsymbol{h}_{11}\Rightarrow\tilde{\boldsymbol{h}}_{11}=\frac{1}{2}\begin{bmatrix}4&2\\3&-3\end{bmatrix}$$

最终得到的小波变换的结果为

$$\boldsymbol{H}=\begin{bmatrix}\tilde{\boldsymbol{h}}_{00} & \tilde{\boldsymbol{h}}_{01}\\ \tilde{\boldsymbol{h}}_{10} & \tilde{\boldsymbol{h}}_{11}\end{bmatrix}=\frac{1}{2}\left[\begin{array}{cc|cc}4 & 6 & 2 & 0\\ 9 & 3 & 1 & -1\\ \hline 2 & 0 & 4 & 2\\ -1 & 1 & 3 & -3\end{array}\right]$$

下面的论述中,如果不进行特殊说明,小波变换系数的存放方式就按照上面 $\boldsymbol{H}$ 的方式放置。接下来,再对 $\boldsymbol{H}$ 进行小波重构。

第一步:对 $\tilde{\boldsymbol{h}}_{00}$ 的每一个列向量进行等间隔插 0 后进行低通滤波,得到的结果为

$$\tilde{\boldsymbol{h}}_{00}\Rightarrow\boldsymbol{h}_{00}=\frac{1}{2}\begin{bmatrix}4 & 6\\ 0 & 0\\ 9 & 3\\ 0 & 0\end{bmatrix},$$

$$\boldsymbol{L}_R*\boldsymbol{h}_{00}=[\boldsymbol{L}_R*\boldsymbol{h}_{00}(\cdots,1),\boldsymbol{L}_R*\boldsymbol{h}_{00}(\cdots,2)]=\frac{1}{2\sqrt{2}}\begin{bmatrix}4 & 6\\ 9 & 3\\ 9 & 3\\ 4 & 6\end{bmatrix}\overset{\text{移位}}{\Rightarrow}\frac{1}{2\sqrt{2}}\begin{bmatrix}4 & 6\\ 4 & 6\\ 9 & 3\\ 9 & 3\end{bmatrix}$$

第二步:对 $\tilde{\boldsymbol{h}}_{01}$ 的每一个列向量进行等间隔插 0 后进行高通滤波,得到的结果为

$$\tilde{\boldsymbol{h}}_{01}\Rightarrow\boldsymbol{h}_{01}=\frac{1}{2}\begin{bmatrix}2 & 0\\ 0 & 0\\ 1 & -1\\ 0 & 0\end{bmatrix},$$

$$\begin{aligned}\boldsymbol{H}_R*\boldsymbol{h}_{01}&=[\boldsymbol{H}_R*\boldsymbol{h}_{01}(\cdots,1),\boldsymbol{H}_R*\boldsymbol{h}_{01}(\cdots,2)]\\&=\frac{1}{2\sqrt{2}}\begin{bmatrix}2 & 0\\ -1 & 1\\ 1 & -1\\ -2 & 0\end{bmatrix}\overset{\text{移位}}{\Rightarrow}\frac{1}{2\sqrt{2}}\begin{bmatrix}-2 & 0\\ 2 & 0\\ -1 & 1\\ 1 & -1\end{bmatrix}\end{aligned}$$

$$\begin{aligned}\tilde{\boldsymbol{h}}_0&=\boldsymbol{L}_R*\boldsymbol{h}_{00}+\boldsymbol{H}_R*\boldsymbol{h}_{01}\\&=\frac{1}{2\sqrt{2}}\begin{bmatrix}2 & 6\\ 6 & 6\\ 8 & 4\\ 10 & 2\end{bmatrix}=\frac{1}{\sqrt{2}}\begin{bmatrix}1 & 3\\ 3 & 3\\ 4 & 2\\ 5 & 1\end{bmatrix}\end{aligned}$$

第三步:对 $\tilde{\boldsymbol{h}}_0$ 的每一个行向量进行等间隔插 0 后进行低通滤波,得到的结果为

$$\tilde{\boldsymbol{h}}_0 \Rightarrow \boldsymbol{h}_0 = \frac{1}{\sqrt{2}}\begin{bmatrix} 1 & 0 & 3 & 0 \\ 3 & 0 & 3 & 0 \\ 4 & 0 & 2 & 0 \\ 5 & 0 & 1 & 0 \end{bmatrix}$$

$$\boldsymbol{L}_{\mathrm{R}} * \boldsymbol{h}_0 = \begin{bmatrix} \boldsymbol{L}_{\mathrm{R}} * \boldsymbol{h}_0(1,\cdots) \\ \boldsymbol{L}_{\mathrm{R}} * \boldsymbol{h}_0(2,\cdots) \\ \boldsymbol{L}_{\mathrm{R}} * \boldsymbol{h}_0(3,\cdots) \\ \boldsymbol{L}_{\mathrm{R}} * \boldsymbol{h}_0(4,\cdots) \end{bmatrix} = \frac{1}{2}\begin{bmatrix} 1 & 3 & 3 & 1 \\ 3 & 3 & 3 & 3 \\ 4 & 2 & 2 & 4 \\ 5 & 1 & 1 & 5 \end{bmatrix} \overset{\text{移位}}{\Rightarrow} \frac{1}{2}\begin{bmatrix} 1 & 1 & 3 & 3 \\ 3 & 3 & 3 & 3 \\ 4 & 4 & 2 & 2 \\ 5 & 5 & 1 & 1 \end{bmatrix}$$

第四步:对 $\tilde{\boldsymbol{h}}_1$ 的每一个列向量进行等间隔插 0 后进行高通滤波,得到的结果为

$$\tilde{\boldsymbol{h}}_1 \Rightarrow \boldsymbol{h}_1 = \frac{1}{\sqrt{2}}\begin{bmatrix} -1 & 0 & -1 & 0 \\ 3 & 0 & 1 & 0 \\ -2 & 0 & 2 & 0 \\ 1 & 0 & -1 & 0 \end{bmatrix}$$

$$\boldsymbol{H}_{\mathrm{R}} * \boldsymbol{h}_1 = \begin{bmatrix} \boldsymbol{H}_{\mathrm{R}} * \boldsymbol{h}_1(1,\cdots) \\ \boldsymbol{H}_{\mathrm{R}} * \boldsymbol{h}_1(2,\cdots) \\ \boldsymbol{H}_{\mathrm{R}} * \boldsymbol{h}_1(3,\cdots) \\ \boldsymbol{H}_{\mathrm{R}} * \boldsymbol{h}_1(4,\cdots) \end{bmatrix} = \frac{1}{2}\begin{bmatrix} -1 & 1 & -1 & 1 \\ 3 & -1 & 1 & -3 \\ -2 & -2 & 2 & 2 \\ 1 & 1 & -1 & -1 \end{bmatrix}$$

$$\overset{\text{移位}}{\Rightarrow} \frac{1}{2}\begin{bmatrix} 1 & -1 & 1 & -1 \\ -3 & 3 & -1 & 1 \\ 2 & -2 & -2 & 2 \\ -1 & 1 & 1 & -1 \end{bmatrix}$$

第五步:重构

$$\tilde{\boldsymbol{f}} = \boldsymbol{L}_{\mathrm{R}} * \boldsymbol{h}_0 + \boldsymbol{H}_{\mathrm{R}} * \boldsymbol{h}_1 = \frac{1}{2}\begin{bmatrix} 2 & 0 & 4 & 2 \\ 0 & 6 & 2 & 4 \\ 6 & 2 & 0 & 4 \\ 4 & 6 & 2 & 0 \end{bmatrix} = \begin{bmatrix} 1 & 0 & 2 & 1 \\ 0 & 3 & 1 & 2 \\ 3 & 1 & 0 & 2 \\ 2 & 3 & 1 & 0 \end{bmatrix} = \boldsymbol{f}$$

可以看到,重构结果与原始图像数据一致。

10.7 小波变换在图像处理中的应用

小波变换因其突出的时频变换特性,以及小波基函数选择的灵活性,在图像处

理中有着多个方面的广泛应用。本节就几个最基本的、最典型的应用进行阐述。

10.7.1 小波变换在图像压缩中的应用

从小波变换所具有的频域特性来理解，我们从傅里叶变换得到启示，就是图像的数据信息大多集中在低频部分，而高频部分的信息很弱，对人眼视觉的影响也小。对如图 10.9(a)所示的原图进行一次小波变换之后的结果如图 10.9(b)所示。可以看到，一幅图像经过小波变换之后，概貌信息大多集中在低频部分，而其余部分只有很弱的表示细节的信息。为此，如果只保留占总数据量 1/4 的低频部分，对其余三个部分的系数不存储或传输，在解压时，这三个子块的系数以 0 来替代，则可得到如图 10.9(c)的效果。可以看到省略了部分细节信息之后，画面的效果与原图相比，差别不是非常大。

(a) 原　图

(b) 一次小波变换

(c) 解压图像

图 10.9　基于小波变换的图像压缩

上面只是对小波变换用于图像压缩进行了原理性的论述，在实际应用中，为了提高压缩比，还会进行多层(多尺度)小波变换，以及与其他编码方式相结合的方式来完成。详细的内容请参考第 11 章的图像压缩编码技术以及相关的参考文献。

下面，从一个简单的例子来体会小波变换在数据压缩中的应用效果。为了叙述方便起见，先给出一个一维的数据序列。

设数据序列为 $f(t)=[3,4,0,1,2,3,5,6,1,0,7,9]$，显然该数据序列取值范围为 0～9，需要采用 5 位二进制数来存储。这样原始数据量为 12×5＝60 位。为了计算方便起见，采用 Haar 小波进行小波变换。

$$C_1=\frac{1}{\sqrt{2}}[7,4,1,3,5,8,11,7,1,7,16,12]\Rightarrow\frac{1}{\sqrt{2}}[7,1,5,11,1,16]$$

$$D_1=\frac{1}{\sqrt{2}}[1,-4,1,1,1,2,1,-5,1,7,2,-6]\Rightarrow\frac{1}{\sqrt{2}}[1,1,1,1,-1,2]$$

经过一次小波变换后的系数为

$$[C_1,D_1]=\frac{1}{\sqrt{2}}[7,1,5,11,1,16,1,1,1,1,-1,2]$$

下面再对 C_1 进行第二次小波变换：

$$C_2=\frac{1}{2}[8,6,16,12,17,23]\Rightarrow\frac{1}{2}[8,16,17],$$

$$D_2=\frac{1}{2}[-6,4,6,-10,15,-9]\Rightarrow\frac{1}{2}[-6,6,15]$$

经过两次小波变换后的系数为

$$[C_2,D_2,D_1]=[4,8,8.5,-3,3,7.5,1/\sqrt{2},1/\sqrt{2},1/\sqrt{2},1/\sqrt{2},-1/\sqrt{2},2/\sqrt{2}]$$

对上面的系数进行量化为 $[C_2,D_2,D_1]=[4,8,8,0,4,8,0,0,0,0,0,0]$，这样，只需存储前 6 个系数，后 6 个系数在解压时直接置 0。对前 6 个系数，如果以放大倍数为 4，和[1,2,2,0,2,2]进行存储，放大倍数用一个 3 位二进制数存储，另外的 6 个系数用 2 位二进制数存储的话，需要的数据量为 3+6×3=21 位。这样，可以做到的压缩比为 60∶21≈2.86∶1。

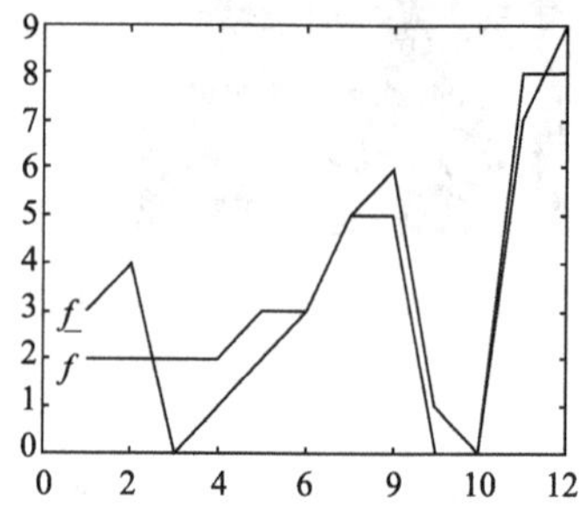

图 10.10　解压信号与原信号的比较

对 $[C_2,D_2,D_1]=[4,8,8,0,4,8,0,0,0,0,0,0]$ 进行重构之后，所得到的重构数据为

$$\tilde{f}=[2,2,2,2,3,3,5,5,0,0,8,8]$$

如图 10.10 所示，经过对小波变换系数的量化，可以达到提高压缩比的目的，但同时，解压信号数据与原始信号数据已经不相同，但好在解压信号数据还可以反映出原始信号的大致轮廓，在条件允许的情况下，可以采用这种忽略细节的方法来达到提高压缩效率的目的。

10.7.2　小波变换在图像融合中的应用

图像融合实际上就是将采用不同方式所获得的某个目标物信息综合起来获得一个对目标物的好的显示效果。例如，医学上所使用的 PETCT 影像技术就是典型的例子，将采用 PET 成像的影像与采用 CT 成像的影像融合在一起，获得一个可清晰显示病灶的影像。

图 10.11 所示是另外一种思路下的图像融合，在保证分辨率前提下，对一个场景进行拍摄时，常用的方法之一是，将该场景用若干幅局部照片拍摄下来，之后再将这些照片融合成一幅图像。显然，要融合局部照片获得一张全局照片的核心是对相邻两幅图像的重叠部分的准确检测。

如图 10.11(a)，(b)，(c)所示，该场景的主要目标物是树木与建筑物，因此会出现比较多的相似纹理。这样，比较容易因细节的干扰而导致相邻图像重叠部分的误检。如果采用小波变换，在低频区域中进行重叠部分的检测至少有两个好处，一是处理的数据量大幅度减少(例如，做两次小波变换的话，处理数据量是原来的1/16)；二是因为低频部分只反映景物的概貌，细节部分不在低频子块中反映，这样，就可以抵抗细节对检测的干扰。如图 10.11(d)所示，可以看到，小波在图像融合中的应用效果是非常明显的。

(a) 局部1　(b) 局部2　(c) 局部3

(d) 融合得到的全局图

图 10.11　图像融合示例

10.7.3 小波变换在图像边界检测中的应用

如图 10.9(b)所示，经过小波变换之后，图像中的景物边界这类细节信息存在于三个非低频子块中。为了方便后面的叙述，在这里将对图像进行行低通、列低通滤波后得到的子块定义为**低频子块**,将行低通、列高通滤波后得到的子块定义为**次低频子块**,将行高通、列低通的子块定义为**次高频子块**,将行高通、列高通的子块定义为**高频子块**。

图 10.12 所示是对原图进行小波变换后,对次高频、次低频两个子块进行二值化处理之后所得到的边界检测结果。比较图 10.12(a),(b)(c)和图 10.12(d),(e),(f)可以看到,小波变换用于图像中景物边缘检测与前面所介绍的图像锐化算法相比,其一个突出的优势是,可以得到不同尺度的边缘信息。换句话说,就是可以根据不同的需要获得不同细致程度的细节信息。

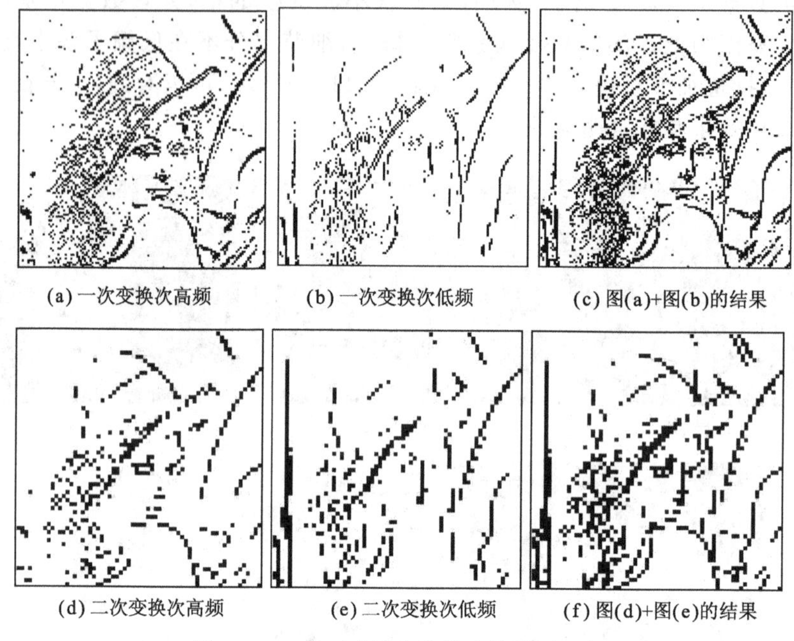

图 10.12 基于小波变换的边缘检测示例

10.7.4 小波变换在图像增强中的应用

小波变换用于图像增强的原理是,对原图像进行小波变换,得到的小波变换系数矩阵分别表示的是不同的频率特性。为此,一个简单的图像增强方法是,对低频、次低频、次高频、高频四个子块以不同的增强系数进行处理,再进行小波逆变换之后,就可以达到图像增强的目的。例如,对低频子块以大于 1 的增强系数相乘,则可以提高图像的总体亮度，对其他三个子块进行增强，则可以增强图像的细节信息，由此可获得清晰化图像的效果。

如图 10.13 所示，为了更方便地显示图像的增强效果，将 Lena 图的对比度降低，得到一个显示效果不好的原图(见图 10.13(a))，之后，对其进行一次小波变换。设得到的低频子块为 h_{00}，次低频子块为 h_{01}，次高频子块为 h_{10}，高频子块为 h_{11}，对这四个子块分别进行增强处理如下：

$$\tilde{h}_{00}=k_1\cdot h_{00},\tilde{h}_{01}=k_2\cdot h_{01},\tilde{h}_{10}=k_3\cdot h_{10},\tilde{h}_{11}=k_3\cdot h_{11} \tag{10.112}$$

然后将所得到的结果进行小波重构，再对小波重构的结果进行标准化处理(标准化处理的目的是使重构数据的范围为 0～255)。

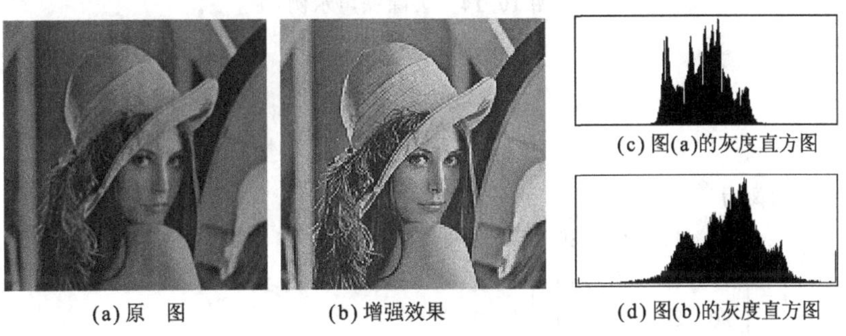

(a) 原　图　(b) 增强效果　(c) 图(a)的灰度直方图　(d) 图(b)的灰度直方图

图 10.13　图像增强的示例

图 10.13(b)是经过下面处理之后所得到的结果。除了视觉效果的明显增强之外，从图 10.13(c)，(d)给出的两个灰度直方图也可以看到，经过上面的处理之后，将灰度直方图进行了展宽。由此，可以证实了按照式(10.112)进行图像增强结果的有效性。

10.7.5 小波变换在去除图像噪声中的应用

利用小波变换去除噪声的原理是，噪声大多属于高频信息，因此，当进行小波变换之后，噪声信息大多集中在次低频、次高频、以及高频子块中。图 10.14 给出了一个基于小波变换的图像噪声去除实例。图 10.14(a)给出了一个叠加了高斯噪声的原图，经过小波变换之后，如图 10.14(b)所示，特别是高频子块，几乎以噪声信息为主，为此，将高频子块置为 0，对次低频和次高频子块进行一定的抑制，则可以达到一定的噪声去除效果，如图 10.14(d)所示。

为了使噪声去除的效果更好，可以对不同尺度小波变换下的次低频、次高频、高频子块进行抑制，保留低频子块的信息不改变，便可以对图像噪声进行很好的去除。

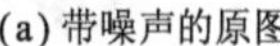
(a) 带噪声的原图

(b) 小波变换结果

(c) 去除噪声的效果

图 10.14　去除噪声示例

习　题

1. 已知一幅图像为

$$f=\begin{bmatrix} 10 & 10 & 20 & 30 \\ 10 & 20 & 20 & 40 \\ 20 & 20 & 20 & 80 \\ 20 & 20 & 20 & 200 \end{bmatrix}$$

对它进行二维快速傅里叶变换。

2. 已知一幅图像为

$$f=\begin{bmatrix} 10 & 10 & 20 & 30 \\ 10 & 20 & 20 & 40 \\ 20 & 20 & 20 & 80 \\ 20 & 20 & 20 & 200 \end{bmatrix}$$

对它进行如下变换：

(1) 二维余弦变换；

(2) 二维沃尔什变换；

(3) 二维斜变换。

比较以上三种变换后的系数。

3. 请编程实现一种基于小波变换的图像边缘提取方法。

第 11 章 图像压缩编码

在前面的章节中我们已经看到，对于一幅图像可以用一个(彩色图像是三个)整数矩阵来描述，但是为了有效地进行图像信息的传输或存储，减少描述图像信息的数据量是一个非常重要的工作。图像压缩编码的核心是，通过改变图像的描述方式，将数据中的冗余去除，由此达到压缩数据量的目的。图像压缩的有效方法很多，本章就几种典型的基本的图像压缩编码方法进行介绍。

11.1 图像冗余的概念

我们知道，之所以可以进行压缩编码，是因为原始的数据中包含一定的冗余。在图像的数据文件中包含有大量的冗余信息，换句话说，在实际获取的原始数据中，包含有多余信息。这些冗余来自于数据之间的相关性，或者来自于人的视觉特性，这就为数据压缩提供了可能。

数据压缩的理论基础是信息论。从信息论的角度看，压缩就是去除信息中的冗余，减少承载信息的数据量，用一种更接近信息本质的描述来代替原有冗余的描述。

1. 冗余的概念

为了加深读者对抽象的冗余概念的理解，先从下面的一个简单的例子出发来体会数据冗余的概念。

假设一个商人正在旅行的归途中，当他还在旅馆时，收到来自家里的电报，电文如下：

“你的妻子张三，将于明天晚上 8 点 7 分在上海的虹桥机场接你”

如果一个汉字为两个半角字符，一个数字及标点符号为一个半角字符，则这条电文需要的数据量为 51(24×2＋3＝51)个半角字符。这条消息能否改写得既简短又清楚呢？仔细看一下就知道，消息中包含了一些对于商人来讲是已知的信息，例如，他的妻子的名字叫张三，虹桥机场就是位于上海市。如果把这些冗余信息删掉，就可以将电文写成下面的形式：

“你的妻子将于明天晚上 8 点 7 分在虹桥机场接你”

这样在没有任何信息损失的前提下就减少了描述消息的字数。统计这条修改后的电文，所需要的数据量为 40(19×2+2×1=40)个半角字符，是原始数据量的 40/51≈78.43%。

如果还需要进一步地减少数据量，对上面已经修改过的电文在没有消息严重损失的前提下，即收报人不会发生误解的前提下进一步地压缩描述消息的字数。

分析上面电文的内容，可对常识性的内容加以假设。“你的妻子”是以第三者的身份对接机者进行描述，如果改成“妻”，则成为接机者本人身份的描述，无论哪一种，收到电报的人都不会对接机者的身份误解。再例如，因为商人在外地，飞抵上海一定是在机场，所以“虹桥”一般情况下不会误解为“虹桥公园”等地。从时间描述来看，8 点 7 分与 8 点相比，只相差 7 分钟，这 7 分钟的等待虽然让人不是很舒服，但是由于交通状况等原因，在等人的过程中，是一个允许的偏差。通过上面的合理(这里所谓的合理是指不会因为信息损失导致收报人对消息的误解)假设之后，就可以进一步地将电文修改如下：

“妻于明晚 8 点在虹桥接你”

统计这条电文所需要的数据量为 21(10×2+1×1=21)个半角字符，是原始数据量的 21/51≈41.18%。

从上面的例子可以体会到，所谓的**数据冗余**，就是如果在减少一定数据量时，不会引起产生歧义的信息丢失，则表明描述信息的数据量中存在多余的部分，而这多余的数据量就称作数据冗余。

2. 图像中的冗余

在图像数据中，根据采用矩阵方式描述图像的特点，一般存在三种冗余。

(1) 编码冗余

如果一个图像的灰度级编码，使用了多于实际需要的编码符号，就称该图像包含了**编码冗余**。例如，在以 BMP 位图形式存储一幅数字图像时，该数据文件形式主要考虑的是结构形式统一。如果存储一幅灰度图像，首先调色板部分就是冗余的。另外，如果某一幅图像只有小于 8bit(256 灰度级)的量化级别，如只有 3bit(8 灰度级)灰阶，但是仍旧采用标准的 8bit 存储一个像素，就有了编码冗余。编码冗余通常是为了以某个标准格式(例如,固定大小的最大灰度级定义)进行图像描述时产生的。

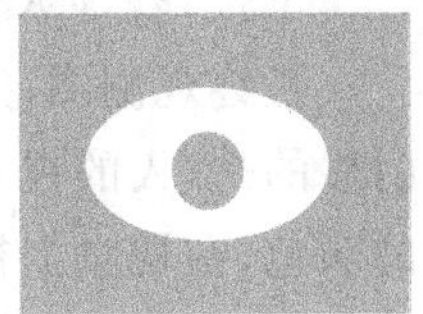

图 11.1 二灰阶图像

图 11.1 所示是一个二灰阶的图像,虽然它不是前面所定义的标准二值图像(即图像为黑、白两个灰阶),但是在这里如果因为较暗的区域不是黑色而是灰色的缘故,以灰度图来描述的话,就存在 256－2＝254 个灰阶的编码冗余;以二进制数来度量的话,存在 8－1＝7(bit)的编码冗余。

(2) 像素冗余

图像信号相比于其他信号有一个非常明显的特点,就是像素之间存在非常大的相关性。由于存在相关性,因此任何给定的像素值,原理上都可以通过它的邻接像素预测得到。换句话说,单个像素所携带的信息相对是小的。这样,对一幅图像,如果描述每个像素的数据量是相等的,并且是相互独立的,则由于像素相关性使得该数据量对视觉的贡献一定存在一定的冗余,称这种像素之间的内在相关性所导致的冗余为**像素冗余**。

图 11.2(a)所示是一幅灰度图像,将原图中的一个局部子块的数据取出显示,如图 11.2(b)所示,该子块的灰度值十分接近,分布在 100 左右,而且还存在有许多相等的值,如 107,这表明在图像中像素之间的相关性很强。

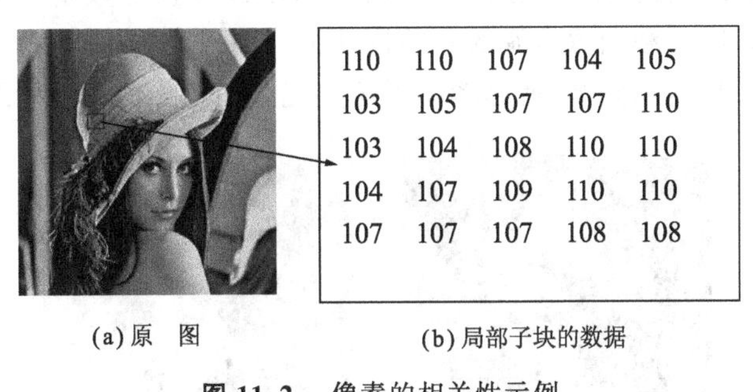

110	110	107	104	105
103	105	107	107	110
103	104	108	110	110
104	107	109	110	110
107	107	107	108	108

(a) 原 图 (b) 局部子块的数据

图 11.2 像素的相关性示例

若采用灰度图的描述方式,这个子块所需要的数据量为 25×8＝200bit,若将这个子块以最小的数据,以及与之偏差的数据流形式来描述为:103 及 25 个偏差 7,7,4,1,2,0,2,4,4,7,0,1,5,7,7,1,4,6,7,7,4,4,4,5,5。显然,这 25 个偏差值的大小范围为 0～7,可以以一个较小的灰度级(如 3bit,8 灰度级)来描述,则数据量为 8＋25×3＝83bit,是原始数据量的 41.5%。由此便可看到像素冗余的特点。

(3) 视觉心理冗余

最终观测图像的对象是人,而人的视觉存在一定的主观心理冗余。例如比较明显的是,人的视觉对颜色的感知就存在着冗余,“异谱同色”就是指数据取值不同的颜色,在视觉上被认为是相同的颜色的现象。另外,当人在观察一幅图像时,一些信息在一般视觉处理中比其他信息的相对重要程度要小,因此这部分信息往往被忽视。将这种对视觉感知影响很小的信息称为**视觉心理冗余**。产生这种冗余的原因在于人眼视觉系统的非均匀性。

如图 11.3 所示,虽然图 11.3(a)和图(b)的灰度级相差很多,但是用肉眼来看,几乎看不出两图之间有什么差别。这是由于人眼视觉系统本身所具有的视觉心理冗余。从上面给出的不同类型的图像冗余可以得到,图像压缩编码的核心就是去除或减少图像中的冗余信息。由于一幅图像存在一定的数据冗余(即编码冗余和像素冗余)和主观视觉冗余,所以图像的压缩编码可以从以下两方面着手来开展。

① 因为有数据冗余是由于描述图像的方式所导致的,所以若改变图像信息的描述方式,就可以压缩数据冗余。基于数据统计特征的传统的信源编码方法,如行程编码、预测编码、变换编码等,都是针对这类数据冗余所提出的有效压缩方法。

② 因图像中存在主观视觉心理冗余,编码时忽略一些视觉感知不太明显的微小差异,可进行所谓的“有损”压缩。20 世纪 80 年代后,所提出的突破信源编码理论的压缩方法,如结合分形、模型基、神经网络、小波变换等数学工具,充分利用视觉系统生理心理特性和图像信源的各种特性进行编码的方法,包括子带编码、分层编码、分型编码、模型编码等,就是考虑了这类冗余而提出的图像压缩编码方法。

(a) 256灰度级

(b) 52灰度级

图 11.3　视觉心理冗余示例

11.2 图像的无损压缩编码

无损压缩 是指将压缩后的数据进行重构(或者称作还原、解压缩),重构后的信息与原来的信息完全相同的压缩编码方式。无损压缩用于要求重构的信息与原始信息完全一致的场合。常见的例子有磁盘的文件压缩(例如常用的 WinRAR,WinZip)。根据目前的压缩技术,无损压缩的算法一般可以把普通的文件数据压缩到原来的 1/2～1/4。常用的无损压缩算法有行程编码(RLE)、霍夫曼编码(Huffman Code)、LZW 等算法。下面就行程编码和霍夫曼编码进行介绍。

11.2.1 行程编码(RLE)

1. 行程编码原理

行程编码 也称作行程长度编码或游程编码,是一种无失真的压缩编码方法。在多媒体静止图像数据压缩国际标准 JPEG 的算法中就采用了这种编码方法。

行程编码方法是建立在图像统计特性的基础上的。例如,在传真通信中的文件大多数是二值图像,即每个像素的灰度值只有 0、1 两种取值。如果每个像素用一位二进制码(0、1)直接传送,那么一帧图像编码的输入码元数等于该帧图像的像素总数,当分辨率提高,像素点数会剧烈增长,码元数也会随之剧烈的增长。但是,如果采用统计相邻像素值相同的像素个数作为计数值,计数值后跟随一个该像素值的数值,则在某些场合可以大大提高对信息的编码效率。

对于黑、白二值图像,由于图像自身的相关性,每一行的扫描线总是由若干段连续出现的黑像素点和连续出现的白像素点构成。黑(白)像素点连续出现的点数称为**行程长度**,简称长度。黑像素点和白像素点总是在交替发生的,而交替发生变化的频率与图像的复杂度有关。现在我们把灰度 1(黑)和 1 的行程长度,以及 0(白)和 0 的行程长度组合,构成编码输入码元进行编码,就是行程编码的核心设计思想。

下面看一个简单的例子,为了描述清楚起见,在这里用汉字“黑”代表灰度 1,用汉字“白”代表灰度 0。如果图像中的某个局部的黑白分布为

“黑黑黑黑 白白白 黑黑黑黑黑黑 白白白白白白白”

如果对这二值图像采用一位二进制数来表示,则上面的这段信息所占的数据

量为 20×1＝20(bits)。

同样对这段信息，如果对其黑白分布进行统计，则有“**4 黑 3 白 6 黑 7 白**”，我们只需要将前面的计数值进行排列，就可以构成一个码流:4,3,6,7，当然，这里默认起始为黑，如果默认其始为白，则码流为:0,4,3,6,7。因为这里的最大计数值为 7，所以每个值可以用三位二进制数来表示，则按照这种编码方式所需要的数据量为 5×3＝15(bits)，是原始数据量的 75%。

对于文字或图形这类二值图像，其黑白分布都属于平稳的随机分布，在相邻像素之间存在很强的相关性，所以采用行程编码可以得到好的压缩率。

同样道理，对于灰度图像或彩色图像，也可以将灰度值(或彩色值)与其行程长度组合在一起构成行程对，作为编码输入的码元进行编码。

2. 一维行程编码和二维行程编码

一维行程编码　是利用一行上像素的相关性，所以一维行程编码是逐行扫描，对本扫描行中的像素进行编码。

例如，图像中的某一行的灰度值为

40,40,40,40,40, 232,232,232,232,232, 0,0,0,0,0,0,0,0,
93,93,93,93, 56, 93,93,93,93,93

对上面的灰度值分布进行统计，结果如表 11.1 中所列。

表 11.1　上例灰度值分布统计结果

序 号	灰度值	行程长度	灰度行程对
1	40	5	(5,40)
2	232	5	(5,232)
3	0	8	(8,0)
4	93	4	(4,93)
5	56	1	(1,56)
6	93	5	(5,93)

从统计结果可以看到，本例中的行程长度的最大值为 8，为了提高形成编码的效率，形成长度用三位二进制数表示，这样，8 就拆成 7＋1。灰度值仍旧采用八位二进制数。则可得到行程编码的码流为

5,40,5,232,7,0,1,0,4,93,1,56,5,93

数据总量为：$7\times3+7\times8=77$(bits)，是原数据量的 $77/(28\times8)=34.375$(%)。

一维行程编码只考虑了消除行内像素之间的相关性，却没有考虑到某种方向之间的相关性。于是有时候采用二维行程编码，以达到既可消除行内像素之间水平(行)方向的相关性，又可消除像素垂直(列)方向的相关性的目的。所以在图像行程编码中多采用二维行程编码方法。

从行程编码的原理可知，要提高行程编码的效率，就是希望通过排序使得相邻像素值相等的情况尽可能多。所谓的**二维行程编码**是利用图像的二维信息的强相关性，按照一定的扫描路线进行扫描，遍历所有的像素点，获得点点相邻的关系之后进行一维行程编码的方法。

考虑到像素间的相关性，除了边界上的点之外，像素之间距离越近，其相关性越强。因此，实际中采用的一种非常简单的，并且是很有效的方法是，首先将图像分为一定大小的子块，然后对每个子块的像素进行二维排序，使像素之间的关系变成一维的邻接关系。如图 11.4(a)所示，是两种比较常用的排序方法。

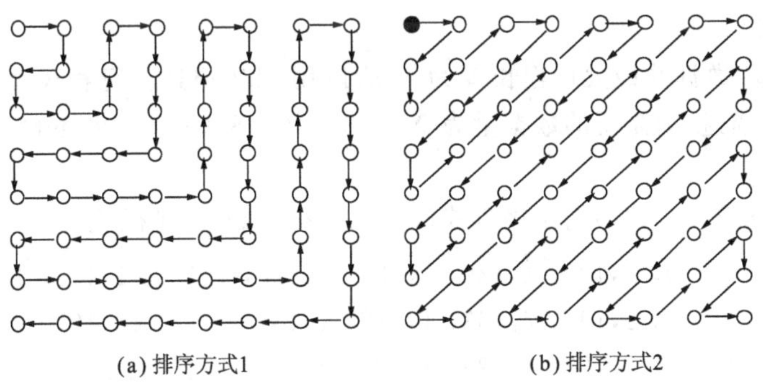

(a) 排序方式1　　(b) 排序方式2

图 11.4　二维行程编码数据排序方式

图 11.4(b)通常是变换编码方式中多采用的方法。例如，对图像进行 DCT 变换之后，根据其高、低频的分布规律，按照图示的排序方法可以获得较大的编码效率，图中黑色点表示的是直流分量，该分量的强度集中度为最大，因此在图像中所有子块中的第一个位置上的数合在一起单独编码。

下面，从一个简单的例子来体会二维行程编码。设图像为

$$f=\begin{bmatrix}130&130&130&129&134&133&129&130\\130&130&130&129&134&133&130&130\\130&130&130&129&132&132&130&130\\129&130&130&129&130&130&129&129\\127&128&127&129&131&129&131&130\\127&128&127&128&127&128&132&132\\125&126&129&129&127&129&133&132\\127&125&128&128&126&130&131&131\end{bmatrix}$$

原始数据量为 $N_o=8\times64=512(\text{bit})$。

如果按照行排序进行一维行程编码，则码流为

3,130，1,129，1,134，1,133，1,129，4,130，1,129，1,134，1,133，5,130，1,129，2,132，2,130，1,129，2,130，1,129，2,130，2,129，1,127，1,128，1,127，1,129，1,131，1,129，1,131，1,130，1,127，1,128，1,127，1,128，1,127，1,128，2,132，1,125，1,126，2,129，1,127，1,129，1,133，1,132，1,127，1,125，2,128，1,126，1,130，2,131

因为该段数据的最大行程长度为 5，所以用 3bit 描述。行程长度后的像素值仍旧用 8bit 描述，则需要的数据量为 $N_1=3\times46+8\times46=506(\text{bit})$，是原始数据量的 98.83%。

如果按照图 11.4(a)的排序方式进行二维行程编码，则码流为

9,130，4,129，2,130，1,129，1,127，1,128，1,127，1,129，1,131，1,130，1,132，2,134，2,133，1,132，1,130，1,131，2,127，1,128，1,127，1,128，1,127，1,125，1,126，2,129，2,127,1,133，1,132，1,131，1,129，2,130，1,129，3,130，1,129，1,130，2,132，2,131，2,126，2,128，1,125，1,127

虽然上面所得到的最大行程长度为 9，但考虑编码效率，将 9 拆成 7 和 2 两个行程，仍旧取 3bit 来描述行程长度。则需要的数据量为 $N_2=3\times41+8\times41=451$，是原始数据量的 88.09%。

如果将 f 进行 DCT 变换，并进行系数量化(相关的量化系数请参考后面将要介绍的变换编码方法)可得变换系数阵为

$$\widetilde{\boldsymbol{F}}=\begin{bmatrix} 64.47 & -0.60 & -0.08 & 0.06 & -0.01 & -0.05 & 0.03 & 0.01 \\ 0.66 & 0.39 & -0.27 & 0.26 & 0.02 & -0.07 & 0.00 & 0.03 \\ 0.09 & -0.19 & 0.18 & 0.04 & -0.03 & 0.02 & 0.02 & 0.01 \\ -0.09 & -0.03 & -0.01 & -0.03 & 0.03 & -0.02 & -0.01 & -0.01 \\ -0.06 & 0.05 & -0.02 & 0.02 & 0.01 & -0.02 & 0.00 & 0.00 \\ 0.03 & 0.01 & 0.00 & -0.03 & -0.02 & 0.01 & -0.00 & 0.00 \\ -0.01 & 0.01 & 0.02 & 0.00 & 0.00 & -0.01 & 0.00 & -0.01 \\ 0.00 & -0.01 & -0.01 & 0.00 & 0.01 & -0.00 & -0.00 & 0.00 \end{bmatrix}$$

取整后有

$$\boldsymbol{F}=\begin{bmatrix} 65 & -1 & 0 & 0 & 0 & 0 & 0 & 0 \\ 1 & 0 & 0 & 0 & 0 & 0 & 0 & 0 \\ 0 & 0 & 0 & 0 & 0 & 0 & 0 & 0 \\ 0 & 0 & 0 & 0 & 0 & 0 & 0 & 0 \\ 0 & 0 & 0 & 0 & 0 & 0 & 0 & 0 \\ 0 & 0 & 0 & 0 & 0 & 0 & 0 & 0 \\ 0 & 0 & 0 & 0 & 0 & 0 & 0 & 0 \\ 0 & 0 & 0 & 0 & 0 & 0 & 0 & 0 \end{bmatrix}$$

将 $\boldsymbol{F}$ 的系数进行标准化处理，使系数落在[0,255]的范围内，这里，只要进行 $\boldsymbol{F}=\boldsymbol{F}+1$ 即可。

对标准化后的 $\boldsymbol{F}$ 按照图 11.4(b)的排序方式进行二维行程编码，则码流为

1,65，1,0，1,2，61,1

因为该段数据的最大行程长度为 61，所以用 6bit 描述行程长度后的像素值仍旧用 8bit 描述，则需要的数据量为 $N_3=6\times4+8\times4=56$(bit)，是原始数据量的 10.94%。

上面的例子是为了帮助读者理解行程编码所给出的，在实际应用中，按照图 11.4(b)的排序方式，将直流分量 DC 与非直流分量 AC 分开编码。因为 DC 编码在每个子块中只有一个，所以不采用行程编码，而对每个自块中的 AC 分量系数按照如图 11.5 所示的方式进行编码。

11.2.1 霍夫曼(Huffman)编码

从前面所介绍的行程编码可知，行程编码只有在经过图像变换后使用才有意义，否则，特别是对实际拍摄的图像，其编码效率是不高的。一种极限情况是，当相

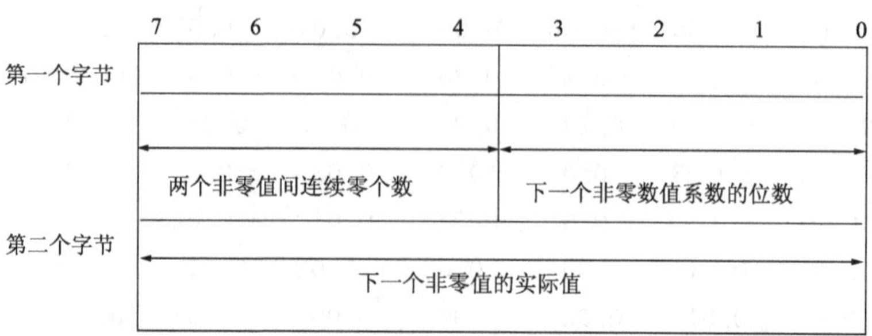

图 11.5　DCT 变换编码的 AC 系数行程编码结构示意图

邻像素的值都不相同时，编码后的数据量比原数据量更大。但是因为行程编码的每个码字的长度是相同的，所以编、解码都比较简单。

为了提高编码效率，一种有效的方法是，采用非定长编码方式，即每个码字的长度是不相同的，这样可以提高编码的效率。霍夫曼编码就属于这类编码方式。

在变长编码中，输出的码字的字长是不相等的。其基本原理就是对于信源中出现概率或频率较高的信息赋予较短的字长，对于信源中出现概率或频率较低的信息赋予较长的字长。这是构造**霍夫曼编码**的核心。可以证明，按照概率出现大小的顺序，对输出码字分配不同码字长度的变字长编码方法，其输出码字的平均码长最短，与信源熵值最接近，所以从信息熵的角度来看，霍夫曼编码方法是一种最佳的无损编码方式。

根据以上的原理，霍夫曼编码方法的具体步骤如下：

① 对数据的分布概率进行统计。设数据的总量为 N，这 N 个数据中有 n 个不同的取值，分别为 $x_1, x_2, \cdots, x_n$。则取值为 x_i 的概率函数为 $P_i = N_i/N(i=1,2,\cdots,n)$，其中，$N_i$ 为取值为 x_i 的数据总量(即总个数)。

② 将这 n 个不同的取值 $x_1, x_2, \cdots, x_n$，按照其概率函数值从小到大排列，构成该层节点(称第一层的节点为始节点)的排列关系。

③ 在该层的节点中选择两个概率最小的节点合并为一个节点，合并节点的概率值为这两个节点的概率值之和，这时的节点总数减 1，即 $n=n-1$。这两个待合并节点的排序是，概率值较大的排在上(或下)方，而概率值较小的排在下(或上)方。

④ 重复②，③直到节点总数为 1(称之为终节点)停止循环。这样，就构成了一个二叉树，称这个二叉树为**霍夫曼编码树**。

⑤ 进行编码：对每对合并节点的上方节点编码为 1(或 0)，下方节点编码为 0

(或 1)。

⑥ 将终节点到每个始节点的路径上的 0,1 编码串作为 $x_i(i=1,2,\cdots,n)$的编码。

因为按照这样的方式得到的编码中,小概率的数值距离终节点的路径长,由此可知上面给出的算法所得到结果与霍夫曼的编码原理相吻合。

下面,以一个简单的例子来体会霍夫曼编码的实现过程。设图像为

$$f=\begin{bmatrix} 130 & 130 & 130 & 129 & 134 & 133 & 129 & 130 \\ 130 & 130 & 130 & 129 & 134 & 133 & 130 & 130 \\ 130 & 130 & 130 & 129 & 132 & 132 & 130 & 130 \\ 129 & 130 & 130 & 129 & 130 & 130 & 129 & 129 \\ 127 & 128 & 127 & 129 & 131 & 129 & 131 & 130 \\ 127 & 128 & 127 & 128 & 127 & 128 & 132 & 132 \\ 125 & 126 & 129 & 129 & 127 & 129 & 133 & 132 \\ 127 & 125 & 128 & 128 & 126 & 130 & 131 & 131 \end{bmatrix}$$

原始数据量为 $N_o=8\times 64=512(\text{bit})$,对其进行霍夫曼编码。

首先,对图像中的灰度分布进行统计,则有可能的取值为

125,126,127,128,129,130,131,132,133,134

这些灰度值在图像中出现的频度分别为

2,2,7,6,13,20,4,5,3,2

转换成概率值为 2/64,2/64,7/64,6/64,13/64,20/64,4/64,5/64,3/64,2/64

按照概率值的大小对其进行排序为

$a_1=125,p_1=2/64;a_2=126,p_2=2/64;a_3=134,p_3=2/64;$

$a_4=133,p_3=3/64;a_5=131,p_5=4/64;a_6=132,p_6=5/64;$

$a_7=128,p_7=6/64;a_8=127,p_8=7/64;a_9=129,p_9=13/64;$

$a_{10}=130,p_{10}=20/64$

根据上面的排序,得到霍夫曼编码树如图 11.6 所示。

由此可得图像的编码如下:

$a_1=125$,编码为 $c_1=10000$;$a_2=126$,编码为 $c_2=10001$;

$a_3=134$,编码为 $c_3=10100$;$a_4=133$,编码为 $c_4=10101$;

$a_5=131$,编码为 $c_5=1001$; $a_6=132$,编码为 $c_6=1011$;

$a_7=128$,编码为 $c_7=000$; $a_8=127$,编码为 $c_8=001$;

$a_9=129$,编码为 $c_9=01$; $a_{10}=130$,编码为 $p_{10}=11$。

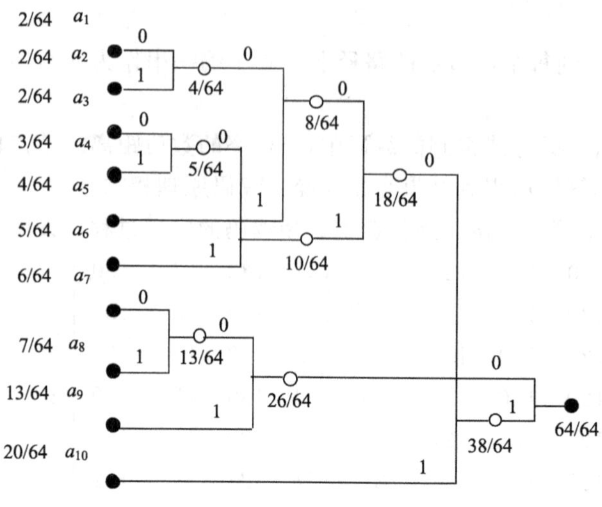

图 11.6 霍夫曼编码树

经过霍夫曼编码后的数据量为 $N_f=(2+2+2+3)\times5+(4+5)\times4+(6+7)\times3+(13+20)\times2=186$(bit),是原数据量的 36.3%。

设平均码长(即每个像素的平均码长)为 $\overline{N}$,有

$$\begin{aligned}\overline{N}&=\sum_{i=1}^{n}p_i\cdot l_i=9/64\times5+9/64\times4+13/64\times3+33/64\times2\\&=2.91\ (\text{bit/pel})\end{aligned}$$

设编码熵为 H,则有

$$\begin{aligned}H&=-\sum_{i=1}^{n}p_i\cdot\log_2 p_i=-[2/64\times\log_2(2/64)+2/64\times\log_2(2/64)\\&\quad+2/64\times\log_2(2/64)+3/64\times\log_2(3/64)+4/64\times\log_2(4/64)\\&\quad+5/64\times\log_2(5/64)+6/64\times\log_2(6/64)+7/64\times\log_2(7/64)\\&\quad+13/64\times\log_2(13/64)+20/64\times\log_2(20/64)]\\&=2.874\ (\text{bit/pel})\end{aligned}$$

通过这个例子,可以总结以下几点。

① 霍夫曼编码的平均码字 $\overline{N}>H$(熵),是最接近熵的编码。

② 平均码长 $\overline{N}<N$(N 为等长编码所需的比特数)。

③ 霍夫曼编码是异字头码,即短码不构成长码的前缀,所以编解码具有惟一性。

④ 在接收端保存一个与发送端相同的霍夫曼码表(输入与霍夫曼码的对应表)。

采用霍夫曼编码的时候有三个问题值得注意。第一,霍夫曼码没有错误保护功能,在译码时,如果码串中没有错误,那么就能一个接一个地正确译出代码。但如果码串中有错误,则不仅是一位出现错误,而会导致在解码时,后面的信息都被错误解码,这种现象称为错误传播(error propagation)。第二,霍夫曼码是可变长度码,因此很难随意查找或调用压缩文件中间的内容,然后再译码,这就需要在存储代码之前加以考虑。第三,在实际应用中,霍夫曼编码的过程是十分耗时的,不能满足某些场合的应用,于是就需要提前建立一个通用码表,编码的时候不需要重新建立码表,直接从已有的通用码表中查出所需要的码值即可,解码时使用同样码表解码就可以了。这样做虽然牺牲了一定的压缩率,但可提高计算效率,减少传输的信息量。

11.3 彩色图像的有损压缩

无损编码的最大压缩率只能达到下限为数据的熵。显然,当数据量很大时,无法满足实际的需要。因此,利用第一节的冗余分析中所提到的视觉冗余和数据冗余,在不影响接收方对数据恢复理解的前提下,以损失某些不重要的信息为代价,提高图像的压缩率。

在第 9 章已经介绍了彩色图像的特性,明确了一个事实,那就是彩色信息是一种心理物理量。换句话说,人眼对图像亮度的改变比较容易察觉,而对相近颜色的色差,在一定范围内是不容易察觉的。因此,对于彩色图像的压缩,通常在使用压缩编码时,首先进行色系转换,将彩色图像的亮度信息与颜色信息进行分离。

一种常用的方法是,先将 RGB 表色系的数据转换到 YCbCr 色系,根据人眼对亮度与色差的敏感性不一致性,保持亮度矩阵 Y 的分辨率不变,降低色差矩阵数据 Cb,Cr 的分辨率,由此即可达到减少数据量的目的。

设图像的大小为 $M\times N$,将原图像的 RGB 数据转换为 YCbCr 色系来表示的话,有 Y,Cb,Cr 三个矩阵的大小均为 $M\times N$。将 Y 矩阵的大小保持不变,即保留图像的亮度信息的分辨率不变,而将色差矩阵 Cb,Cr 两个矩阵,以 $M/2\times N/2$ 分辨率表示,即将该两个色差矩阵缩小到原来的 1/4。这样,数据量为原始数据量$(1+1/4+1/4)/3=50(\%)$。

如彩色插图 11.1 所示,虽然 Cb,Cr 只有原来分辨率的 1/4(Cb,Cr 只取的原数据矩阵的奇数行、奇数列的数据，在解压时将一个 Cb，Cr 值填入一个 2×2 的子块)，但是画面效果差异几乎分辨不出来。这就是彩色图像的压缩率可以做到比灰度图的压缩率更大的原因之一。

11.4 图像的变换压缩编码

在第 10 章的论述中得知，多种图像变换，如傅里叶变换、离散余弦变换、小波变换等都具有将信息强度集中的特点，利用这一特点，对图像在变换域上的系数进行的压缩编码就称为图像的**变换压缩编码**。下面，就几种典型的基本方法进行讨论。

11.4.1 DCT 变换编码

DCT 变换编码的核心思想是，利用 DCT 变换对数据信息强度的集中特性，可以将数据中视觉上容易察觉的部分与不容易察觉的部分进行分离，由此可以达到进行有损压缩的目的。

为了便于论述，在这里再次给出 DCT 变换的公式如下：

正变换：

$$F(u,v)=\frac{2}{N}\sum_{x=0}^{N-1}\sum_{y=0}^{N-1}f(x,y)\cos\left[\frac{\pi}{2N}(2x+1)u\right]\cos\left[\frac{\pi}{2N}(2y+1)v\right] \tag{11.1}$$

$(u,v=1,2,\cdots,N-1)$

逆变换：

$$f(x,y)=\frac{1}{N}F(0,0)+\frac{2}{\sqrt{N}}\sum_{u=1}^{N-1}F(u,0)\cos\frac{(2x+1)u\pi}{2N}+\frac{2}{\sqrt{N}}\sum_{v=1}^{N-1}F(0,v)\cos\frac{(2x+1)v\pi}{2N}+\frac{2}{N}\sum_{u=1}^{N-1}\sum_{v=1}^{N-1}F(u,v)\times\cos\frac{(2x+1)u\pi}{2N}\cos\frac{(2y+1)v\pi}{2N} \tag{11.2}$$

为了提高压缩效率，考虑到局部子块中图像的相关性强的事实，通常采用的方法是，将图像分成 8×8 的子块，对每个子块独立地进行 DCT 变换。

设 8×8 的子块按照式(11.1)进行 DCT 变换之后，得到的系数矩阵子块为

$$
\boldsymbol{F}=\begin{bmatrix}
F_{11} & F_{12} & F_{13} & F_{14} & F_{15} & F_{16} & F_{17} & F_{18} \\
F_{21} & F_{22} & F_{23} & F_{24} & F_{25} & F_{26} & F_{27} & F_{28} \\
F_{31} & F_{32} & F_{33} & F_{34} & F_{35} & F_{36} & F_{37} & F_{38} \\
F_{41} & F_{42} & F_{43} & F_{44} & F_{45} & F_{46} & F_{47} & F_{48} \\
F_{51} & F_{52} & F_{53} & F_{54} & F_{55} & F_{66} & F_{57} & F_{58} \\
F_{61} & F_{62} & F_{63} & F_{64} & F_{65} & F_{66} & F_{67} & F_{68} \\
F_{71} & F_{72} & F_{73} & F_{74} & F_{75} & F_{76} & F_{77} & F_{78} \\
F_{81} & F_{82} & F_{83} & F_{84} & F_{85} & F_{86} & F_{87} & F_{88}
\end{bmatrix}
$$

其中 F_{11},为直流分量 DC,而其他的元素为非直流分量 AC。

经过 DCT 变换后的系数矩阵的数字为小数,为了进行后面的编码,还需要对 $\boldsymbol{F}$ 进行量化处理,使系数量化为整数后进行后续的编码。量化间隔的大小决定了量化的精度。在 JPEG[11] 中提供了两组量化系数矩阵,当然,读者也可根据实际的需要进行相应的设计。

JPEG 推荐的两个量化矩阵分别为亮度分量的量化矩阵 F_y 和颜色(色差)分量的量化矩阵 F_c。具体矩阵值如下:

$$
\boldsymbol{F}_y=\begin{bmatrix}
16 & 11 & 10 & 16 & 24 & 40 & 51 & 61 \\
12 & 12 & 14 & 19 & 26 & 58 & 60 & 55 \\
14 & 13 & 16 & 24 & 40 & 57 & 69 & 56 \\
14 & 17 & 22 & 29 & 51 & 87 & 80 & 62 \\
18 & 22 & 37 & 56 & 68 & 109 & 103 & 77 \\
24 & 35 & 55 & 64 & 81 & 104 & 113 & 92 \\
49 & 64 & 78 & 87 & 103 & 121 & 120 & 101 \\
72 & 92 & 95 & 98 & 112 & 100 & 103 & 99
\end{bmatrix}
$$

$$
\boldsymbol{F}_c=\begin{bmatrix}
17 & 18 & 24 & 47 & 99 & 99 & 99 & 99 \\
18 & 21 & 26 & 66 & 99 & 99 & 99 & 99 \\
24 & 46 & 56 & 99 & 99 & 99 & 99 & 99 \\
47 & 66 & 99 & 99 & 99 & 99 & 99 & 99 \\
99 & 99 & 99 & 99 & 99 & 99 & 99 & 99 \\
99 & 99 & 99 & 99 & 99 & 99 & 99 & 99 \\
99 & 99 & 99 & 99 & 99 & 99 & 99 & 99
\end{bmatrix}
$$

将经过 DCT 变换之后的系数阵中的所有元素,除以量化矩阵中相应位置上的量化值后取整,然后对其结果进行后续的编码。

下面以一个简单的例子来体会 DCT 变换编码。

$$
\boldsymbol{f}=\begin{bmatrix}
130 & 130 & 130 & 129 & 134 & 133 & 129 & 130 \\
130 & 130 & 130 & 129 & 134 & 133 & 130 & 130 \\
130 & 130 & 130 & 129 & 132 & 132 & 130 & 130 \\
129 & 130 & 130 & 129 & 130 & 130 & 129 & 129 \\
127 & 128 & 127 & 129 & 131 & 129 & 131 & 130 \\
127 & 128 & 127 & 128 & 127 & 128 & 132 & 132 \\
125 & 126 & 129 & 129 & 127 & 129 & 133 & 132 \\
127 & 125 & 128 & 128 & 126 & 130 & 131 & 131
\end{bmatrix}
$$

按照式(11.1)得到的 DCT 变换系数矩阵为

$$
\boldsymbol{F}=\begin{bmatrix}
1035.9 & -7.60 & -0.53 & 1.16 & -0.88 & -0.81 & 0.35 & 1.11 \\
7.16 & 5.25 & -3.86 & 4.90 & 0.97 & -5.26 & 1.10 & 1.31 \\
0.76 & -1.63 & -0.27 & 0.57 & -0.30 & 0.51 & 2.41 & -0.02 \\
-0.58 & -1.58 & 0.50 & -0.63 & 0.70 & -0.47 & -2.01 & 0.20 \\
-1.13 & 1.32 & -0.99 & 0.87 & 0.63 & -0.38 & 0.55 & -0.19 \\
0.16 & 0.63 & -0.01 & -1.66 & -0.99 & 0.38 & 0.50 & -0.16 \\
-0.45 & 0.58 & 1.66 & 0.38 & 0.26 & -0.06 & 0.27 & -0.62 \\
0.45 & -1.38 & -1.22 & 0.33 & 0.40 & 0.07 & -0.49 & 0.50
\end{bmatrix}
$$

将其用 F_y 进行量化，即将 F 的每个元素与 F_y 相应位置上的值相除，得

$$
\boldsymbol{F}=\begin{bmatrix}
64.4 & -0.60 & -0.08 & 0.06 & -0.01 & -0.05 & 0.03 & 0.01 \\
0.66 & 0.39 & -0.27 & 0.26 & 0.02 & -0.07 & 0.00 & 0.03 \\
0.09 & -0.19 & 0.18 & 0.04 & -0.03 & 0.02 & 0.02 & 0.01 \\
-0.09 & -0.03 & -0.01 & -0.03 & 0.03 & -0.02 & -0.01 & -0.01 \\
-0.06 & 0.05 & -0.02 & 0.02 & 0.01 & -0.02 & 0.00 & 0.00 \\
0.03 & 0.01 & 0.00 & -0.03 & -0.02 & 0.01 & -0.00 & 0.00 \\
-0.01 & 0.01 & 0.02 & 0.00 & 0.00 & -0.01 & 0.00 & -0.01 \\
0.00 & -0.01 & -0.01 & 0.00 & 0.01 & -0.00 & -0.00 & 0.00
\end{bmatrix}
$$

最后对其进行取整运算得到结果为

$$F=\begin{bmatrix} 65 & -1 & 0 & 0 & 0 & 0 & 0 & 0 \\ 1 & 0 & 0 & 0 & 0 & 0 & 0 & 0 \\ 0 & 0 & 0 & 0 & 0 & 0 & 0 & 0 \\ 0 & 0 & 0 & 0 & 0 & 0 & 0 & 0 \\ 0 & 0 & 0 & 0 & 0 & 0 & 0 & 0 \\ 0 & 0 & 0 & 0 & 0 & 0 & 0 & 0 \\ 0 & 0 & 0 & 0 & 0 & 0 & 0 & 0 \\ 0 & 0 & 0 & 0 & 0 & 0 & 0 & 0 \end{bmatrix}$$

之后就可以对其进行后续的编码，如行程编码等。

11.4.2 小波变换编码

小波变换在第 10 章中已经作了详细的介绍，与傅里叶变换相比，小波变换是时间和频率的局部变换，能更加有效地提取信号和分析局部信号。

小波变换具有以下突出的特性：

① 小波变换对于高频分量来讲，时间分析能力强，对低频分量，频率分析能力强，使得小波及小波包技术可以将信号或者图像分层次按小波基展开。这样可以根据信号的性质和事先给定的要求确定展开到哪一级，不仅可以有效地控制计算量，满足实时处理的要求，而且可以方便地实现累进传输编码。

② 小波变换具有放大、缩小和平移的数学显微镜的功能，可以方便地产生各种分辨率的图像，从而适应于不同分辨率和不同传输速率的通信系统。

由于小波变换继承了傅里叶变换的优点，又克服了它的许多缺点，所以在静止和运动图像压缩领域得到了广泛的应用。

小波变换编码与 DCT 变换编码的思路相同，就是将视觉不敏感的细节部分进行一定程度的损失之后，获得更高的图像压缩率。因此，小波变换编码的过程也包括了三个环节：① 进行小波变换，获得小波变换系数；② 将小波变换系数进行量化；③ 对量化后的小波变换系数进行编码（例如，采用行程编码或者霍夫曼编码）。下面，就前两个环节的处理进行论述。

我们知道，小波变换与傅里叶变换以及 DCT 变换的不同之处是，通过小波滤波器可以将频率分量逐渐细划分。所以，根据需要可对图像进行多层的小波分解。图 11.6 所示是对一幅指纹图像进行多层小波分解（即多尺度小波变换）的示例。从小波分解后的图像信息强度的集中度来看，信息主要集中在低频子块中，在次低频和次高频子块中有较强的细节信息的集中，相对地，在高频部分所反映的是视觉不容易察觉的细节信息，这个部分的信息强度为最弱。

在进行多层小波分解时，究竟分解到几层为最合适，这取决于不同图像的信息集中特性，以及小波函数的选取。但是有一个原则是，如果再多分解一层，其信息的集中程度不十分明显时，则表明分解层数达到了饱和。

以如图 11.7(a)所示的指纹图像为例，我们对其进行的多层小波分解的系数特性的变化进行分析。

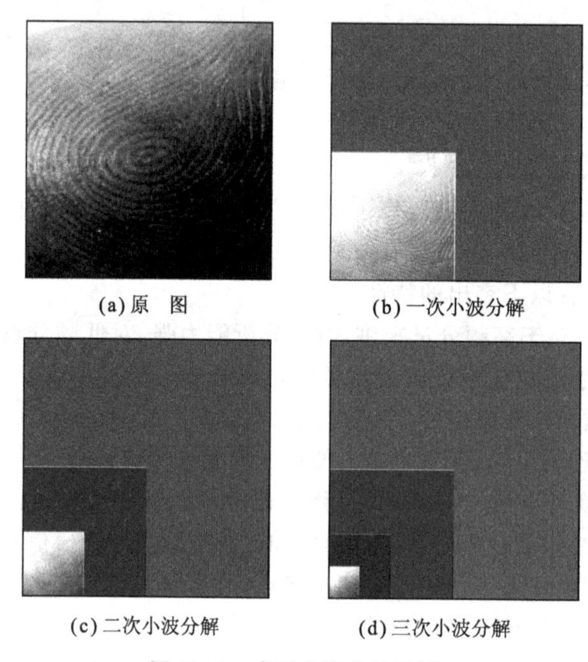

(a) 原　图　　(b) 一次小波分解　　(c) 二次小波分解　　(d) 三次小波分解

图 11.7　多层小波分解示例

在不进行小波变换时，统计得到原图像的灰度分布均值 $\bar{f}=123.61$，标准差为 $\sigma=47.74$。

如果对图像进行一次小波变换，如图 11.7(b)所示，将变换系数全部进行取整处理之后，统计得到在高频子块中，0 系数所占的比例为 $N_{11}^{(1)}=34\%$，系数的标准差为 $\sigma_{11}^{(1)}=5.96$。可知，高频子块的系数取值比较集中，并且有许多为 0 的系数。这样，如果在后续编码中采用包括霍夫曼编码在内的编码方式，则可以有高的压缩比。同样，在次高频子块中，0 系数所占的比例为 $N_{10}^{(1)}=16\%$，系数的标准差为 $\sigma_{10}^{(1)}=15.11$。在次低频子块中，0 系数所占的比例为 $N_{01}^{(1)}=11.4\%$，系数的标准差

为 $\sigma_{01}^{(1)}=9.98$。

如果对图像进行两次小波变换，如图 11.7(c)所示，将变换系数全部进行取整处理之后，统计得到在高频子块中，0 系数所占的比例为 $N_{11}^{(2)}=15\%$，系数的标准差为 $\sigma_{11}^{(2)}=17.65$。可知，在这层中，高频子块的 0 系数比例减低了一半还多。同时系数的集中度从标准差的值可以看到，也降低了许多。在次高频子块中，0 系数所占的比例为 $N_{10}^{(2)}=5.4\%$，系数的标准差为 $\sigma_{10}^{(2)}=39.99$。在次低频子块中，0 系数所占的比例为 $N_{01}^{(2)}=7.89\%$，系数的标准差为 $\sigma_{01}^{(2)}=24.94$。

如果对图像进行三次小波变换，如图 11.7(d)所示，将变换系数全部进行取整处理之后，统计得到在高频子块中，0 系数所占的比例为 $N_{11}^{(3)}=5\%$，系数的标准差为 $\sigma_{11}^{(3)}=46.06$。可知，在这层中，系数的标准差取值与原图像数据的标准差接近。同样，在次高频子块中，0 系数所占的比例为 $N_{10}^{(3)}=1.4\%$，系数的标准差为 $\sigma_{10}^{(3)}=102.92$。在次低频子块中，0 系数所占的比例为 $N_{01}^{(3)}=2.73\%$，系数的标准差为 $\sigma_{01}^{(3)}=55.69$。

从该图进行了三次小波分解之后的数据分布特性可知，每进行一次小波分解，数据信息强度分布的集中度就降低一些。到了第三层上，每个频率子块数据的集中度与原始数据的集中度都差不多，所以再继续进行下一层的分解对后续编码不利，因此对图 11.7(a)所示的原图，分解到第三层后结束。

经过小波变换之后，就需要对小波变换系数进行量化处理。小波变换后的系数强度的分布，在每个子块中是不相同的。一般情况下，因为低频子块所包含的信息对于人的视觉感知来说，是最重要的信息，所以要求量化间隔小。高频子块的信息对视觉来说，是最不敏感的部分，量化间隔可以比较大。

下面以一个简单的例子来体会小波变换编码。设图像为

$$
\boldsymbol{f}=\begin{bmatrix}
130 & 130 & 130 & 129 & 134 & 133 & 129 & 130 \\
130 & 130 & 130 & 129 & 134 & 133 & 130 & 130 \\
130 & 130 & 130 & 129 & 132 & 132 & 130 & 130 \\
129 & 130 & 130 & 129 & 130 & 130 & 129 & 129 \\
127 & 128 & 127 & 129 & 131 & 129 & 131 & 130 \\
127 & 128 & 127 & 128 & 127 & 128 & 132 & 132 \\
125 & 126 & 129 & 129 & 127 & 129 & 133 & 132 \\
127 & 125 & 128 & 128 & 126 & 130 & 131 & 131
\end{bmatrix}
$$

选择 Haar 小波得到图像经过两次小波变换后的系数矩阵(取整)为

$$
\boldsymbol{F}=\left[\begin{array}{cc:cc:cccc}
519 & 524 & 0 & 3 & 0 & 0 & 0 & -1 \\
509 & 520 & 1 & 0 & 1 & 0 & 2 & 1 \\
\hdashline
1 & 5 & 0 & 2 & 0 & 1 & 3 & -1 \\
-3 & -6 & 2 & 1 & -1 & 1 & 0 & 1 \\
\hdashline
0 & 1 & 0 & 0 & 0 & 0 & 0 & 0 \\
0 & 1 & 0 & 0 & 0 & 0 & 0 & 0 \\
-1 & -1 & 0 & 0 & 0 & 0 & 1 & 0 \\
0 & 0 & 0 & 0 & -1 & 0 & 1 & 0
\end{array}\right]=\left[\begin{array}{cc:c}
\boldsymbol{F}_{00}^{(2)} & \boldsymbol{F}_{01}^{(2)} & \boldsymbol{F}_{01}^{(1)} \\
\boldsymbol{F}_{10}^{(2)} & \boldsymbol{F}_{11}^{(2)} & \\
\hdashline
\multicolumn{2}{c:}{\boldsymbol{F}_{10}^{(1)}} & \boldsymbol{F}_{11}^{(1)}
\end{array}\right]
$$

接下来对 F 进行量化处理。考虑到各个不同频段对视觉的影响，对 $F_{00}^{(2)}$ 压缩到最大数为 255，则有量化间隔为 524/255=2.05。这样，$F_{01}^{(2)}$ 和 $F_{10}^{(2)}$ 以大于 $F_{00}^{(2)}$ 的量化间隔，在这里取为 3 进行量化，对 $F_{11}^{(2)}$，量化间隔可以大于 $F_{01}^{(2)}$ 和 $F_{10}^{(2)}$ 的量化间隔，取为 4 进行量化。对 $F_{01}^{(1)}$ 和 $F_{10}^{(1)}$ 可以以大于 $F_{01}^{(2)}$ 和 $F_{10}^{(2)}$ 的量化间隔，在这里取为 4，$F_{11}^{(1)}$ 量化间隔可以大于 $F_{01}^{(1)}$ 和 $F_{10}^{(1)}$ 的量化间隔，在这里取为 5，则可以得到量化后的系数矩阵为

$$
\widetilde{\boldsymbol{F}}=\begin{bmatrix}
253 & 255 & 0 & 1 & 0 & 0 & 0 & 0 \\
248 & 253 & 0 & 0 & 0 & 0 & 0 & 0 \\
0 & 0 & 0 & 0 & 0 & 0 & 0 & 0 \\
0 & 0 & 0 & 0 & 0 & 0 & 0 & 0 \\
0 & 0 & 0 & 0 & 0 & 0 & 0 & 0 \\
0 & 0 & 0 & 0 & 0 & 0 & 0 & 0 \\
0 & 0 & 0 & 0 & 0 & 0 & 0 & 0 \\
0 & 0 & 0 & 0 & 0 & 0 & 0 & 0
\end{bmatrix}
$$

再经过后续编码之后，可以达到好的压缩效率。

11.5 图像的标量量化压缩编码

因为描述图像的数据来源于每个像素，如果描述像素的数据量减少，则可以使描述图像的数据量减少。这样，可以通过对图像的像素量化间隔取大，进行重新量化后，就可以获得减少描述像素的数据量。这就是**图像标量量化**的基本设计思路。

本节介绍几种图像的标量量化压缩编码的方法。

11.5.1 基于直方图均衡化的非均匀量化方法

在图像增强中曾经介绍过，直方图均衡化后可以使图像的信息达到最大熵。在这里，采用直方图均衡化的思想进行非均匀量化，可以使重新量化后图像的熵最大。从这个角度来看，实际上本方法的核心是，在减少数据量的同时尽可能大地保留原图像的信息量。

对于有损压缩方式，需要保证的一个前提是，使损失掉的信息是对人的视觉影响较小部分的信息。直方图均衡化的处理过程中，恰好是归并了在图像中出现像素个数少的灰度级，所以从这个角度来看，也是符合有损压缩前提的。

图 11.8 所示是分别进行 8 灰度级和 16 灰度级的非均匀量化的效果，可以看到，当量化级达到 16(见图 11.8(b))时，有比较好的效果，而这时的数据量只是原来数据量的一半。

(a) 8(3bit)灰度级量化

(b) 16(4bit)灰度级量化

图 11.8 基于直方图均衡化的非均匀量化

下面，给出基于直方图均衡化的非均匀量化算法。

① 统计原图像的灰度分布，设为 $\boldsymbol{h}=[h_0,h_1,\cdots,h_{255}]$(假设原图为 8bit 的数字图像)。其中，$h_i$ 为灰度级 i 在图像中的发生概率。

② 计算原图像的累计概率，设为 $\boldsymbol{h}_a=[h_a(0),h_a(1),\cdots,h_a(255)]$。显然，$h_a(255)=1$。令 $h_a(0)=0$。

③ 设压缩图像的灰度级定为 $m(m<256)$，则压缩图像的灰度分布范围为 $[0,m-1]$。计算在此灰度分布范围下的线性映射：$h_g=\text{int}((m-1)\cdot h_a)$，其中，$\text{int}(\cdot)$表示取整函数。

④ 因为 $\boldsymbol{h}_g$ 的下标排序，恰好对应着原图的灰度取值，$\boldsymbol{h}_g$ 的值对应着压缩图的取值，因此，根据 $\boldsymbol{h}_g$ 的下标与取值的对应关系，即可得到压缩图像的灰度取值。设原图像为 $\boldsymbol{f}=[f_{i,j}]$，压缩图像为 $\boldsymbol{g}=[g_{i,j}]$，令 $f_{i,j}=k$，则 $g_{i,j}=h_g(k)$。

下面，以一个简单的例子来体会基于灰度直方图的非均匀量化压缩方法。设原图像为

$$\boldsymbol{f}=\begin{bmatrix}1&3&0&4\\3&5&3&4\\3&1&7&7\\3&4&5&3\end{bmatrix}$$

是一个 8 灰度级(3bit)的图像，其灰度分布概率为

$$\boldsymbol{h}=\left[\frac{1}{16},\frac{2}{16},\frac{0}{16},\frac{6}{16},\frac{3}{16},\frac{2}{16},\frac{0}{16},\frac{2}{16}\right]$$

累计分布为

$$\boldsymbol{h}_a=\left[0,\frac{3}{16},\frac{3}{16},\frac{9}{16},\frac{12}{16},\frac{14}{16},\frac{14}{16},\frac{16}{16}\right]\quad(\text{其中，置 } h_a(0)=0)$$

设压缩图像为 4 灰度级(2bit)的图像，则

$$\boldsymbol{h}_g=\text{int}[0,0.56,0.56,1.69,2.25,2.63,2.63,3]=[0,1,1,2,2,3,3,3]$$

根据 h_g 建立了原图像的灰度值与压缩图像灰度值的映射关系，即当 $f_{i,j}=0$ 时，$g_{i,j}=0$；当 $f_{i,j}=1,2$ 时，$g_{i,j}=1$；当 $f_{i,j}=3,4$ 时，$g_{i,j}=2$；当 $f_{i,j}=5,6,7$ 时，$g_{i,j}=3$。因此，压缩图像为

$$\boldsymbol{g}=\begin{bmatrix}1&2&0&2\\2&3&1&2\\2&1&3&3\\2&2&3&2\end{bmatrix}$$

最后，将其进行标准化(取值范围与原图相同)为

$$\tilde{\boldsymbol{g}}=2\cdot\boldsymbol{g}=\begin{bmatrix}2&4&0&4\\4&6&2&4\\4&2&6&6\\4&4&6&4\end{bmatrix}$$

11.5.2 压扩量化方法

压扩量化的核心思想是，将原图像数据通过一个非线性变换，将图像数据

变换到一个参数空间中，在参数空间上将数据进行均匀量化，然后再将参数空间上量化后的数据进行非线性逆变换，还原到图像空间中，就可实现对图像的压缩。

在这里，给出数字电话网络中所使用的两种非线性变换，在这里把它应用到图像的标量量化压缩编码。

1. μ 律压扩量化

μ 律曲线是目前在数字电话网络中，美国、英国、日本、加拿大等国家使用的非线性映射函数。

设原始数据为 x，非线性变换后的数据设为 y，则

$$y=\frac{\ln(1+\mu x)}{\ln(1+\mu)} \tag{11.3}$$

μ 律压扩量化压缩编码算法步骤如下：

① 将原图像数据进行归一化处理，即设原图像数据为 $f(x,y)$，则

$$f(x,y)=f(x,y)/255 \tag{11.4}$$

分析 μ 律函数，实际上是一个对数映射，对数映射曲线的特点是，当自变量小的时候，函数值单调上升的比较陡峭，而当自变量大的时候，函数值的单调上升比较平缓。对于图像数据，人的肉眼对亮的信息比较敏感而对暗的信息相对比较不敏感。因此，在这里需要对归一化的图像数据再进行反相处理。即

$$f(x,y)=1-f(x,y) \tag{11.5}$$

② 将经过①处理后的 $f(x,y)$ 代入式(11.3)，设非线性变换后的数据为 $g(x,y)$，则

$$g(x,y)=\frac{\ln(1+\mu f(x,y))}{\ln(1+\mu)} \tag{11.6}$$

③ 设经过压扩量化后图像的灰度级数为 $n_s(n_s<256)$，则对 $g(x,y)$ 进行如下的量化处理：

$$g(x,y)=\text{int}(n_s\cdot g(x,y)) \tag{11.7}$$

其中，int(·)表示取整计算。

④ 将经过③处理后的数据 $g(x,y)$ 进行后续编码。

解码时，只需要通过非线性逆变换处理即可。当然，因为在第①对图像进行了反相处理，所以对解码图像也需要进行反相处理。

图 11.9 所示是以 8 灰度级或 12 灰度级进行 μ 律量化压缩后的图像效果。

(a) 8灰度级

(b) 16灰度级

图 11.9　压扩量化(μ 律量化)

μ 律量化方法中的参数 μ 是可调参数,通过调节这个参数也可以达到在压缩率一定的前提下,提高压缩的信噪比。

2. A 律压扩量化

A 律曲线是目前在数字电话网络中,我国以及欧洲等国家使用的 CCITT 建议的非线性映射函数。

设原始数据为 x,非线性变换后的数据设为 y,则

$$y=\begin{cases}\dfrac{Ax}{1-\ln(x)}, & 0\leqslant x\leqslant 1/A\\ \dfrac{1+\ln Ax}{1+\ln(A)}, & 1/A<x\leqslant 1\end{cases}\tag{11.8}$$

A 律压扩量化压缩编码算法步骤如下:

① 将原图像数据进行归一化处理,因为式(11.8)中有对原数据求对数的运算,为了保证对数计算有效,设原图像数据为 $f(x,y)$,则

$$f(x,y)=(f(x,y)+1)/256\tag{11.9}$$

② 将经过①处理后的 $f(x,y)$ 代入式(11.8),设非线性变换后的数据为 $g(x,y)$,则

$$g(x,y)=\begin{cases}\dfrac{Af(x,y)}{1-\ln(f(x,y))}, & 0\leqslant f(x,y)\leqslant 1/A\\ \dfrac{1+\ln(Af(x,y))}{1+\ln(A)}, & 1/A<f(x,y)\leqslant 1\end{cases}\tag{11.10}$$

③ 设经过压扩量化后图像的灰度级数为 $n_s(n_s<256)$,则对 $g(x,y)$ 按照式(11.7)进行量化处理,即

$$g(x,y)=\mathrm{int}(ns\cdot g(x,y))$$

其中,int(·)表示取整计算。

④ 将经过③处理后的数据进行 $g(x,y)$后续编码。

解码时,只需要通过非线性逆变换处理即可。

图 11.10 所示是以 8 灰度级或 12 灰度级进行 A 律量化压缩后的图像效果。

(a) 8灰度级

(b) 12灰度级

图 11.10 压扩量化(A 律量化)

A 律量化方法中的参数 A 是可调参数,通过调节这个参数也可以提高压缩的信噪比。

11.5.3 自适应量化方法

所谓**自适应量化方法**是指根据图像的灰度分布情况的不同,自适应地获得可近似替代的低量化级的灰度值,使得图像的画面效果为最佳。

在这里,简单介绍一种基于 SOFMNN(自组织特征映射神经元网络)的[30]自适应量化方法。

图 11.11 所示是采用 SOFMNN 进行自适应量化的结构示意图。SOFMNN 的输入节点 x 为原图像的当前像素点的灰度值,输出节点个数 $n(n<256)$,节点 $y_i(i=1,2,\cdots,n)$表示从图像中所选择出的 n 个最佳灰度级。

基于 SOFMNN 的自适应量化算法的具体步骤如下:

① 用原图像中的所有像素点训练 SOFMNN,得到网络模型收敛后的权值矩阵。

② 根据得到的权值矩阵,用 SOFMNN 判别所有原图像像素值的输出值。

③ 将所得到的网络输出值填入新图像中的相应位置。

④ 重复②和③,直到图像中的所有像素全部处理完成。

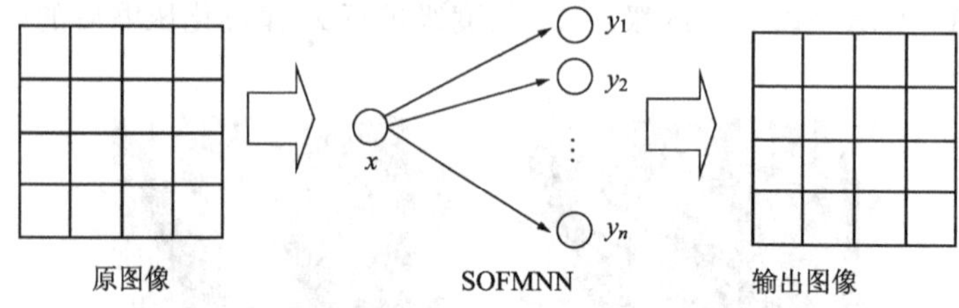

图 11.11 基于 SOFMNN 的自适应量化示意图

图 11.12 所示是采用以上方法进行自适应量化后的结果。比较图 11.8(b),11.9(b),11.11(b)可知,当灰度级的个数达到一定程度之后,自适应量化效果比较好。

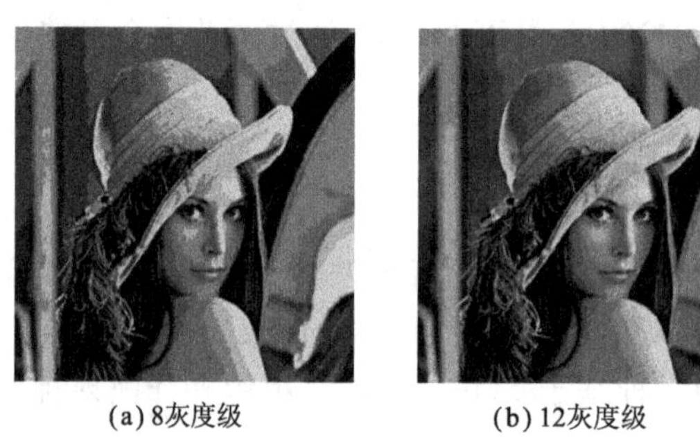

(a) 8灰度级　　(b) 12灰度级

图 11.12 自适应量化效果示意图

11.6 图像的矢量量化压缩编码

如果将图像划分为若干子块,则子块内像素的相关性很强,将子块的像素按照一定的顺序排列成一个向量,则可以在允许误差的条件下,用事先存储在列表中的与之相似的矢量替代。这样,用列表的矢量索引值即可替代子块的数据,由此达到数据压缩的目的。这就是**矢量量化**的基本设计思想。

矢量量化与标量量化思路的不同点是,标量量化充分利用了像素的视觉冗余,将视觉上不敏感的灰度级进行归并，矢量量化则是利用了图像相邻像素的相关性来实现的。

在进行矢量量化编码时，首先设计一个被称作**码书**(Code Book)的矢量索引表。码书容量的大小决定了图像的压缩效率以及压缩图像的信噪比。如果码书中所包含的码矢量个数多，则表明该码书可以包容比较丰富的图像变化信息。但是，描述码矢量的索引值所需要的数据长度就会增大，这样，也就增加了压缩后图像的数据量，影响了压缩率。

设图像的大小为 $M\times N$，由图像子块所构成的矢量维数为 $n_v=m_s\times n_s$，其中，m_s 为图像子块的行数，n_s 为图像子块的列数。

如果码书的容量为 $n_v\times n_c$，其中，n_c 为码矢量的个数。则图像的压缩率为

$$\rho=(m_v\times n_{\text{image}})/n_{\text{cb}} \tag{11.11}$$

其中，n_{bc}为表示索引值所需要的比特数；n_{image}为原图像中表示像素所需要的比特数。

如果 $n_{\text{image}}=8\text{bit}$，矢量维数 $n_v=16$(即通常对图像分解成 4×4 的子块)，码矢量个数 $n_c=256$，则描述码书中码矢量索引值所需的比特数为 $n_{\text{bc}}=8\text{bit}$(即码书中的 256 个码矢量的索引值可以用 8bit 二进制数描述)，则 $\rho=(16\times 8)/8=16$。即压缩后的图像数据是原始数据的 1/16。

因为码书中的 n_c 个码矢量要对所有的图像子块进行匹配替代，所以当 n_c 大时，可以包容的图像变化就比较丰富，解码重构图像的效果就好。反之，n_c 较小时，压缩率比较大，但是解码重构图像的效果就会逊色一些。

图 11.12 所示是矢量量化编码与解码过程的示意图。编解码系统包括编码与解码两个部分。

编码时，首先对待编码的图像分解成若干个子块，然后将子块的各个行(列)头尾相连，构成一个矢量，将这个矢量与码书中的矢量进行最小失真匹配，找到最接近它的码矢量，将该码矢量的索引值替代该图像子块进行存储或传输。

所谓**最小失真匹配**的方法如下：

设输入矢量为 x_i，然后在码书中寻找和 x_i 失真测量最小的码字 y_k，并取它的序号 k。通常用邻近法求失真测度最小的码字，即

$$\alpha(x_i)=k \quad \text{当且仅当}\ d(x_i,y_k)\leqslant d(x_i,y_j),\quad \forall j\in\Omega_{\text{index}} \tag{11.12}$$

其中，$\Omega_{\text{index}}=\{1,2,\cdots,n_v\}$，为索引值的取值范围；$d(\cdot)$表示欧氏距离。

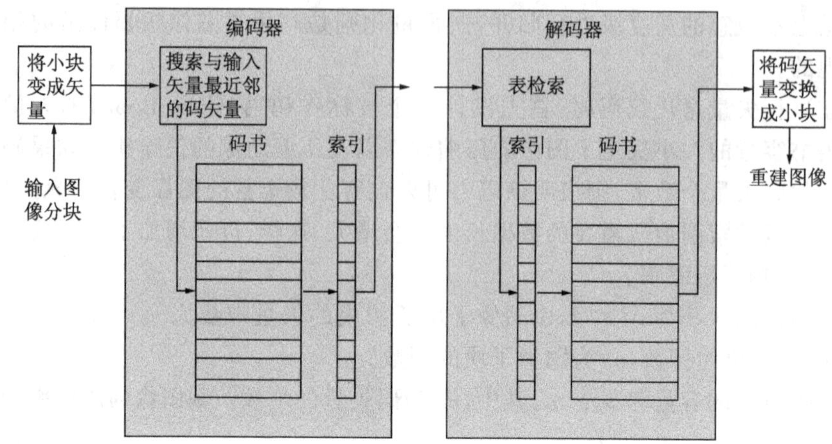

图 11.13　矢量量化编码、解码过程示意图

解码时，首先根据索引值在码书中找到相应的码矢量，然后将该码矢量作为重构图像中，相应位置上的子块的各个行(列)头尾相连的矢量，将其再转换成图像的子块，放在相应的位置上，就完成了图像的重构。

根据上面所讨论的矢量量化原理可知，无论是压缩编码还是解压重构，都是基于码书，所以码书的设计是矢量量化的关键。常用的码书生成算法有 LBG 算法、SOFM 算法，许多学者还提出了各种改进方法来提高搜索速度和码书的性能，如禁止搜索、遗传算法和模拟退火等。许多模拟软件也正在向硬件实现过渡。为了方便读者理解，在这里只对 LBG 算法进行介绍，有关其他的方法，读者可参考相应的参考文献。

矢量码书的生成是依据失真最小的原则，在给定训练矢量集的基础上，对矢量空间进行划分，并确定各个划分的子空间中的代表矢量，即码矢量，这些代表矢量就构成了码书。

码书设计的目的就是将输入的训练矢量分成互不重叠的 N 个聚类，每个聚类用一个码矢量来描述。

码书设计问题可以用下面的两个优化准则来描述：

① **最邻近条件**　即对于给定码书，训练矢量集的最优分类可通过把每个训练矢量映射为离它最近的码矢量所在的类别。

② **质心条件**　即对于给定的训练矢量分类，其对应的最优码书中，各码矢量可以通过求各聚类中心矢量而得到。

经典的 LBG 算法正是在迭代中轮流使用上述两条准则。

码书设计的 LBG(Linde-Buzo-Gray)算法,因其理论上的严密性和实施过程中的简便性以及较好的设计效果而得到了广泛的应用,并成为各种改进算法的基础。基于训练序列的 LBG 算法如下:

① 初始化。给出量化级数(码书中码矢量的个数)J,失真控制门限 ε,初始码书为 $Y^{(0)}=\{y_1^{(0)},y_2^{(0)},\cdots,y_J^{(0)}\}$,训练矢量序列为 $T_s=\{x_1,x_2,\cdots,x_N\}$,$N\geqslant J$。

训练序列可以来自于训练图像。为了保证码书对不同图像特征的包容性,在选择训练样本图像时,应计量保证图像特征的多样性。

② 训练矢量的最小失真分类。从迭代次数 $m=0$ 开始,找出训练序列 T_s 与码书 $Y^{(m)}=\{y_1^{(m)},y_2^{(m)},\cdots,y_J^{(m)}\}$的最小失真分类。即若

$$d(x_k,y_i^{(m)})\leqslant d(x_k,y_j^{(m)})\quad(\forall j\neq i)\tag{11.13}$$

则判定 $x_k\in R_i^{(m)}$($R_i^{(m)}$ 为包含码矢量 $y_i^{(m)}$ 的类)。

失真测度 $d(\cdot)$,可以用或均方误差来定义,即

$$d(x_k,y_l^{(m)})=\frac{1}{L}\cdot\sum_{l=1}^{L}(x_{kl}-y_{il}^{(m)})^2\tag{11.14}$$

其中,L 为码矢量以及训练矢量的维数;x_{kl} 为第 k 个训练矢量 x_k 的第 l 个分量;y_{il} 为第 i 个码矢量 y_i 的第 l 个分量。

③ 计算经过上面分类之后的码书 $Y^{(m)}$ 的平均失真度 $D^{(m)}$ 为:

$$D^{(m)}=\frac{1}{N}\cdot\sum_{k=1}^{N}\min_{1\leqslant j\leqslant J}(d(x_k,y_j^{(m)}))\tag{11.15}$$

④ 如果$\dfrac{D_{m-1}-D_m}{D_m}\leqslant\varepsilon$,则生成码书 $Y^{(m)}=\{y_1^{(m)},y_2^{(m)},\cdots,y_J^{(m)}\}$,退出迭代过程;否则进行下一步。

⑤ 计算由 ② 所得到的类别 $R_i^{(m)}(i=1,2,\cdots,J)$ 的算术平均矢量 $S_i^{(m)}=\dfrac{1}{N_i}\sum\limits_{x_k\in R_i^{(m)}}x_i$,其中,$N_i$ 为类别$R_i^{(m)}$ 中的矢量个数。并另 $Y^{(m+1)}=\{y_1^{(m+1)},y_2^{(m+1)},\cdots,y_J^{(m+1)}\}=\{s_1^{(m)},s_2^{(m)},\cdots,s_J^{(m)}\}$ 转 ②。

用上面的迭代算法来生成码书的过程收敛快慢,与初始码书的选取有一定的关系。倘若初始码书选在极小值附近,一般都将收敛到这些极小值,而不能得到平均失真最小的解;又若初始码书离所有的极小值都很远,收敛速度会很慢,有时还可能在两个或多个极小值之间摆动,导致递推过程延长。

一般常用的初始码书的选取方法有随机法，即从训练序列中随机选取 N 个矢量构成初始码书，或者分裂法，即以训练序列的形心作为初始码书。

图 11.13 所示是一幅采用矢量量化编码进行压缩的图像效果。码书的容量为 256 个 16 维的码矢量。

(a) 原　图

(b) 矢量量化重构图像

图 11.14　矢量量化编码

11.7 混合压缩编码

前面已介绍了几种基本的图像压缩编码方法。大家可以看到，每种不同的压缩编码方法都有其不同的特点。所谓**混合压缩编码**方法，就是将若干种编码方法巧妙地结合在一起，以此来达到更高的压缩率。

回顾前面所介绍的几种压缩编码方法。

行程编码与霍夫曼编码为无损压缩编码方法，行程编码擅长对有多个重复数据连续出现的情况进行编码；霍夫曼编码则可以有效地将出现频度高、低不同的数据进行编码。

DCT 变换编码与小波变换编码则是具有将信息强度进行集中的特点。标量量化和矢量量化则具有将视觉冗余进行压缩的特点。

下面，从一个简单的例子来体会混合编码方法。设图像为

$$
f=\begin{bmatrix}
130 & 130 & 130 & 129 & 134 & 133 & 129 & 130 \\
130 & 130 & 130 & 129 & 134 & 133 & 130 & 130 \\
130 & 130 & 130 & 129 & 132 & 132 & 130 & 130 \\
129 & 130 & 130 & 129 & 130 & 130 & 129 & 129 \\
127 & 128 & 127 & 129 & 131 & 129 & 131 & 130 \\
127 & 128 & 127 & 128 & 127 & 128 & 132 & 132 \\
125 & 126 & 129 & 129 & 127 & 129 & 133 & 132 \\
127 & 125 & 128 & 128 & 126 & 130 & 131 & 131
\end{bmatrix}
$$

用 Haar 小波进行两层小波变换，并进行系数量化后有

$$
\widetilde{F}=\begin{bmatrix}
253 & 255 & 0 & 1 & 0 & 0 & 0 & 0 \\
248 & 253 & 0 & 0 & 0 & 0 & 0 & 0 \\
0 & 0 & 0 & 0 & 0 & 0 & 0 & 0 \\
0 & 0 & 0 & 0 & 0 & 0 & 0 & 0 \\
0 & 0 & 0 & 0 & 0 & 0 & 0 & 0 \\
0 & 0 & 0 & 0 & 0 & 0 & 0 & 0 \\
0 & 0 & 0 & 0 & 0 & 0 & 0 & 0 \\
0 & 0 & 0 & 0 & 0 & 0 & 0 & 0
\end{bmatrix}
$$

对其再进行霍夫曼编码为：0 编码为 0，1 编码为 101，248 编码为 1001，253 编码为 11，255 编码为 1000，则这两种编码方式结合在一起后得到的压缩数据量为 $(2\times2+1\times4+1\times4+1\times3+59\times1)=74$(bit)，是原始数据量的 $74/(64\times8)=14.5$(%)。

下面，将上面经过霍夫曼编码后的码字，再进行一次行程编码。如果按照图 11.4(a)给出的排序方法进行二维行程编码，有

1,253,1,255,1,253,1,248,5,0,1,1,54,0

从上面的数据可以看到，除了 0 以外，其他数据的行程长度都为 1。因此，如果按照常规的编码结构：(行程长度，行程数据)来描述的话，很难达到好的压缩效率。为此，可以增加一位标识符，“0”表示行程长度为 1，“1”表示行程长度不为 1。在标识符为“1”的后面以(行程长度，行程数据)来描述，在标识符为“0”的后面以行程数据来描述，就可以提高压缩率。这样，图像的码流为

0,11,0,1000,0,0,0,101,1,00010,0,0,1001,0,11,1,111010,0

数据量为：$(1\times8+2+4+1+3+7+4+2+7)=38$(bit)，是原始数据量的 $38/(64\times8)=7.42$(%)。

从以上这个简单的例子可以看到，将小波变换与霍夫曼编码以及行程编码结合起来，就大大提高了数据的压缩率。这就是混合编码的实质。读者可根据课题的具体需要，以及图像的特性，采用灵活的方式进行混合编码。

习 题

1. 设图像为：

$$
f=\begin{bmatrix}
30 & 30 & 30 & 29 & 34 & 33 & 29 & 30 \\
30 & 30 & 30 & 29 & 34 & 33 & 30 & 30 \\
30 & 30 & 30 & 29 & 32 & 32 & 30 & 30 \\
29 & 30 & 30 & 29 & 30 & 30 & 29 & 29 \\
27 & 28 & 27 & 29 & 31 & 29 & 31 & 30 \\
27 & 28 & 27 & 28 & 27 & 28 & 32 & 32 \\
25 & 26 & 29 & 29 & 27 & 29 & 33 & 32 \\
27 & 25 & 28 & 28 & 26 & 30 & 31 & 31
\end{bmatrix}
$$

请对其以下面的方式来进行压缩编码。

(1) 采用二维行程编码，并计算其压缩率。

(2) 采用霍夫曼编码，并计算其压缩率。

(3) 如果采用行程编码和霍夫曼编码进行混合编码，本图像的压缩率能否提高？

(4) 对其采用余弦变换进行有损混合编码。

(5) 对其采用 Harr 小波变换进行有损混合编码，并比较(4)与(5)的压缩率。

(6) 对该图像直接根据人的视觉特性设计一种更为简单的有损压缩编码。

参考文献

[1] Kenneth R Castleman 著.数字图像处理.朱志刚等译.北京:电子工业出版社,1998 年
[2] Rafale C Gonzalez, Richard E Woods 著.数字图像处理.阮秋琦,阮宇智等译.北京:电子工业出版社,2004 年
[3] 阮秋琦编著.数字图像处理学.北京:电子工业出版社,2001 年
[4] (日)谷口庆治编著.数字图像处理——基础篇.朱虹,廖学成,乐静译.北京:科学出版社,2002 年
[5] (日)谷口庆治编著.数字图像处理——应用篇.朱虹,乐静,廖学成等译.北京:科学出版社,2002 年
[6] (日)尾崎 弘,谷口慶治著.画像処理-その基础から庥用まで.(日)共立出版株式会社,1989 年
[7] 赵荣椿等编著.数字图象处理导论.西安:西北工业大学出版社,1995 年
[8] 何斌,马天予等编著.Visual C++ 数字图像处理.北京:人民邮电出版社,2001 年
[9] 郑南宁著.计算机视觉与模式识别.北京:国防工业出版社,1998 年
[10] 容观澳编著.计算机图象处理.北京:清华大学出版社,2000 年
[11] 章毓晋编著.图象处理和分析.北京:清华大学出版社,1999 年
[12] 章毓晋编著.图象理解与计算机视觉.北京:清华大学出版社,2000 年
[13] 章毓晋著.图象分割.北京:科学出版社,2001 年
[14] 贾云得编著.机器视觉.北京:科学出版社,2003 年
[15] 李振辉,李仁和编著.探索图像文件的奥秘.北京:清华大学出版社,1996 年
[16] 晶辰工作室编著.最流行图像格式实用参考手册.北京:电子工业出版社,1998 年
[17] 林福宗编著.多媒体技术基础.北京:清华大学出版社,2000 年
[18] (日)中鸠正之主编.三维计算机图形学.朱虹译.北京:科学出版社 2004 年
[19] (日)谷荻隆嗣编著.语音与图像的数字信号处理.朱虹译.北京:科学出版社,2003 年
[20] 吴大正主编.信号与线性系统分析.北京:高等教育出版社,2002 年
[21] 边肇琪,张学工.模式识别.北京:清华大学出版社,2002 年
[22] 程正兴.小波分析算法与应用.西安:西安交通大学出版社,1999 年
[23] 陈武凡主编.小波分析机器在图像处理中的应用.北京:科学出版社,2002 年
[24] 朱翠玲,赵斌,吴恩惠主编.现代医学影像学.济南:山东科学技术出版社,2000 年
[25] 高上凯编著.医学成像系统.北京:清华大学出版社,2000 年
[26] 吴世法编著.近代成象技术与图象处理.北京:国防工业出版社,1997 年
[27] 罗述谦,周果宏编著.医学图象处理与分析.北京:科学出版社,2003 年
[28] (日)大田登著.色彩工学.刘中本译.西安交通大学出版社,1997 年
[29] (日)日下秀夫主编.彩色图像工程.朱虹译.北京:科学出版社,2004 年

[30] 钟玉琢,王琪,肇黎等. MPEG-2 运动图像压缩编码国际标准及 MPEG 的新进展. 北京:清华大学出版社,2002 年

[31] 精英科技编著. 视频压缩与音频压缩编码技术. 北京:中国电力出版社,2001 年

[32] 祝培,朱虹,钱学明,李晗. 一种有雾天气的景物清晰化方法. 中国图像图形学报. 2004,9(1):124～128

[33] DENG Jie-hang, ZHU Hong, KONG chen, JI Rui-rui. The Realization of Multi-window Nonlinear VOI LUT of Thorax CT DICOM Image. ISIST'2004. 2004,3-0653～3-0657

[34] Hong Zhu, XiaoMang Zhang, Keiji Taniguchi, Yutaka Nakano. A method of binalization for renal images using the self-organized neural network. Trans. IEE of Japan. 1998,118-C(9):1397～1398

[35] X L Xu, H Zhu, K J Taniguchi, T G Matuura. An optical filter design for optimizing the segmentation for the image of chip-electronic-parts. Trans. IEE of Japan. 1999,119-C(3):419～420

[36] N F Tseng, K J Taniguchi, H Zhu, S Z Watanabe. Automatic Extraction of Casts in Urinary Sediment Images. MEDICAL IMAGING TECHNOLOGY. 1999,17(3): 273～283

[37] Hong Zhu, Keiji Taniguchi, S Z Watanabe Yutaka Nakano. Extraction of Renal Glomerular Regions Using a Non-linear Difference Filter and Region-estimation Model. MEDICAL IMAGING TECHNOLOGY. 1999,17(6):669～680

[38] H Zhu, J Zhou, H Li. 3D barcode preprocessing scheme based on image recognition. SPIE. 2002,4875:651～655

[39] ZHU Hong, XIN Wei, FENG Chunlai, YANG Fengchun, HUANG Wei. A Digital Image Based On-Line Security Detection System for Boxcar Transportation. ISIST'2002. 2002,4-565～4-568

[40] ZHU Hong, XU Zhaohui, LE Jing, LI Han. Measurement and Rectification of PCB Image Errors. ISIST'2002. 2002, 4-219～4-222

[41] 朱虹,许朝晖,周健. 基于 PCR 凝胶成像的信息自动提取. 中国图像图形学报. 2002,7(A)(12):1285～1290

[42] XueMing Qian, Hong Zhu, XiangYang Yu. Gang Chen. Genetic Algorithm Based Bubble Matching and Tracking in Aerated Water Flows. WCICA 2004. 2004,3～6:2146～2148

[43] 钱学明,朱虹,冯春来,祝培,陈刚. 掺气水流中气泡区域的双层动态阈值分割方法. 中国图像图形学报. 2004,9(A)(7):793～797

[44] 平井惠子,渡辺贞一,谷口慶治,仲野豊,朱虹. 楣門モデルによる大局 理と局所 理併用した肾臓糸球体领域の抽出. MEDICAL IMAGING TECHNOLOGY. 2002,20(6):685～693

[45] 朱虹,李永盛,乐静,周毅. 一种肾切片图像的肾小球边界增强滤波算法. 中国生物医学工程

学报. 2003,22(4):P370～372

[46] LIANG Gang, ZHU Hong, DENG Jie-Hang, CHEN Fei-xiong, JI Rui-rui. A Moving Object Detection Algorithm Based on Template Matching in Wavelet Transform and Color Segmentation. ISIST'2004. 2004,2-0058～2-0063

[47] LE Jing, GUO Junjie, ZHU Hong, FANG Haiyan, WANG Wei, HE Jingdong, ZHANG Zhaoxin. Automatic Defect-detection for Inside and Outside Surfaces of Hemispherical Shell. ISIST'2002. 2004,4-79～4-85

[48] Jing Le, Junjie Guo, Hong Zhu, Yi Zhou. A CMM-Based Automatic Measurement Method for Surface for Surface Area. WCICA 2004. 2004,4/6:3723～2326

[49] 乐静,郭俊杰,朱虹,刘亚丽. 1CCD离散性对面积测量的影响. 传感技术. 2004,23(9):13～15

[50] 乐静,郭俊杰,朱虹,方海燕,邵伟. 一种快速检测光滑半球表面缺陷的方法. 光电工程. 2004,31(10):32～35

[51] Chunlai Feng, Hong Zhu, Wei Xin, Gang Liang, Fengchun Yang. A computer vision based Train Boxcar transfer state real-time detection system. WCICA 2004. 2004,5/6:4057～4060

[52] Xueming Qian, Hong Zhu, Huan Wang, Chunlai Feng, Gang Chen. Image Measurement System of Bubble Characteristic Parameters in Aerated Water Flows. ICIA 2004. 2004,309～312

[53] Jun Zhang, Hong Zhu, Xueming Qian, Tao Huang. Genetic Algorithm for Edge Extraction of Glomerulus Area. ICIA 2004. 2004,335～338

[54] 冯春来,朱虹,李钦,钱学明. 一种基于多信息综合的人脸跟踪算法. 计算机工程与应用. 2004,40(23):98～101

[55] Xueming Qian, Hong Zhu, Chunlai Feng, Pei Zhu, Han Li, Wei Xin, Gang Chen. An Overlapping Bubbles Partition Method in Aerated Water Flows. CMLC2004. 2004,3746～3750

[56] Xueming Qian, Hong Zhu, Ruirui Ji, Qieshi Zhang, Kun Yang. A Wavelet Transform and SOFM Based Certificate Image Compression Method. WCICA 2004. 2004,5/6:4101～4104

[57] Ruirui Ji, Hong Zhu, Qieshi Zhang. Sorted Evlutionary Strategy Based SOFM Used for Vector Quantization. ICIA 2004. 2004,331～334